企業研究者たちの
感動の瞬間

ものづくりに賭けるケミストの夢と情熱

有機合成化学協会＋日本プロセス化学会【編】

化学同人

はじめに

　有機合成化学協会と日本プロセス化学会では「日本の産業界で発見，発明，そして開発され，商品化された研究成果をまとめた書籍の発刊」を合同企画として検討してきました．2006年に『化学者たちの感動の瞬間——興奮に満ちた51の発見物語』（有機合成化学協会編）が化学同人より出版され，高い評価を受け今日に至っています．この書籍は大学に所属する第一線の研究者たちによる，自身の代表的な研究業績をまとめたものであり，必ずしも製品化や商品化を意図した研究に関するものではありませんでした．

　今回の出版企画は日本の産業界に所属する研究者から「企業における成功体験」や「企業化（プロセス化）に向けた研究時の感動の瞬間」といったエピソードを寄せていただき，それらをまとめて一冊の書籍としたものです．具体的には，機能性材料，新素材，医薬，農薬などの研究開発を通して有機合成化学に携わっている個々の研究者に「モノづくりに賭けた夢と情熱」というコンセプトで執筆いただきました．

　大学人の研究成果の多くと比べて，それらは実際に製品として社会へ還元されたものに関する記述であり，産業界の息吹を感じとっていただけるものばかりです．執筆いただいた各企業の方がたには，所属企業における研究方針や研究内容，研究施設の紹介，さらには学部生や大学院院生などの次世代の方がたへ企業として望むことなどを併せて寄せていただきました．これらは大学，大学院に在籍する学生，そして企業の若手研究者に対する「期待をこめたメッセージ」になっています．

　本書は二つの部から構成されています．第1部では，企業の研究部門で長く活躍され，第一線を退かれた後も学会や産業界に接点をおもちの3名に，現場での研究生活を振り返り，企業における研究と社会とのかかわりなどを本書のイントロダクションとしてご寄稿いただきました．併せて企業が望む「大学での研究」と「学生への教員の指導」という二つの設問について，企業の要職経験者数名に，ご回答いただいたものをコラムとして紹介しています．

　第2部は本書のコアとなる部分で，34社の現役研究者に「企業における成功体験」や「企業化（プロセス化）に向けた研究時の感動の瞬間」といったエピソードと，各研究所の概要，企業のモットー，ポリシーなどを含めた学生へのメッセージをお寄せいただきました．

　最後に，本書が産官学に身を置く研究者の方がた，とくに大学に所属する教員および学生にとって，有機合成化学と密接にかかわる日本の多くの企業の現状を知るうえでおおいに参考になることを願っています．

平成29年2月

本合同出版委員会を代表して
出版委員会委員長　只野金一
〔（公財）乙卯研究所研究顧問・慶應義塾大学名誉教授〕

合同出版委員会(五十音順)

井澤邦輔 (有機合成化学協会,日本プロセス化学会,浜理薬品工業株式会社) 編集担当
金井 求 (日本プロセス化学会,東京大学大学院薬学系研究科)
塩入孝之 (日本プロセス化学会元会長) 顧問
高田晃臣 (有機合成化学協会,富士フイルムファインケミカルズ株式会社)
只野金一 〔有機合成化学協会,日本プロセス化学会,(公財)乙卯研究所〕出版委員会委員長
田中 健 (有機合成化学協会,東京工業大学物質理工学院)
中井 武 (有機合成化学協会元会長) 顧問
中安英敏 (有機合成化学協会,高砂香料工業株式会社)
山田 修 (日本プロセス化学会,日産化学工業株式会社)
若山雅一 (日本プロセス化学会,第一三共株式会社)

目 次

第1部 序論

企業の研究開発に求められるもの ・・ 2

　［コラム］企業が大学に何を求めるか

第2部 「ものづくり」の研究開発の現場

[I] 医薬・農薬編 ・・ 15

1 アステラス製薬株式会社　抗真菌剤 ミカファンギンの合成 ・・・・・・・・・・・・・・・・・ 17

2 エーザイ株式会社　巨大分子エリブリンに挑む ・・・・・・・・・・・・・・・・・・・・・・・・・・・・・ 23

3 大塚製薬株式会社　抗精神病治療薬 アリピプラゾールの開発 ・・・・・・・・・・・・・・ 29

4 日本たばこ産業株式会社　MEK阻害薬 トラメチニブ開発秘話 ・・・・・・・・・・・・・ 35

5 第一三共株式会社　Edoxaban中間体の原価低減製法の開発 ・・・・・・・・・・・・・・ 41

6 大正製薬株式会社　SGLT2阻害剤 ルセオグリフロジンの創製 ・・・・・・・・・・・・・ 47

7 大日本住友製薬株式会社　レニン阻害剤の製造プロセス開発 ・・・・・・・・・・・・・・・ 53

8 武田薬品工業株式会社　ボノプラザンフマル酸（タケキャブ）の創製 ・・・・・・・ 59

9 田辺三菱製薬株式会社　免疫抑制薬 フィンゴリモドの創製
　　　　　　　　　　　　　　新しい糖尿病治療薬 カナグリフロジンの創製 ・・・・・・・ 65

10 中外製薬株式会社　エストロゲン純アンタゴニスト活性をもつ誘導体の開発 ・・・ 75

11 帝人ファーマ株式会社　重要中間体のプロセス開発 ・・・・・・・・・・・・・・・・・・・・・・・・・ 81

⑫ Meiji Seika ファルマ株式会社　経口カルバペネム剤の開発 ･････････････････ 87

⑬ 塩野義製薬株式会社　ルストロンボパグの商用製造法の開発 ･････････････ 93

⑭ 日本農薬株式会社　農業用殺虫剤 フルベンジアミドの開発物語 ･･･････････ 99

⑮ 宇部興産株式会社　自社開発技術による医薬品中間体の製造 ･････････････ 105

⑯ 日産化学工業株式会社　農薬を中心とするピラゾール新規合成法の開発 ･･･ 111

⑰ 東レ株式会社　経口薬 ベラプロストナトリウムの開発 ･･･････････････････ 117

⑱ 協和発酵キリン株式会社　KW-4490 の実用的合成プロセスの開発 ････････ 123

⑲ 株式会社カネカ　抗 C 型肝炎薬鍵中間体のプロセス開発 ･････････････････ 129

［II］ファインケミカル・材料編　135

⑳ 株式会社大阪ソーダ　光学活性プロパノール誘導体の工業的製法の開発 ･･･ 137

㉑ 味の素株式会社　半導体パッケージ用層間絶縁フィルムの開発
　　　　　　　　　　ペプチド・オリゴ核酸の新たな液相合成法の開発 ･････ 143

㉒ 株式会社ダイセル　半導体レジスト材料セルグラフィー® の開発と工業化 ･･ 153

㉓ 高砂香料工業株式会社　シトラールの不斉水素化反応　新触媒の発見と開発 ･･ 159

㉔ 東ソー株式会社　効率的クロスカップリング反応技術の開発と工業化 ･････ 165

㉕ 富士フィルム株式会社　色素中間体ベンゾインドレニンのワンポット合成 ･･ 171

㉖ 三井化学株式会社　オレフィン重合触媒の開発と展開 ･･･････････････････ 177

㉗ AGC 旭硝子　フッ素を含む新たな機能性材料と医薬品の開発 ･･･････････ 183

㉘ 日本ゼオン株式会社　新タイプの疎水性エーテル系溶剤（CPME）の開発 ･･ 189

㉙ 旭化成株式会社　ヘテロポリ酸溶液を用いた相間移動重合反応の発見 ････ 195

30	株式会社エーピーアイ コーポレーション　光学活性非天然アミノ酸の独自プロセスの開発 ･････････ 201
31	株式会社日本触媒　光学フィルム用ラクトンポリマーの開発 ･････････ 207
32	花王株式会社　育毛剤 t-フラバノンの開発 ･････････ 213
33	セントラル硝子株式会社　光学活性含フッ素 1-フェニルエチルアミン類の合成 ･･･ 219
34	日本軽金属株式会社　新規酸化剤 SHC5 の開発秘話 ･････････ 225

写真クレジット

P.12　Dmitry Kalinovsky/Shutterstock
P.14　angellodeco/Shutterstock
P.53　isak55/Shutterstock, Pressmaster/Shutterstock
P.117　motorolka/Shutterstock
P.129　Sisacorn/Shutterstock, isak55/Shutterstock
P.143　Chepko Danil Vitalevich/Shutterstock

略 語 表

ADC (antibody-drug conjugate) 抗体-薬物複合体
AZADO (2-azaadamantane *N*-oxyl) 2-アザアダマンタン *N*-オキシル
CDK (cyclin-dependent kinase) サイクリン依存性キナーゼ
COPD (chronic obstructive pulmonary disease) 慢性閉塞性肺疾患
CPD (3-chloro-1,2-propanediol) 3-クロロ-1,2-プロパンジオール
CPE (cyclopentene) シクロペンテン
CPL (cyclopentanol) シクロペンタノール
CPME (cyclopentyl methyl ether) シクロペンチルメチルエーテル
CPN (cyclopentanone) シクロペンタノン
CSI (chlorosulfonyl isocyanate) イソシアン酸クロロスルホニル
CTFE (chlorotrifluoroethylene) クロロトリフルオロエチレン
CYP (cytochrome P450) シトクロム P450
DCP (2,3-dichloro-1-propanol) 2,3-ジクロロ 1-プロパノール
DCPD (dicyclopentadiene) ジシクロペンタジエン
DKR (dynamic kinetic resolution) 動的速度論的分割
EMEA (European Medicines Agency) 欧州医薬品庁
EP (epichlorohydrin) エピクロロヒドリン
FDA (Food and Drug Administration) 米国食品医薬品局
GCP (Good Clinical Practice) 医薬品の臨床試験の実施の基準
GL (glycidol) グリシドール
GLP (Good Laboratory Practice) 医薬品の承認申請資料作成のために行う, 動物試験等の安全性試験の実施の基準
GMP (Good Manufacturing Practice) 医薬品及び医薬部外品の製造管理及び品質管理に関する基準
GVP (Good Vigilance Practice) 医薬品製造販売後安全管理の基準
hERG (human ether-a-go-go related gene) ヒト遅延整流性カリウムイオンチャネル遺伝子
HKR (hydrolytic kinetic resolution) 速度論的光学分割加水分解
HPA (heteropoly acids) ヘテロポリ酸
IC_{50} (50% inhibitory concentration) 50%阻害濃度
ICH (International Council for Harmonisation of Technical Requirements for Pharmaceuticals for Human Use) 日米 EU 医薬品規制調和国際会議
ICP-MS (inductively coupled plasma mass spectrometry) 誘導結合高周波プラズマ質量分析法
LPA (lysophosphatidic acid) リゾホスファチジン酸
LPS (lysophosphatidylserine) リゾホスファチジルセリン
LPZ (lansoprazole) ランソプラゾール
MAPK (mitogen-activated protein kinase) 分裂促進因子活性化タンパク質キナーゼ

MLR (mixed lymphocyte reaction) 混合リンパ球反応
MMA (methyl methacrylate) メタクリル酸メチル
MOA (mode of action) 作用メカニズム
MOT (management of technology) 技術経営
MS (multiple sclerosis) 多発性硬化症
NHK 反応 (Nozaki-Hiyama-Kishi reaction) 野崎・檜山・岸反応
OTC (over the counter) 処方箋なしで薬局・薬店で販売されている一般用医薬品
P-CAB (potassium-competitive acid blocker) カリウムイオン競合型アシッドブロッカー
PDD (phenotypic drug discovery) フェノタイプ創薬
PEG (polyethylene glycol) ポリエチレングリコール
PET (polyethylene terephthalate) ポリエチレンテレフタレート
PFS (progression-free survival) 無増悪生存期間
PG (prostaglandin) プロスタグランジン
PMDA (Pharmaceutical and Medical Devices Agency) 医薬品医療機器総合機構
PMMA (polymethyl methacrylate) ポリ(メタクリル酸メチル)
PPI (proton pump inhibitor) プロトンポンプ阻害薬
PPVE〔perfluoro(propyl vinyl ether)〕ペルフルオロ (プロピルビニルエーテル)
PRSP (penicillin-resistant *Streptococcus pneumoniae*) ペニシリン耐性肺炎球菌
PTFE (polytetrafluoroethylene) ポリ(テトラフルオロエチレン)
PTMG (poly tetramethylene ether glycol) ポリオキシテトラメチレングリコール
QOL (quality of life) クオリティオブライフ
RHMA〔α-(hydroxymethyl)acrylic acid methyl ester〕2-(ヒドロキシメチル)アクリル酸メチル
RS (regulatory science) レギュラトリーサイエンス
SGLT (sodium glucose co-transporter) ナトリウム依存性グルコース輸送体/ナトリウム-グルコース共輸送体
TBPM (tebipenem) テビペネム
TEMPO (2,2,6,6-tetramethylpiperidine 1-oxyl) 2,2,6,6-テトラメチルピペリジン 1-オキシル
TFAA (trifluoroacetic anhydride) トリフルオロ酢酸無水物
TFE (tetrafluoroethylene) テトラフルオロエチレン
TGF-β (transforming growth factor β) トランスフォーミング増殖因子
WHO (World Health Organization) 世界保健機関
XRD (X-ray diffraction) X線回折

第1部 序論

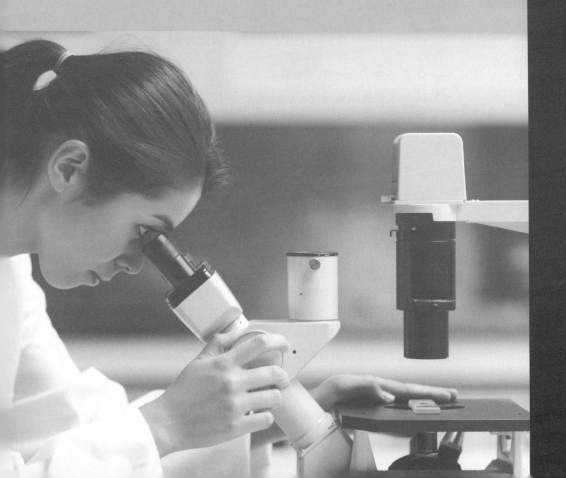

序　論
企業の研究開発に求められるもの

井澤邦輔(いざわ　くにすけ)
浜理薬品工業株式会社顧問，元味の素株式会社理事，元有機合成化学協会副会長．1945年　兵庫県生まれ．1973年　大阪大学大学院基礎工学研究科博士課程修了．

佐藤幸蔵(さとう　こうぞう)
株式会社ナノイノベーション研究所代表取締役社長．元富士フイルム株式会社フェロー，元有機合成化学協会会長．1949年　埼玉県生まれ．1976年　東京工業大学大学院工学研究科博士課程修了．

　大学のアカデミックな研究は世間の目にとまる機会が多くあるが，企業における研究はそれほどでもない．ところが，製品を世に送りだすまでの開発物語には，企業ならではの醍醐味があり，非常にドラマチックで教訓的なものも少なくない．この序章ではとくに化学産業と製薬産業にしぼって，「企業の研究開発とはどのようなものか」，をかいつまんで説明する．次章へのつなぎ役として，学部生，大学院生といった研究のスタート地点に立つ若い方がたに，「企業で働く意義や魅力，生き甲斐」の一端を感じとってもらうのが主目的である．

日本の化学産業と製薬産業

Q 本書の中心テーマでもある日本の化学産業と製薬産業に特化して，その現状を簡単にご説明下さい．

A まず化学産業から説明すると，化学産業は素材産業の代表的なものの一つで，化学反応を利用して製造を行う産業と定義される．「日本標準産業分類」によれば，「製造業」に含まれる「化学工業」から「医薬品製造業」を除いたものが化学産業である．この化学産業には他産業に材料を供給する基礎化学品・中間体事業(化学肥料，無機化学工業製品，有機化学工業製品，化学繊維など)から，一般に最終製品と呼ばれるもの(油脂加工製品・石けん・合成洗剤・界面活性剤・塗料，化粧品・歯みがき・化粧用調整品など)を製造する事業まで多様である．

　化学工業の2014年度の出荷額は約28兆円であり(製造業全体の9.2%)，製造業第二位の出荷額となっている．化学産業にはあまり関係ないと思われがちなパソコン，スマートフォン，液晶テレビなどの部品や自動車部品も化学産業の賜物である．身の回りをよく見ると，化学製品に囲まれていることがわかる．

　世界的にみると，今日の化学企業は汎用品から高付加価値製品にシフトし

ているといえよう．わが国の化学企業が今後も高い収益性を継続的に維持していくためには，高付加価値製品の比重をより一層高めることが重要である．化学企業が市場のニーズをいち早くつかみ，他企業の製品と差別化できる利益率の大きな製品を生みだすためには，高い技術力が必要となる．そして，高付加価値製品をできるだけ長く維持するためには，常に高いレベルの研究開発を継続していくことが肝要である．現実には日本の製造業に占める化学産業の付加価値額の構成比は，常に出荷額の構成比よりも高い数値となっている．これは化学産業が他の製造業と比べて高付加価値産業であることを示すものである．

左右田 茂（そうだ しげる）
日本プロセス化学会副会長，Office Well SODA Chairman，元エーザイ株式会社プロセスケミストリー研究所長．1946年　東京都生まれ．1965年　都立中野工業高等学校工業化学科卒，1971年　東海大学第二工学部応用理学科修了．

Q 一方の製薬産業についてはいかがでしょう．

A 世界における医薬品の市場規模は2013年で約87兆円．そのうち日本の市場は8.2兆円で，世界の9.6％を占めている．先進国の医薬品市場は，人口の高齢化や財政的制約もあってあまり伸びていないが，新興国市場の成長は著しいといえる．

　日本の製薬産業はこれまでにも数多くの革新的医薬品を創出し，現在も数々の新薬を生みだすべく鋭意努力が行われている．医薬産業政策研究所の資料によれば，世界の医薬品売上の上位100品目を見ると，その創出国はアメリカ，イギリスについで日本が第三位．これは，まさに創薬における日本の高い技術力を示すものである．

　とはいえ，創薬のテーマが低分子からバイオ・再生医療と進み，よりグロー

COLUMN ① 企業が大学に何を求めるか

多様な成果こそ大学の本務

　昨今は，大学においても企業に近い物差しで成果が問われる時代と聞く．しかし，大学と企業は同じ価値観をもつべきではない．本来，大学は自由であるべきであり，高い理念さえあれば，何をやっても許されるべき場所．自由な発想さえあれば，多様な成果が生まれる可能性を秘めた場所なのだ．そのなかには，数十年後に見直される発見もあるだろうし，もちろん企業化に近い技術があってもよい．成果が優秀な人材の輩出というかたちとなって現れる場合もあるだろう．多様な成果こそが大学の本務であり，それらが後々産業を長く支えていく力になると考える．

　そうなるためには，学生に十分に研究の醍醐味を味わう時間を与えることだ．学生に考えさせ，苦労させ，解決させ，感動を経験させ，研究に大きな夢をもたせて社会に送りだすことだ．また，大きな成果を得るためには，目先の結果を偏重することなく，高い目標を掲げることが大事である．企業に入ってからの研究観にも，学生時代の経験が色濃く反映される傾向にある．彼らの企業での成果の一端は，大学の研究室での指導の賜物であるといっても過言ではない．

（医農薬関連企業C氏）

バルな展開が求められている現状では，バイオ医薬品などを見てもあまり活況とはいえない．たとえば，国内で認可された抗体医薬品の数は30品目にのぼるが，日本の製薬企業が創製したものは3品目と少ない（2014年現在）．このように，まだ多くの疾患において夢の新薬を待ち望む状況にあり，新しい創薬開発の余地は多く残っている．近年進歩の著しい"ゲノム創薬（および核酸医薬）"などはその最たるターゲットの一つといえよう．

新薬ができるまで

Q では新薬ができるまでの工程はどのようになっているのでしょうか．

A 図1に，創薬探索合成→開発研究→臨床研究→薬事→商業生産・販売までの概略と組織間のつながりを示した．

それぞれの工程をざっと説明すると，最初の創薬探索合成で発見された医薬候補化合物は，より高次な安全性や薬物動態の非臨床試験[*1]を行い有効性と安全性を確認する．この段階が開発研究で，プロセス化学が中心的な役割を担い，候補化合物の発見された時点で原薬[*2]の製法研究をスタートさせる．たとえば，分析化学グループ（G）と協力して，原薬を商業生産にふさわしい方法で製造できるように順次ブラッシュアップしながら製剤や非臨床Gに提供する．ここで製剤Gは治験用原薬を用い，商業生産に相応しい製

*1 非臨床試験：人を対象としない試験で，生物医学的試験，薬理学的試験，安全性(毒性)試験などがある．
*2 原薬：薬の製造に供されることが目的とされている化学成分．狭義には，医薬品の有効成分．

COLUMN ②　企業が大学に何を求めるか

広がる可能性のある基礎研究

大学に望む研究は，ひと言でいえば「将来に広がる可能性のある基礎研究」といえる．短期的に成果がでる研究（多くは，こじんまりとした研究になってしまう傾向にある）ではなく，将来を読み，世界に大きなインパクトを与えるような，そんな広がりをもった基礎的な研究に腰を据えて取り組んでほしい．短期的なスパンで結果を求めるような研究は，大学らしさを失ってしまうのではないか．

われわれが望む学生は，伸びしろのある研究者．そのような研究者を育成するための「正しい実験技術・知識を育む指導」，「論理的な考察のトレーニング」，「研究への意欲を高める指導」をぜひお願いしたい．とくに有機合成化学は実験科学であるから，ベースは正確な実験技術に基づいた正しく，再現性の高い実験結果である．また，結論ありきで強引に考察するのではなく，実験事実から最も合理的な結論を導く論理的な考察力を身につけることも必要である．そして，研究に重要な，好奇心，高いモチベーションをもち続けられるよう，小さな成果でも皆で喜んだり，予想外の結果を前向きにとらえ，研究を進めていくような体験を普段から学生に積ませていくことが大切だと考える．長い研究人生において，初期教育を受けた大学の影響が非常に大きい．

（医農薬関連企業　D氏）

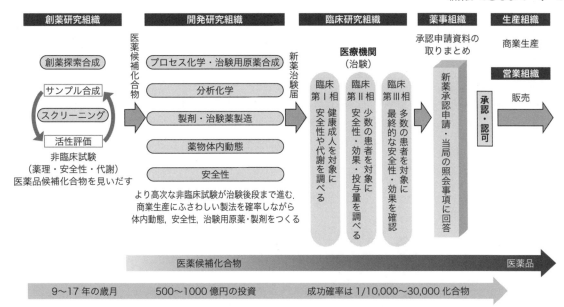

図1 医薬品ができるまでの概略と組織連関

剤化の検討を進めながら治験製剤を臨床Gに提供する．そこで問題がなければ，日本の場合は医薬品医療機器総合機構（PMDA）に治験実施計画書（新薬治験届）を提出し，臨床第Ⅰ相試験が始まる．臨床Gではこの治験製剤を用い，臨床第Ⅰ相〜第Ⅲ相試験を医療機関に依頼する．治験がうまく進み最

COLUMN ③ 企業が大学に何を求めるか

不可能を可能にする研究

　発見された原理，発明された物質や方法は，自然科学に新しい論理や見方を与え，資源を有効に活用し，人間や生物の生存と繁栄に寄与するものである．だから大学に求められる研究は，一言でいえば，不可能を可能にする研究，つまり新しい原理，方法や物質の発見ともいえる．このような研究方針や態度，成果は学生の指導にも影響する．崇高な目的の達成を目指す高いレベルの研究はそれ自体が重要であり，成果の大小にかかわらず，関与した研究者の目的意識や技術レベルの向上につながる．このような研究領域に踏み込んだ学生は意欲と見識が高くなり，高いレベルの研究を目指して努力し，自らが成長し，大きな成果を上げることにつながる．

　研究は実験により組み立てられ，その結果が理論として成立するので，実験結果が妥当であれ，予想に反する場合でも徹底的に精査して，理論を構築することが必要である．そのためには，究明すべき現象，それを解明する仮説設定，証明する実験，実験（反応）進行の観察，結果の解釈，そして結論という手順が必須となる．大学においては，このサイクルの意義を十分に教え伝えることが肝要であり，それを理解し実践できる学生こそが企業で成長しうる可能性をもった人材と考える．　　　（医農薬関連企業F氏）

6 ◆ 序論　企業の研究開発に求められるもの

*3　規制当局：日本の場合は，厚生労働省所管の医薬品医療機器総合機構（PMDA / Pharmaceutical and Medical Devices Agency）．米国の場合は，食品医薬品局（FDA / Food and drug Administration）．

終的に安全性や効果を確認できたなら，薬事 G は非臨床データ・治験成績・製造法などを検証し，申請資料にまとめ規制当局[*3]に新薬承認申請を行う．製薬メーカーは当局からの承認を得ると，医薬候補化合物を医薬品として商業生産し販売することができる．これが新薬のできるまでの概略である．

　新薬の開発は着想から発売まで約 9 年～17 年の期間を要し，その間に約 500 億円～1000 億円もの莫大な開発費用がかかる，といわれている．これほどの費用を投じても医薬品として発売できるのは，1～3 万個の医薬候補化合物のうち 1 個といわれる．

創薬化学とプロセス化学の違い

Q 製薬産業での中心は創薬化学とプロセス化学といえそうですが，この二つを混同している場合もあります．この二つの違いは．

A 創薬化学とプロセス化学では目標に向かってのアプローチが大きく違う．両者の比較を表 1 に示すが，多くの点で異なることがわかる．
　たとえば，創薬化学ではできるだけ多くの類縁体を合成できるような汎用法が利用されるのに対し，プロセス化学ではある特定の化合物を効率よく合成する方法が望まれる．反応の立体化学も創薬化学では異性体を含むものを一挙に合成してから分離して各異性体の活性を比較するのに対し，目的の立体が決まっているプロセス化学では選択性のよい反応の開発が重要となる．また，創薬化学では鍵になる部位にいろいろな置換基を導入して活性の変化を見るため工程が長くなる傾向にあるが，プロセスでは最短のプロセスを目

COLUMN ④　企業が大学に何を求めるか

従来の考え方に囚われない自由な発想

　大学ならではの自由な発想で，有機合成のトレンドを変える，新しいインスピレーションを生むような研究が必要．真に独創性の高い，他の分野まで影響を及ぼすような，また普遍的な概念を創出するような研究が大学には求められていると思う．一方で，有機合成化学は産業界と密接な関係にあり，これらの高い科学技術が産業に有効に活用されるべきであるという議論もある．だから大学には，従来の考え方に囚われない柔軟な発想で産学連携を進めていく備えが必要といえる．

　学生にはまず研究に臨む基本的な心構えをしっかり植えつけること．自分の頭で考えて課題を設定し，解決していく姿勢がますます重要になっている．課題解決に優れた素養はもちろん，課題を設定する能力に長けた学生を企業は求めている．学生時代という貴重な期間に，歴史・文化のような幅広い教養を身につけさせ，英語力のみではない，グローバルな視野をもった人材を育てることが大学の責務．

（化成品関連企業 G 氏）

表1　創薬化学とプロセス化学の相違点

	創薬化学	プロセス化学
合成法	できるだけ多くの種類の化合物を合成	目的物に特化した合成法
立体化学	混合物で分離して，異性体の活性を比較評価	立体選択的合成
工程	長くても活性のある化合物が発見できればよい	最短のプロセス
収率	新規化合物を見つけるのが目的	収率向上は必須
経済性	あまりこだわらない	原料・反応剤は安価で大量供給されるもの
単離・精製法	方法にはこだわらない．HPLC も利用	結晶化法．HPLC は極力避ける
結晶多形	最終品の溶解性などに関する場合は重要	ろ過，乾燥に関係するので中間体についても重要
設備	合成条件に合わせて器具を選択できる	反応設備に合わせて合成条件の設定
スケール因子	mg から合成，長時間操作はない	濃縮・分離・乾燥に時間がかかり，安定性必要
基準	GLP 基準の理解が必要	承認申請の知識と GMP 基準の理解・実践
特許	物質特許が中心	製法特許取得

＊安全対策は両者とも共通するが，プロセス化学はスケールが大きくなる分，発熱量増大やガス発生などに伴う危険対策および環境負荷に対する注意がより重要になる．

指すのが使命となる．そのほか単離法やスケール因子など，プロセス化学において重要となる点も多い．

COLUMN ⑤　企業が大学に何を求めるか

幅広い能動的な姿勢が道を拓く

個々の企業は自社に直接有用な研究を望む傾向が強いが，大学の役割は，学生の教育と，社会に役立つ基礎研究やユニークな視点の研究が重要ではないだろうか？　連携も重要だが企業でできることは企業でやればよい．

大学の教育は，一般教養も含めた幅広い知識，その分野における基礎学力の習得が重要．そのうえで，研究の基礎的技術・進め方の体験を通じて，将来の職業選択（アカデミック，民間の研究・生産・営業など）の方向性を醸成する．さらに大学院では，専門知識の深化と周辺への展開力の育成が重要．アカデミックにはより高い専門性と最先端の分野での創造力が必要である．企業では，その専門性を活かした応用展開力・事業化マインドが重要となる．産学

いずれの分野でも，将来的には，専門性を武器として，新規分野での研究・事業を企画推進するマネージメント能力も必要となる．「芸は身を助く」．

学生に，最低限，化学の面白さ，研究の楽しさ，課題解決の達成感を味わわせ，自分で考え工夫する能力の育成をお願いしたい．アカデミックもそうだが，とくに企業では，大学での研究分野とは異なった分野への配属，時代の変化に応じた事業分野の変遷があり，いつも新しい知識・能力の獲得・活用が求められる．研究・仕事に対する幅広い能動的な姿勢が，本人および企業の新たな道を切り開いてくれる．「好きこそ物の上手なれ」．とくに新卒の学生は，企業での即戦力より，若さと将来の成長力が魅力となる．

（素材化成品関連企業 L 氏）

Q この創薬化学とプロセス化学では，かなり有機合成化学が中心的な役割を演じることになりますか．

A その役割ははかり知れない．とはいえ，有機合成化学だけで完結するものではなく，化学工学，分析化学，生物化学，安全・環境工学等の専門家の共同作業になることが多い．場合によっては自身で解決することが求められる．医薬品の創製段階では，このほか薬理学，生化学，薬物動態学，製剤学，毒性学，基礎医学などが関与するため，それぞれの専門家が他分野の最低限の知識を必要とし，相互の対話も重要となる．

いずれにしろ，企業研究者にとっては"自分の見いだした化合物が実際の患者の治療に使用される"，"自分の開発したプロセスが工業化を推進する"という事実は，大学の研究ではなかなか体験できない企業研究ならではの大きな魅力の一つ，といえる．

プロセス化学の役割

Q 二つの違いがよくわかりました．ここでもう少し創薬産業の核となるプロセス化学の役割についてご説明ください．

A プロセス化学の詳しい解説は『医薬品のプロセス化学（第 2 版）』（日本プロセス化学会編，化学同人）に譲るとして，簡単にいうと医薬品の

COLUMN ⑥ 企業が大学に何を求めるか

創薬の現場では，海外の企業やアカデミアとの共同研究や海外研究開発拠点への赴任など，グローバリゼーションはもはや避けて通れない．そのような状況下，2015 年の「新入社員のグローバル意識調査」（産業能率大学）のなかで，51.1%が「上司が外国人だと抵抗を感じる」，63.7%が「海外で働きたいとは思わない」との報告があり，しかも調査開始以来，この割合が増加傾向にあるという．有機合成化学の分野ではこのような数字にはならないと信じているが，創薬研究のようなイノベーションが必要な組織には，多様性を活用し，前向きに失敗を受け入れ，活気と刺激にあふれる環境が必要となる．

世界の第一線で戦える骨太の学生を

教育現場の先生方には，自らの豊富な知識と経験に基づいた有機合成化学の魅力や醍醐味を存分に学生に味わわせ，失敗を恐れない，世界の第一線で戦える骨太の研究者の育成をお願いしたい．日本の強みといわれる高度な実験技術，チームワークや階層の壁を越えたコミュニケーション能力などは，いまの教育現場でも伝統的に受け継がれていると思うが，アイデアを実行に移す行動力やリスクに立ち向かう積極性などは，最近はやや低下傾向にあると感じる．グローバルに戦える，実験大好き人間が 1 人でも多く育つ教育現場であってほしい．

（医農薬関連企業 K 氏）

プロセス化学は，製剤の有効成分である原薬の大量製法をデザインして，それを実証する科学といえる．つまり，より合理的な医薬候補化合物の製法を確立し，商業生産に結びつけること．この原薬の製造法は，以下の4点すべて満たす必要がある．

① 科学的根拠をもって製法の堅牢性を確立し，常に規格を満たす品質恒常性を保証すること
② 製法安全・環境影響面に問題がないこと
③ 原材料供給に不安がないこと
④ 低コスト製造を実現し適正な利潤を確保しつつ，いかなる国の患者にも届けられること

この原薬の製法をスピーディーに構築し，事業計画のタイミングを外すことなく原薬を提供する．これがまさにプロセス化学の任といえる．

それともう一言つけ加えておきたいことは，このプロセス化学には自然科学的側面と社会科学的側面が共存しているということ．自然科学的側面とは，上でも説明したように，有機合成化学を核とし，時に応じて化学工学，分析化学，安全工学，環境工学，発酵・培養などの自然科学的な知識と技術を取り込んで総合的に大量製造法を追究し，確立させること，である．

一方，医薬品は生命に関連する物質であることから，その製造や販売は国

COLUMN ⑦　企業が大学に何を求めるか

企業の突破力には大学の基礎研究が重要

有機合成化学は，医農薬のみならず，電子材料なども含め多彩な新規機能性物質の創製にかかわる重要な学問分野である．その探索手段，グリーン・サステイナブル ケミストリーなどの面も含めて製品の製造手段としての学問の磨き上げでは，日本を中心に多くの成果が上がっており，たいへん頼もしく思っている．一方，反応機能解明および解析法開発など基礎的な研究が，実学的な面に役立つような場面も多々ある．当社では長らく材料分野で大学との連携を継続している．そのなかで，大学での基礎的な現象機能解明（方法論の開発も含め）が材料開発に非常に役立っている．

新しい応用に展開する場合もあるが，とくに行き詰ったときのブレイクスルー力に，大学での基礎研究がつながっている．有機合成化学分野においても，このような地道な領域にかかわるような研究も企業にとって重要性が増してくるのではないか，と思う．

学生への指導については，専門的な面は深く掘り下げることはもちろんだが，周辺の学際分野についても興味をもち，自分の研究が，どのような波及効果をもつのかを常に意識するような学生が増えることを期待している．常に社会との関連性を意識して環境意識やコスト意識をもちながら研究を進められる学生を厳しくかつ暖かい目で，育成していただきたい．
　　　　　　　　　　　　　　（化成品関連企業 H氏）

の許可・承認を必要とする．そのため規制当局から医薬品に特有なガイドライン・レギュレーションがだされている．たとえば，原薬・製剤・分析はGMP，前臨床はGLP，臨床はGCP，製造販売後の安全管理はGVP[*6]というガイドラインに準拠して実施されなければならない．これが社会科学的側面ということ．

これらの二つの側面が一緒になった局面も存在する．図3に記したレギュラトリーサイエンス（RS）[*7]がそれで，「科学技術の成果を人と社会に役立てることを目的に，根拠に基づく的確な予測，評価，判断を行い，科学技術の成果を人と社会との調和のうえで最も望ましい姿に調整するための科学」とされている．たとえていうなら，医薬品製造（自然科学）とレギュレーション（社会科学）の関係は，人類の健康と福祉のためにひた走る車の両輪といえる．プロセス化学研究には，この両輪をバランスよくハンドリンするためにRSの趣意を生かす感覚が必要である．図2にプロセス化学を中心にして，医薬品研究・製造にかかわる組織のつながりをまとめた．

Q プロセス化学の重要性を端的に表した象徴的な図ですが，つけ加えることは．

A プロセス化学は，医薬候補化合物の製造研究をすることで社会貢献をしている．図2を見て明らかなことは，原薬なくしては分析・製剤・安全性・臨床研究の研究計画が成立しないことがわかる．原薬の提供が遅れることは，薬の上市時期を不確定にし，経営計画自体の見直しに波及するだけでなく，ひいては社会貢献の実現を遅滞させることを意味する．

COLUMN ⑧　企業が大学に何を求めるか

大学は常識に挑むテーマを

近年は科研費の審査が厳しく，予算が取り難い状況で，そのためか有機合成化学関連では薬効をもつ化合物や医薬に直結するような研究が志向されているようだ．しかし，医薬品業界に身を置くものからすると，いわゆる新規誘導体を合成し，薬理活性を評価するような創薬化学的な研究は大学の研究で賄える範囲を大きく超えるものであり，所詮，自己満足の研究に終始するものがほとんどであると感じる．大学の研究で望むことはただ一つ，「常識に挑戦するテーマ」であるということ．全合成，反応，新規，応用，改良何でも構わない．

採用面接をやっているとよくわかる．自身の研究概要は難しい反応もすらすらいえるのに，少し一般的な化学の質問になると途端に口籠る．学生は教授の論文書きの一つのコマであってはならない．成果だけではなく過程を重視し，わずかな変化も見逃さないしっかりした目をもつ研究者となるべく指導し，企業で活躍できる一人前の研究者になれるように育ててほしい．

（医農薬関連企業 M氏）

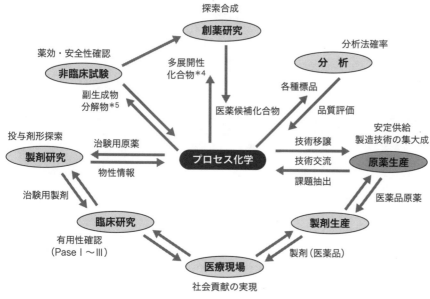

図 2 プロセス化学の役割

*4 多展開性化合物：バックアップ化合物やセカンドジェネレーション候補品探索に役立つ．

*5 副生成物・分解物：新たなシーズ化合物発見に有用．潜在的危険性の検討に活かせる．

ビジネスの面からいうと，年商 365 億円を予測できる製品の発売が 1 日遅れると 1 億円/日の売上げを失う．それ以上に，病苦のなかで 1 日・1 時間でも早くと薬を待ち望んでいる人を失意のどん底に突き落とすことになり

COLUMN ⑨　企業が大学に何を求めるか

日本人ならではの研究者魂を

医薬品は幾多のハードルを乗り越えて初めて手にすることができる人類にとっての貴重な財産であり，研究者の知恵と努力の賜物である．その創薬に不可欠な「基本的知識」や「スキル」，「研究者マインド」を習得する起点が大学での研究である．時を忘れるほど研究テーマにのめり込み（集中力，探究心，追求心），必ずや遭遇するであろうさまざまな試練に対して決して逃げることなく毅然として立ち向かい（情熱，耐力，チームワーク），失敗を恐れずに新たな策を捻り出だして何度でも果敢にチャレンジする（開拓力，創造力，情報収集・発信力）日本人ならではの研究者魂を，大学の研究室でぜひ身につけてほしい．その研究者魂こそが，他国の追随を許さない日本独自の製品を生む原動力となり，次代への高い技術力の継承につながる．

また大学の指導教官は，学生にとっての"受動的な学びの場"を"能動的な学びの場"へとシフトさせる重要な役割を担っている．研究テーマの方向性や課題を，学生が主体的に考えて判断，解決するように仕向けると同時に，研究の面白さや奥深さを教え示す働きかけを期待したい．さらに日々の研究活動に加えて，学内外の研究室との交流，インターンシップや海外留学，学生参加型の共同研究（産学官連携）などの機会提供を通じて，研究者としての視野を広げ，気づきや自覚を促し，プロ意識や職業観の醸成をぜひ図ってほしい．

（医農薬関連企業 Q 氏）

かねない．治療と生命にかかわる重要な役割を担う薬の発売を一刻も早く実現する，これがプロセス化学の本務であり，社会的使命を果たす「事業化の科学」の本質といえる．しかも，事業を完遂するには創造力の発揮が最も重要で，同時にトラブルからのリカバリー能力と危険回避能力を兼備しなければならない．このプロセス化学の最大の強みは，素早いリカバリーの一助になり，そして予期せぬトラブルを未然に防ぐことにつながっている，という点である．

事業化の科学という考え方

Q 「事業化の科学」，あまり聞きなれない言葉ですが，医薬品のプロセス化学が「事業化の科学」であるという点について少し加えていただけませんか．

A 製薬企業は優れた薬剤を医療現場に届けることを通じ社会貢献を果たす．「病に苦しむ人によりよい医薬品を1日でも早く届けたい」，この思いは綺麗ごとではなく，医薬関連産業に働くどの組織の誰でもがもつ仕事の意義であり目的である．この思いに挑戦し続け使命を具現化するために，企業は適正な利潤を上げ，雇用・納税・研究開発などの原資を確保しなければならない．したがって，基礎研究の成果を応用研究や実用研究にとどめず，それらの成果を採算性ある事業として確立させることが必須になる．

　このことがまさに「事業化の科学」ということなのだが，もう少し詳しく見

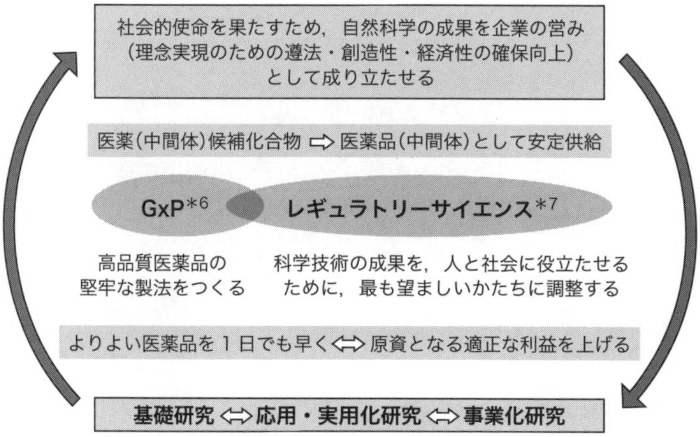

図3　事業化の科学

*6 GMP, GLP, GCP, GVPの総称：GMP (Good Manufacturing Practice：製造管理及び品質管理に関する基準), GLP (Good Laboratory Practice：医薬品の承認申請資料作成のために行う，動物試験等の安全性試験の実施の基準), GCP (Good Clinical Practice：医薬品の臨床試験の実施の基準), GVP (Good Vigilance Practice：製造販売業者が行う市販後（製造販売）後製品の安全性確保措置等の製造販売後安全管理の基準.
*7 レギュラトリーサイエンス (RS, Regulatory Science)：科学技術の成果を人と社会に役立てることを目的に，根拠に基づく的確な予測，評価，判断を行い，科学技術の成果を人と社会との調和の上で最も望ましい姿に調整するための科学（第4次科学技術基本計画 平成23年8月19日閣議決定).

ていこう．企業は社会的使命を果たすために，自然科学の成果を企業の営みとする．すなわち，企業は理念を実現するために遵法，創造性，経済性の確保や向上を営みとして成立している．その営みを細かく見ると，原理原則の発見を「基礎研究」，原理原則からある機能を生みだすことを「応用研究」，その機能発現を実際に役立つようにするすることを「実用化研究」，実用化したものを必要とするすべての人に届けられるようにすることを「事業化の科学」と捉えることができる（図3）．医薬品のプロセス化学は，上のプロセスを経て原薬の大量製造法を確立し，実用化した薬を必要とする患者に届ける科学である．そういう意味で，プロセス化学は「事業化の科学」の典型といえる．

企業で働くということ

Q 最後に企業で研究開発するときの心構えについてお聞きします．

A 企業の研究開発テーマは，普通，事業計画に基づいて決められる．その際，目指す事業規模や収益性，投入できる経営資源，適社性，競合関係，技術開発の難度，生産設備，販売チャネル等々，全方向からその成功確率を見通すことが大切になる．ここで誤った判断のもとにテーマを選定してしまうと後々，たいへんなことになる．つまり，"What to do" を決めることが最も重要である．

ところで，企業の研究開発には一体何が大切になるだろうか．あえて問われれば，「情熱」と「真摯な姿勢」の二つか．「情熱」とは課題を解決しようとする精神的エネルギー，そして「真摯な姿勢」とは目的を達成するために避けて通れない「本質」を見抜く洞察力である．とくに強調しておきたいのは後者の

ほうで,これが最も困難な課題かも知れない.

　創薬開発でも機能材料開発でも,研究開発は綿密な事業計画のもとにテーマが決まり開始される.それにもかかわらず,計画通りに進むことはほとんどなく,多くの場合,計画変更を余儀なくされる.そのような状況のなかで成功確率を高める方法は,開発過程で最も困難な課題を抽出することであると確信する.

　自然界の事象はすべて自然の摂理に従っており,人間がそれに逆らうことはできず,勝手に解釈を変えることもできない.材料開発や新反応の開拓,創薬における薬理研究やプロセス研究など,どのような研究開発であっても,この点は普遍的であり曲げようがない.だからこそ,事の本質を見抜くには,起きている事象を冷静に見極める真摯な姿勢が必要であり,そこに先入観が入ってはならない.「謙虚さと他の意見に耳を傾ける姿勢」が最も肝要になる.仲間との協働が大きな成果をもたらす所以である.もちろん「心」だけでなく,「技」と「体」も備わっていなければ困難な課題は解決できない.「技」と「体」は個人の努力によって十分鍛錬できるものである.

　創薬や機能材料の開発では複数の本質的な課題が絡み合ったり,それらが互いにトレードオフの関係にあったりすることがよくある.そんな時でも課題に真摯に向き合い,絡まった糸を一本一本,丁寧に解きほぐすことが大切である.

　自らが手掛けた製品が世にでて顧客から高い評価を得るというのは,研究開発に勤しむ者としてこのうえない喜びである.

第2部

［Ⅰ］医薬・農薬編

「ものづくり」の研究開発の現場

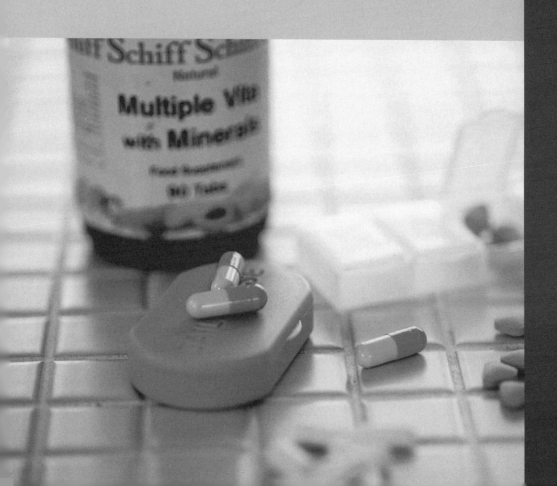

【特　徴】
研究者間の風通しがよく，お互いに刺激し合いながら，原薬の製法開発研究を通じて自身の能力をさらに高め，高い倫理観と誠実さをもって行動する風土が醸成されている．

変化とともに
　　成長し続ける

アステラス製薬株式会社
合成技術研究所

【研究分野】
有機化学，化学工学，プロセス化学，安全・環境工学，分析化学などの技術や知識を駆使した，化学合成のアプローチによる新薬候補化合物の製造法の開発研究．

【強　み】
安全・環境評価を含めて，開発初期から後期までの製法開発を担う多様な研究員がそろっていることに加え，同じ敷地内に分析法や原薬製造を専門に担う部門があり，常に協働態勢が整っている．

【テーマ】
新薬候補化合物の製品化に向けて，品質，安全，環境，コストに配慮した製造法の開発と原薬製造サイトへの技術移管，製造プロセスの安全・環境評価，当局への申請対応など．

抗真菌剤 ミカファンギンの合成
～精製困難な原薬を得るための戦略～

*1 ヒトには存在しない真菌細胞壁の主要な構成成分の一つである1,3-β-D-グルカンの生合成を特異的に阻害することにより抗真菌活性を示す.

　ミカファンギンは，アステラス製薬（旧藤沢薬品工業）が開発した日本初のキャンディン系抗真菌薬[*1]であり，カンジダ属およびアスペルギルス属真菌に対して優れた薬効をもつ注射用治療薬として世界各国で発売されている．この医薬品開発の過程には特筆すべき幾多の工夫や戦略があった．

高品質なミカファンギン原薬を得るための戦略

　ミカファンギン原薬 3a は，発酵生産物由来の環状ヘキサペプチド 1 のアミノ基を化学的に合成した活性エステル 2 でアシル化後，ナトリウム塩化して得られる（図1）．このミカファンギン原薬は，両親媒性構造をもつ非晶質性中分子であるため，抽出や晶析による不純物の除去効果は期待できない．したがって，その精製方法の一つとしてカラムクロマトグラフィーが現実的な選択肢と考えられる．しかし，ミカファンギン原薬はとくに溶液状態での安定性が悪く，分取液の濃縮中に分解するなどの問題があった．商用生産するにあたり，このような問題を一刻も早く解決して，高品質の原薬が得られる製造法を確立する

大東　篤（おおひがし あつし）
アステラス製薬株式会社 合成技術研究所 室長．1969年　大阪府生まれ，1993年関西学院大学大学院理学研究科修了．

図1　ミカファンギン原薬 3a の合成ルート

ことが大きな課題であった．

この要請に対し，以下の三つの戦略が練られた．

アシル化反応以降における精製への負荷をできるだけ小さくするために，

1) 高品質な **2** の工業化製造法を確立すること
2) アシル化反応条件を最適化すること

かつ，ミカファンギン原薬を医薬品として所望の品質にまで高めるために，

3) カラムクロマトグラフィーを用いた精製プロセスを構築すること．

活性エステルの工業化製造法の確立

まず 1) の課題をどう攻めるかである．活性エステル **2** の工業化合成ルートを図 2 に示す．4-ヒドロキシアセトフェノン (**4**) から定量的に得られたアルキル化合物 **5** を，t-BuOK の存在下，テレフタル酸ジメチル (**6**) と反応させることによって，テトラケトン **imp-7** を 0.8% 含有する β-ジケトン **7** を収率 88% で得た．N-メチルピロリドン中で **7** に塩酸ヒドロキシルアミンを反応させると最高の位置選択率で望みのメチルエステル **9a** が得られた (**9a**：**9b** = 89：11)．ところが，**9a** と **9b** の化学的性質はきわめて類似しており，再結晶等の簡便な精製方法ではこれらの位置異性体を分離できなかった．

一方，**7** にギ酸アンモニウムを反応させると，β-ケトエナミン **8a** とその位置異性体 **8b** が 83：17 の位置選択率で得られた．もし，単一の **8a** を単離することができれば，**8a** はヒドロキシルアミンとのきわめて速いアミン交換と

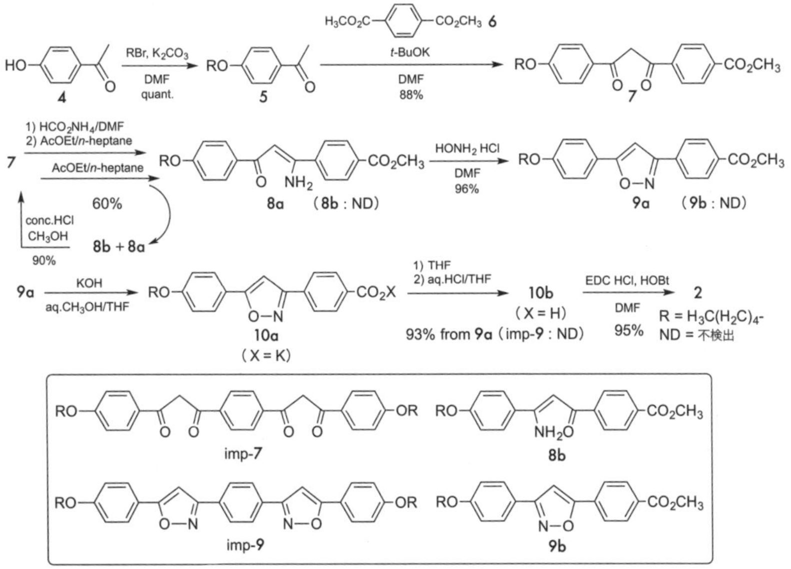

図 2 活性エステル **2** の工業化合成ルート

それに続く分子内環化反応によってきわめて高い位置選択率で **9a** を与えるものと期待された．この予想を確かめるためにすぐに検討に着手した．その結果，β-ケトエナミン化反応後，AcOEt/n-ヘプタン（1/5）混合溶媒から晶析し，さらに同一組成の溶媒から再結晶化することで，収率60％で単一の **8a** を単離することに成功した†（**8b**：不検出）．また，これらの晶析母液中に **8b** を主成分とする **8a** との混合物が30％損失するという課題に対して，晶析母液の濃縮後，c.HCl/CH$_3$OH により加水分解することで，回収率90％という高さで **7** の回収プロセスを構築できた．

得られた **8a** は，期待通り，塩酸ヒドロキシルアミンときわめて高い位置選択率で反応し，収率96％で **9a** のみを与えた（**9b**：不検出）．ところで，**9a** はβ-ジケトン化反応で副生した **imp-7** に由来するジイソオキサゾール **imp-9** を含有しており，これが **2** の品質低下をもたらす原因であった．この課題を克服すべく，**7** から **2** に至るまでの中間体を含めて再結晶や懸濁精製を試みたが，目的を達成することはできなかった．

そこで今度は，カルボン酸 **10b** のアルカリ塩は **imp-9** と比較して十分な溶解度差を示すものと期待して検討してみた．その結果，KOH 水溶液で **9a** を加水分解して得られたカリウム塩 **10a** を THF で懸濁することによって，**imp-9** を選択的にろ液で除去し，ついで HCl 水溶液処理により収率93％で **10b** を得た†（**imp-9**：不検出）．このようにして得られた **10b** を DMF 中 EDC・HCl/HOBt と反応させ，反応終了後に AcOEt と水を加えて晶析することにより，収率95％で高品質の **2** を得る工業化製造法を確立できた．

アシル化反応の最適化と精製プロセスの確立

商用スケールでカラムクロマトグラフィーを用いてミカファンギン原薬の精製を行う場合，とくに分取液の濃縮に長時間を要するため，原薬の分解による品質低下は避けられない．ところが，ミカファンギン原薬の N,N-ジイソプロピルエチルアミン（DIPEA）塩 **3b** の安定性は，ミカファンギン原薬よりも優れており，カラムクロマトグラフィーにおける分取液の濃縮操作にも十分耐えうることを見いだした†．そして，この発見はミカファンギン原薬の製造プロセスを設計するうえに新たな活路をもたらすことになった．すなわち，以下に示す製造プロセスを構築することで，ミカファンギン原薬の高品質化を達成できるものと考え，検討に着手した（図3）．

① 精製効率を上げるためアシル化反応条件を最適化し，粗製 **3b** を単離する．
② 安定な粗製 **3b** をカラムクロマトグラフィーで精製し，高品質な **3b** を得る．
③ **3b** を Na 型陽イオン交換樹脂カラムへ通液し，分取液は未濃縮のまま粉末

成功へのカギ①

β-ケトエナミン化反応について検討したが，位置選択率を **8a**：**8b** ＝ 83：17 以上に高めることはできなかった．幸いにも，**8a** は安定で，単一の **8a** を再結晶化することで単離に成功した．

成功へのカギ②

カルボン酸 **10b** のナトリウム塩は非常にろ過性の悪い微粉末のため，**imp-9** を効率的に除去できなかった．一方，**10a** の場合，ろ過性が改善されるだけでなく，**imp-9** との溶解度差がさらに拡大するため，より確実な **imp-9** の除去法を確立できた．なお，これらの化合物は溶解度が小さく，抽出法により分離することは困難である．

成功へのカギ③

粗製ミカファンギン原薬をODS 充填カラムで精製していたが，その分解に伴う品質低下を避けるために，できるだけ早く原薬の粉末化までを完了するテクニックが必要であった．一方，アシル化反応における塩基の最適化の検討において，DIPEA が最も高収率を与え，セレンディピティ的に **3b** の安定性が **3a** よりも優れていることを発見した．

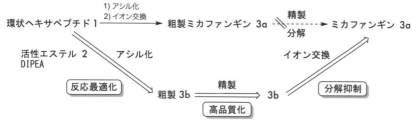

図3 ミカファンギン原薬の製造プロセス

化することによって分解を抑え，高品質なミカファンギン原薬を得る．

　このアシル化反応の最適化の検討において，**1** と **10b** との反応は，DIPEA の存在下，EDC・HCl/HOBt を縮合剤とすることで良好に進行することを見いだしたが，反応終了後に貧溶媒である AcOEt を加えると **3b** は油状物化して単離できなかった．その原因として，反応液に存在する未反応の EDC や副生する EDC 尿素誘導体等が **3b** の粉末化を阻害したためと推定した．そこで，これらの夾雑物が反応液に混入することのない **2** をアシル化剤として選び，アシル化反応の最適化を試みた．その結果，**1** と DIPEA の DMF 溶液に **2** を加えるとアシル化反応は最も高い生成率を与え，反応終了後に貧溶媒を添加することによって，粗製 **3b** を粉末化することに成功した．

　CH_3OH を溶出溶媒とし，粗製 **3b** を γ-アルミナ充填カラムに通液して得られた高品質の **3b** の CH_3OH 溶液は，分解することなく濃縮が可能となり，水添加によって 75% CH_3OH 水溶液に調製できた．

　このようにして得られた **3b** の 75% CH_3OH 水溶液を Na 型陽イオン交換樹脂カラム（UBK510L）に通液し，同一組成の CH_3OH 水溶液で溶出することで，ミカファンギン原薬の CH_3OH 水溶液を得た．この分取液に未濃縮のままアセトン/AcOEt 混合溶媒を添加する 4 成分系の晶析条件を確立することで，高品質を維持したままミカファンギン原薬を収率 75% で得ることに成功した．さらに，通液後の γ-アルミナと UBK510L を再生，再利用するプロセスも構築できた．

　今回紹介した製造法により，ミカファンギン原薬は現在に至るまで安定供給されている．ミカファンギンはアンメットメディカルニーズ（まだ治療法が確立されていない疾患に対する医療ニーズ）を満たす医薬品であり，このミカファンギン原薬の製法開発を通じて社会貢献を果たせたものと考えている．

POINT

環状ヘキサペプチド **1** は，水分を約 5% 含有しているが，乾燥によって水分をさらに除去すると，分解に伴って品質が低下する．また，**1** は反応性のヒドロキシ基を多くもつため，アシル化における副反応を抑制する必要がある．したがって，アシル化方法として，水に対して比較的安定かつ反応性が温和な HOBt 活性エステル法を選択した．

合成技術研究所へようこそ！

■ 研究分野	化学合成のアプローチによる新薬候補化合物の製造法の開発研究．
■ スタッフの人数	総勢70名付近を推移．
■ 研究員の概要	おもに理学，薬学，化学工学系の大学の修士課程・博士課程を修了した研究員から構成されている．新薬候補化合物の製法研究を8割，プロセスの安全・環境評価と研究推進業務を各1割のメンバーが担っている．
■ 研究内容	1) 品質，安全，環境，コストに配慮した新薬候補化合物のプロセス開発研究，2) 商業生産を想定した原薬製造技術の量産化および実用化を図る工業化研究，3) 原薬製造プロセスの危険性評価等の安全技術研究，4) 各種レギュレーションへ対応した環境技術研究，5) 原薬製造サイトへの技術移管および技術指導，6) 日欧米を含む世界各国への申請業務，7) 商用品の承認事項一部変更申請対応など．
■ テーマの決め方・研究の進め方	チームリーダーが数テーマの進捗を管理し，1テーマあたり数人のグループで課題に取り組んでいる．開発重点テーマの場合は，10名くらいの規模になることも．実担当者の意見を尊重し，時にはチームの枠を超えて議論し，そして，チームリーダーが適宜方向づけすることによって，研究を進めている．
■ ミーティングの内容，回数	全体ミーティングはプロジェクトの進捗状況の確認のために月1回開催している．チームミーティングはテーマの課題解決のために月1回の開催が原則だが，数人が集まる短時間のミーティングは頻繁に行っている．
■ こんな人にお勧め	研究活動において困難な状況に直面することもあるが，前例にとらわれず，地道に粘り強く課題に取り組み，困難な状況を自らの成長の機会としてポジティブに捉え，モチベーションを維持できる人にお勧めする．
■ 実験環境	実験室と事務室は完全分離かつ隣接し，研究員一人ひとりに対してドラフト，HPLC，恒温槽，エバポレーター，乾燥機，冷蔵庫等を割り当てているので，安全性と利便性を兼ねそろえた実験環境が整っている．
■ 裏話	ドラマなどのロケ地として使用された「ささき浜」は合成技術研究所の東側に隣接しており，第2研究棟6階はその美しい全容が見渡せる特等席．当研究所への訪問者用見学ルートにもなっている．
■ 興味のある方へのアドバイス	当研究所の業務を全うするためには，有機合成化学を核として，化学工学，安全・環境工学などに関する知識や技術が求められ，さらに，製造設備やGMPなどの法的規範に関しても理解する必要がある．皆さまには，その第一歩として，現在の研究テーマに精一杯取り組むことによって自らの専門領域をより深めることに期待している．専門領域の拡大に関しては，当研究所の研修システムやOJTなどにより手厚く支援している．

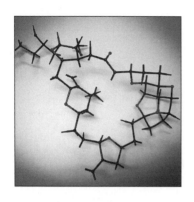

【特徴】
医薬品候補化合物の工業化研究を通して，患者に一日も早く新薬を届けるため日夜奮闘する合成化学者，化学工学者，分析化学者からなるプロフェッショナルな集団．

患者様とご家族への想いを第一に

エーザイ株式会社
原薬研究部

【研究分野】
医薬品候補化合物の工業的合成ルートの探索からスケールアップ研究，品質の保証を担う．有機合成化学，プロセス化学，化学工学，晶析工学，安全工学，分析化学等の研究分野からなる．

【強み】
各メンバーが，それぞれの専門性を活かしつつ，一つのチームとして共通の目標の達成に向かってコラボレーションすることにより，スピードと質を両立させる工業化研究を進展できる．

【テーマ】
医薬品としての有効性と安全性を確保するために，恒常的品質（化学的，物理化学的）の医薬品原薬を安定的に製造できるプロセスを開発し，それを高度に保証できる分析方法を開発する．

巨大分子エリブリンに挑む
~そして女神は微笑んだ~

われわれプロセスケミストリー研究所（当時）とエリブリンとの出会いは2001年初頭まで遡る．エーザイボストン研究所（当時）では，複雑な天然物ハリコンドリンBの合成アナログの研究を展開しており，ER-086526（後のエリブリン，図2）を候補化合物として選択し，抗がん剤としての開発を目指していた．彼らは，前臨床研究ならびに臨床試験導入に向けた全合成を完了しており，近い将来に予想される大量の供給に向けてわれわれに協力を要請してきた．

カラム精製をなくせ！

われわれの最初の使命は，D-グルクロノラクトンから中間体の一つである化合物6の工業化研究と供給であった（図1）．分子全体から見ればほんの小さなピースに過ぎない化合物であったが，その構造は，通常の医薬候補品に引けを取らない複雑さと工程数をもっていた．

エリブリンは，64工程の化学反応で合成されるが，スケールの大きい上流工程では，カラム精製は避けなければならない．つまり結晶化による精製がきわめて重要である．しかし，結晶化に関しては，スクリーニング手法などはあるものの，依然として合成化学者の勘や腕，時には偶然に頼るところも多い．1までの前半10工程は，結晶性の中間体に恵まれ順調に進展した．ところが，6までの後半の10工程になると，オイル状の中間体が多く精製方法の確立に難航していた（図1）．トリオール体3が，唯一固体になりそうだという情報はあった．しかし，精製なしで5工程，しかも脱保護反応で生じる保護基の残骸が大量に含まれているので，直接の結晶化は困難で，カラム精製が必須の様相であった．幸い3は水溶性だったので，水相に抽出後，有機溶媒で分液洗浄することにより大量の有機系夾雑物を除去することは可能であった．しかし，次の課題は，水溶性の3をどうやって取りだしてくるかであった．当時，抗生物質や発酵などで水溶性化合物を頻繁に取り扱うグループがあり，そこからブタノール抽出のヒントを得た吉澤一洋君がそれを試したところ，見事に抽出

田上 克也（たがみ かつや）
エーザイ株式会社 メディスン開発センター ファーマシューティカル・サイエンス＆テクノロジー機能ユニット 原薬研究部 部長．
1961年 茨城県生まれ．
1999年 東北大学大学院工学研究科博士後期課程修了．

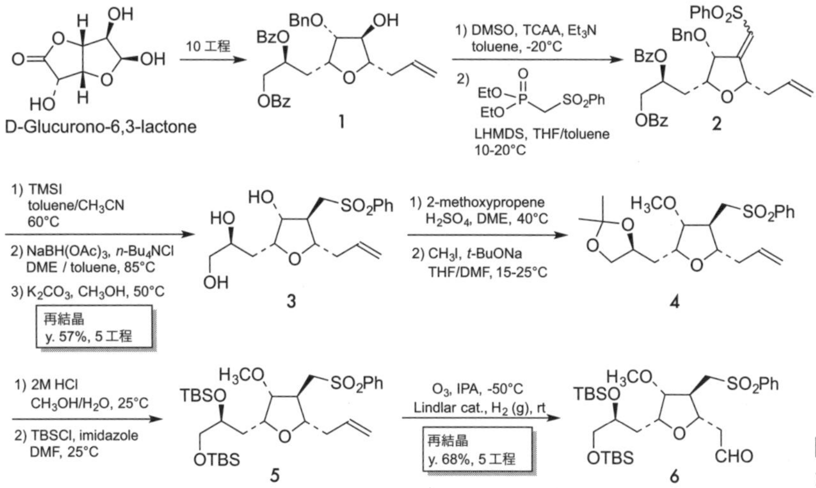

図1 D-グルクロノラクトンから中間体 **6** までのプロセス

に成功した．抽出液を濃縮後，結晶化にも成功し，5工程をカラムなしで **3** の単離が可能となった．白色の結晶が，初めてサラサラと落ちてくる様は感動的であり，このプロセスが後ろに繋がることを確信させる瞬間であった．**3** の高純度化が功を奏し，**6** までの全20工程をカラムなしでの工業化に成功した．

高度1万メートルからの贈り物

結晶化で忘れられない出来事がある．化合物 **7**（図2）は，最終骨格を形成する重要な中間体の一つであり，10個の不斉炭素をもつことから品質管理上もきわめて重要な中間体であった．この化合物は，水飴状で取り扱いが難しいため，カラム精製後，ヘプタン溶液として供給されていた．ある日，ボストン研から輸送されてきた **7** の容器から少量の固体が発見され，異物ではないかと大騒ぎになった．医薬品原料中に異物が発見されると，その物質の同定，次工程以降の反応，品質への影響の確認など多くの作業が発生するだけでなく，最悪使用することができなくなる．ところが，固体を分析したところ，**7** そのものであることが判明した．溶解度を精査してみると，ヘプタン溶液は過飽和であり，低温輸送中に核発生し結晶化したものと考えられた．後から考えれば理にかなったものではあるが，輸送中の低温，微振動，気圧変化などさまざまな要因が重なり，一度も結晶化しなかった化合物が，高度1万メートルを経て偶然にも結晶化して到着したことは何とも感慨深いものであった．

絶望の淵から

エリブリン合成には，5か所のカップリングに野崎-檜山-岸（NHK）反応が

使用されている.つまり,エリブリン合成にはNHK反応が必須である.この非常に繊細な反応は,多くの努力と苦い経験も積みながら工業化に成功してきており,その完成度には自信があった.エリブリンの最終骨格を完成させるマクロ環化反応にも適用されており(図2, 9 → 10),不斉NHK反応の応用によって反応速度が増し,効率的な分子内環化反応が進行することで,通常90%近い収率を達成できた.

ところが,ある時収率が低下し始め,ついにはほとんど反応しなくなってしまった.使用した原材料をすべてチェックし,ラボでの確認実験を行ったがまったく問題はなかった.反応缶の再洗浄,反応系への酸素・水の混入,不適切な操作手順の排除など万全を期して再度製造に臨むものの結果はすべて失敗に終わった.なぜプラントでは失敗するのか? 解決の糸口すら見いだせない最悪の状況であった.もしも同じ現象が他の工程でも起これば,エリブリンの供給が停止することにもなりかねない.この緊迫した絶望の危機を救うヒントは,反応後の後処理で使用したろ過器に残っていたろ過物の残骸,つまり現場のゴミのなかにあった.通常,微細なニッケルブラックの粉体がろ過されて残るべきところ,そこにあったのは粒状の塊であった.つぶしてみると,外側は黒だが,なかはオレンジ色であり,未反応のNiCl$_2$そのものであることが明白であった.「これだ!」千葉博之君と一緒に叫び,不具合の原因を確信すると同時に,あまりに単純な理由にあきれながらも絶望から解放され安堵感に浸ったことを覚えている.

調査の結果,納入されたNiCl$_2$が,あるロットを境に粒や塊の部分が増えていて,これが反応の転化率を下げる原因であると,特定することができた.

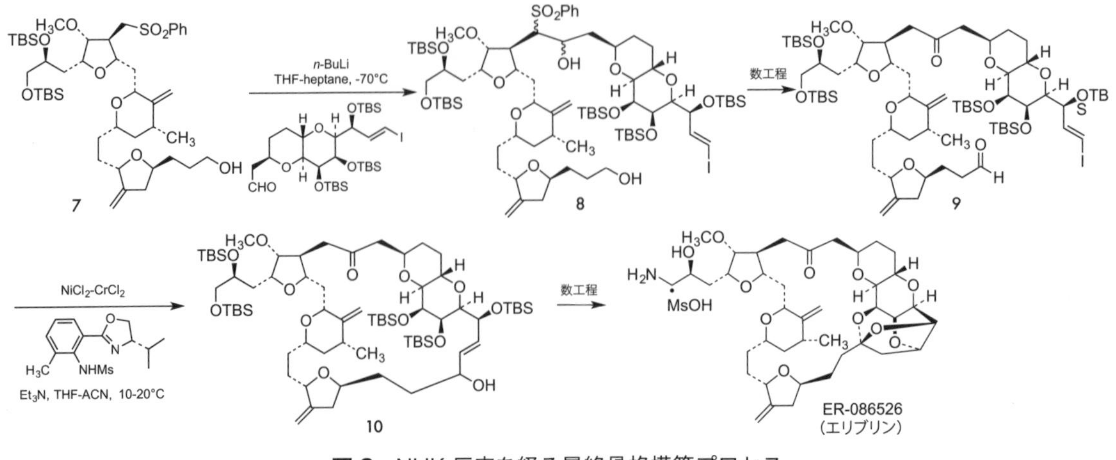

図2 NHK反応を経る最終骨格構築プロセス

なぜラボではうまくいったのか？と疑問に思う読者もいるかも知れない．ラボではマグネチックスターラーの使用や，撹拌羽根との隙間が小さいため，これによって大きな粒子が粉砕されたものと思われる．そんな初歩的なことに気づかなかったのかと思う読者もいるかも知れない．通常，スケールアップしていく際には撹拌機構の違いには細心の注意を払うのだが，すでにプラントで確立した反応工程であったため，そこが盲点となったわけである．

エリブリンのプロセス開発は，ここには書ききれない苦難の連続でもあった．そのたびにメンバーによる新たな発見や時に幸運にも支えられながらここまでやって来ることができた．しかし，それは偶然ではなく必然であった．周囲のあらゆる人の経験・知を自分のものとして活かす．目の前に起こるあらゆる事象をつぶさに観察し，感じ，次の一手につなげる．トラブルがあれば，現場を自分の目でとことん確認する．このような愚直なまでに当たり前のことを繰り返す日常性こそが成功への原動力であった．

最後に，プロセス化学について少し加えておく．医薬品のプロセス研究とは，簡単にいうと化学反応をスケールアップして，ある一つの医薬品原薬を大量に製造できるようにする研究である．何が面白いの？と思う読者もいるかも知れない．たとえば，教科書にでてくる有名な化学反応や文献既知の反応を利用して目的物の合成を計画したとする．しかし，教科書や文献通りの結果にはなかなかならない．その化合物にとってベストな条件に最適化していく必要がある．その化合物にだけ効く魔法のような条件を探し当てることもある．原料・試薬のほんの少しの品質の変化でまったく異なる結果を与えることも珍しくない．プロセス化学がなぜ面白いか．それは，一般論では語れない，やってみなければわからない何かを発見できる喜び，時には幸運の女神に助けられ，時には苦悩の末に自ら道を切り開き，そして自ら設計したプロセスが巨大な反応缶で具現化される時の感動，そして何より，その成果物が世界中の何千万，何億もの人びとの健康に貢献できるかも知れないというわくわく感ではないだろうか．

> **POINT**
> 結果には必ず原因がある．しかし，容易に想定できるようなところには原因はない．現場に何度でも足を運び，しらみつぶしに調べることがポイントである．

原薬研究部へようこそ！

■ 研究分野	有機合成化学，プロセス化学，化学工学，晶析工学，安全工学，分析化学など．
■ スタッフの人数	約50名．
■ 研究員の概要	大学院修士課程以上で有機化学，物理化学，化学工学，分析化学などのバックグラウンドをもつ．現在は女性研究員の比率は高くないが，女性も大いに活躍できる職場である．
■ 研究内容	おもに低分子医薬品の工業化研究を行う．工業化に適した合成ルートの開発，スケールアップのための化学工学，安全性データを取得し，プラントでの試作を繰り返す．この際GMPという医薬品製造に求められる厳格な基準，ICHで定められる品質基準をクリアしながら臨床試験に使用する原薬を供給する．同時に，製品が要求品質を満たすことを実証する分析方法の開発と品質管理戦略を策定する．最終的に商業生産を担う製造部門にバトンタッチする．
■ テーマの決め方・研究の進め方	ターゲット化合物は創薬部門から創出されてくるので，選ぶ権利はない．それをどう合成するかは自由である．ただし，開発スピード維持のため時間的な制約があるうえに，各種規制や化学安全性の制約などクリアすべき条件は多い．開発のステージに応じた取捨選択をしながらのダイナミックな研究展開と，社内の開発関連組織との深い連携が求められる．
■ ミーティングの内容，回数	プロジェクトメンバーによる研究進捗報告会，各研究室・部全体でのプロジェクトの進捗報告など．頻度は週1回から4半期ごととさまざま．プロジェクトごとに組織横断的なミーティングが開催され，これらはほとんどが英語である．
■ こんな人にお勧め	化学が好きな人．化学の力でものをつくり，それによって人類の役に立ちたいという志のある人．専門性をもちながら，その周辺分野にも興味の幅を広げられる人．個性をもちながらもチームワークを大切にできる人．
■ 実験環境	普通である．ただし，実験をサポートしてくれるようなスタッフはいない．実験からプラントでの製造まですべて研究者自身で行うのが当研究部のポリシーである．
■ 裏話	医薬品開発における成功確率は非常に低いといわれている．不幸にも医薬品としては商品にならなかったとしても，その工業化研究が学術的に価値があれば論文投稿や学位取得のチャンスもある．転んでもただでは起きない！
■ 興味のある方へのアドバイス	日本プロセス化学会から『医薬品のプロセス化学』『プロセス化学の現場』（いずれも化学同人），『プロセスケミストのための化学工学』（化学工業日報社）という教科書的な書籍が出版されている．これらは，企業の研究者も広く執筆している渾身の出版物であり，プロセス化学を理解するための入門書であり実用書でもある．まずはこれらの本を手に取り，プロセス化学へのイメージをつかんでみてはいかがだろうか．

【特 徴】
同じエリア内に，製剤，工場が位置しており，医薬品の開発から生産すべてを見ることができる．そのうえで，医薬品のライフサイクル全体を通した，製造工程の改良，品質の維持向上を目指して研究を実施．

Otsuka People Creating New Products for better health worldwide

大塚製薬株式会社
生産本部 生産技術部

【研究分野】
有機合成，分析化学，化学工学，生物工学などをベースにそれぞれの専門家が，合成ルート探索，物性評価，分析法開発，生産技術等を検討している．時にはプラントの立ち上げ作業にかかわることもあり，機械工学的な分野に及ぶこともある．

【強 み】
合成化学，分析化学，生化学ならびに化学工学の専門家，熟練のプラント操作者が集結しており，医薬品原薬の製造に関するあらゆる課題に対応可能．キロラボからパイロットプラントまで，自分たちで運転し，検討・検証作業を実施している．

【テーマ】
医薬品原薬の製造プロセスの開発と構築．とくに製品の品質をあげるための工程設計，安定供給を可能とする堅牢性の高い製造工程の構築，不純物の管理戦略と分析方法の開発，検証．

抗精神病治療薬
アリピプラゾールの開発
～結晶多形を制御するプロセスの構築～

アリピプラゾールは精神病治療薬の主成分（医薬品原薬）であり，結晶多形[*1]をもつ化合物であることが開発の初期段階から示唆されていた．結晶多形間で化学的あるいは物理的な安定性，溶解度等に差があるため，医薬品原薬としてこの結晶多形分子を用いる場合，医薬品の品質，薬効，安全性に影響する重要な因子と考えなければならない．したがって，医薬品原薬の生産においては，結晶多形を確実に制御する必要がある．

[*1] 結晶多形とは，同一の化学構造でありながら，分子配列の異なる状態を示している．

結晶多形を制御する方法

結晶形を評価する手法としては，粉末X線回折測定を用いて，粉末X線回折パターンで結晶形を同定するのが一般的となっている．しかしながら，粉末回折パターン＝結晶形と断言することは必ずしも妥当ではない．なぜなら，得られた試料が単一の結晶形であるのか，複数の結晶形の混合物であるのかは，粉末X線回折だけでは確定できないからである．そのためには，まず何種類の結晶多形が存在し，それぞれの結晶形がどういう回折パターンを示すのか，つまり結晶形を確定することから始める必要がある．生産プロセスを確立するためには，この工程は避けられない．

結晶形を確定するためには，一定以上の大きさの単結晶が必要である．単結晶を取得して，結晶構造解析を行うことで，分子の絶対配置や配列を明らかにすることができ，理論的な粉末回折パターンを計算することが可能となる．得られた試料の粉末X線回折測定を実施し，結晶構造解析から算出された理論回折パターンと比較することで，単一の結晶形であるのか，混合物であるのかを判別することができる[*2]．そのようなわけで，各結晶形の単結晶を得る作業に取り組むこととなった．

[*2] 近年では，良質な粉末X線回折のデータが得られれば，ある程度の構造情報が解析できるようになってきており，単一結晶か混合物かの判断が可能となっている．

単結晶化に向けて動きだす

アリピプラゾールをさまざまな有機溶媒に溶解させて，溶媒を蒸発させていくと溶解度以上の濃度（過飽和状態）となり，結晶が析出する．初めはガラス容

青木聡之（あおき さとし）
大塚製薬株式会社 生産本部 生産技術部 部長代行．1969年 兵庫県生まれ．1994年 大阪市立大学大学院工学研究科修了．

器の傷のような輝きだが，日ごとに成長していく結晶の様子はなかなか感動的なものである．結晶の形状は溶媒種や初期濃度により異なり，同じ条件でも形状の異なる結晶が生成することがある．また，同一の溶液から異なる形状の結晶が生成する場合もある．結晶の形状は結晶形に依存する場合が多く，形状の違いは結晶形の差異と考えることができる．また，溶液からの結晶化で取得できなかった結晶形については，融液からの結晶化により取得できる場合もある．いったん融点以上に加熱し，融解した融液を徐々に冷却すると結晶化する．結晶多形で融点の差が比較的大きい場合，低融点の結晶形の融点より高く，高融点の結晶形の融点より低い温度で結晶化させると，高融点の結晶のみを高純度で取得できる．

アリピプラゾールでも種々の検討を行った結果，5種類の無溶媒和物結晶について単結晶を取得し，結晶多形を確定した．また，狭義には結晶多形には含まれないが，2種類の溶媒和物の存在を確認，それらの結晶構造を特定した．結晶多形が確定できれば，生産プロセスの検討作業が加速する．それぞれの結晶形の物理化学的性質の確認，各結晶形の分析手法の確立などを行い，種々の条件で得られる結晶形を同定して，結晶形の相関関係を明らかにして，最終的に生産プロセスの基本的なルートを決定することになる．溶液からの再結晶により目的とする結晶形が直接，生産できる場合もあるが，アリピプラゾールでは，水和物を経由して一定の条件で無水物化することにより，目的とする結晶形(ここでは無水物I形と呼ぶ)が取得できることがわかった．なお，ここでの無水物は Anhydrous Form を意味している．

新たにでてきた難題

生産プロセスの確立に向けては，まずパイロットスケールでの検証作業を行い，課題を抽出し，対応策を実施して実際の商用規模での検証作業を行う．アリピプラゾールのパイロットスケールの検証でも，新たな課題が見いだされた．水和物から無水物に転移させた時，目的とする結晶形とは異なる無水物結晶(ここでは無水物IV形と呼ぶ)が混入した．水和物を調製する段階で生成しているのか，無水物に転移させる際に生成しているのか，あるいは両方なのか，なぜ実験室ではこの現象が見られなかったのか，課題を抽出し，解明を進めていくこととなった．

水和物の調製は，含水アルコール溶液からの再結晶により行っていたが，無水物を同じ組成の溶媒に懸濁するとすべてが水和物に転移することが確認できた．溶媒組成が多少変動しても結果は変わらず，使用する溶液系では水和物が最安定形であり，熱力学的に水和物の調製時に無水物は副生しないことが判明

した．また，水和物を加熱しながら粉末X線回折測定で解析した結果，加熱による無水物化では，無水物Ⅰ形結晶のみが生成することが確認できた．

しかしながら，スケールアップによる影響で無水物Ⅳ形が副生したことは，間違いない事実であるため，水和物から無水物への転移挙動について見直しを行った．加熱により無水物化していたため，当初は確認できていなかったが，水和物から無水物に転移する時の結晶近傍の水分量，すなわち湿度が結晶形に影響する可能性が見いだされた．そこで，種々の温湿度条件で水和物結晶を維持したところ，低温低湿度あるいは高温高湿度で無水物Ⅳ形に転移することが確認できた．ただし，無水物Ⅳ形の生成要因はわかったものの，加熱中の湿度制御は容易ではないうえ，結晶自体からも水が排出されるために結晶近傍の湿度は事実上，制御不能である．そこで，改めて無水物Ⅰ形と無水物Ⅳ形の物理化学的性質について解析を行った．

生産プロセスを構築できた瞬間

結晶多形には，安定性に違いがあることを冒頭で述べたが，熱力学的な安定性を評価する指標としてギブズ自由エネルギーがある．ギブズ自由エネルギーを算出する方法はいくつかあるが，融点と融解熱から算出する方法が簡便である．ここで，結晶多形間の関係性について，図1に模式図を示した．図1は結晶形AとBの温度(T)に対するギブズ自由エネルギー(G)の曲線で，互変異性(Enantiotropy)と単変異性(Monotropy)の場合を示している．図中でT_{mA}, T_{mB}は結晶形の融点を，T_tは転移温度を表し，結晶形AとBのギブズ自由エネルギーが等しく，熱的安定性が等しくなる温度を示している．このT_tが融点より低い温度にある場合が互変異性の関係であり，転移温度を境に熱力学的安定性が逆転する．簡便な判定方法は結晶多形の融点と融解熱を比

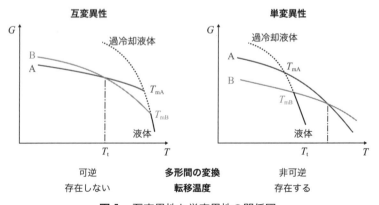

図1 互変異性と単変異性の関係図

較するもので，融点の高い結晶形の融解熱が大きい場合は単変異であり，融点の高い結晶形の融解熱が小さい場合は互変異である．この方法は "Heat of Fusion Rule" としてよく知られている．

　アリピプラゾールの無水物Ⅰ形と無水物Ⅳ形について熱分析を行い，融点と融解熱を算出した．その結果，無水物Ⅰ形のほうが高融点を示す結晶形であったが，"Heat of Fusion Rule" によると，両者の関係は互変異性であることが示唆された．次に，転移温度の算出を試みた．転移温度の算出には，融解熱と融点から転移温度のみを算出する手法や，熱力学的な関係からギブズ自由エネルギーを算出する手法が文献に報告されていた．前者は転移温度のみを算出できるが，後者は転移温度のほかに相対的な安定性を求めることができるため，有用性の高い解析方法といえる．無水物Ⅰ形と無水物Ⅳ形の転移温度は解析手法により誤差が見られたが，60℃から90℃であると推算できた．

　このような結果から，水和物から無水物に転移させる際に，無水物Ⅳ形が副生することを完全に抑制することは困難だと思われたが，互変異性を利用して副生した無水物Ⅳ形を加熱処理により，無水物Ⅰ形に転移させるプロセスを考案した．パイロットスケールでの検証により，このプロセスが有用であることが確認できたので，実際の商用生産規模での検証作業に移行することになった．無水物Ⅳ形の副生は常に発生するわけではなかったが，無水物化後の熱処理操作により，安定して無水物Ⅰ形を取得できることが確認できた．これが生産プロセスが構築できた瞬間である．

　結晶化を研究対象としている研究者としては，結晶多形は最難関の課題の一つといえる．一方で，新しい結晶形を発見し，単結晶を取得して構造を明確にした時はある種の感動を覚えた．また，物性を解析して多形の相関図を完成させることによって，その先に生産プロセスが一条の光として見えてきた時も感動の瞬間であった．結晶物性を柱に戦略を立てて，相関関係に基づいて設計した生産プロセスの商用規模での検証作業において，設計通りの結果が得られた時も，まさに研究成果が結実した感動の瞬間といえる．

　このようにアリピプラゾールの生産プロセスの構築には，幾多の苦労と感動があった．プロセス構築からおよそ15年を経た現在でも，安定して無水物Ⅰ形を生産し続けている．結果的に，対象物の性質，物性を地道にかつ正確に把握し，戦略的な生産プロセスを構築することが，実は手堅い方法である．そのことを，この研究開発を通して立証できたことこそが最大の感動の瞬間ではないのか，と感じている．

生産技術部へようこそ！

■ 研究分野	原薬製造工程の設計，開発，構築．分析方法の開発，検証．
■ スタッフの人数	約100名．
■ 研究員の概要	プロセス開発に約55名，分析研究に約35名，プラント操作に約10名が従事．有機合成，化学工学，分析化学，生化学，薬学等々をバックグラウンドとする研究員が主体となっている．
■ 研究内容	開発品を商用生産規模で安定に生産するためのプロセス構築，ならびに製品のライフサイクルを通じた工程改良のため，合成経路探索，反応条件，精製条件の最適化検討，極微量な不純物の高感度分析法，物性分析法の開発等を行っている．近年では，条件検討に統計的手法も取り入れて，最適条件の探索や，実験の効率化に取り組んでいる．
■ テーマの決め方・研究の進め方	対象となる化合物について，合成ルートの探索，物性評価を行うとともに，医薬品として必要な品質特性を見きわめ，適切に品質を管理するための管理戦略，分析方法，製造条件を開発していく．新技術に関しては，品質，環境，安全，コストの4要因を同時に向上できる技術を目指している．
■ ミーティングの内容，回数	個々のチームごとには1回/週程度，全体として1〜2か月ごとにミーティングを開催．目的物の生産に対して，品質，環境，安全，コストをすべて考慮した適切な条件であるか，品質管理の戦略の是非などを議論している．
■ こんな人にお勧め	実験，検証，生産，分析，試験，薬事など多岐にわたる業務が関与するので，合成化学，分析化学，化学工学などのベースとなる専門性をもち，自ら積極的にコミュニケーションを取れる人．
■ 実験環境	平均6〜8名程度が配置された実験室，分析室が7〜8部屋あり，有機合成，培養系の実験室がある．また，パイロットプラントも併設されており，スケールアップの検証も比較的容易に実施できる．
■ 裏話	ある場所では結晶が析出するが，別の場所では結晶が析出しない場合，最初の製造場所の担当者が立ち会うと，問題なく結晶が析出することがある．原因は不明だが，結晶は伝染するといわれている．
■ 興味のある方へのアドバイス	専門分野の知識を深めつつ，周辺分野についても興味の範囲を広げることをお勧めする．専門性を磨くことは自身の軸足となる．ブレない軸足をつくることで，異なる分野でも独自性を発揮することができる．逆に，専門外の分野でも，自身の専門におけるロジックやメソッドを適用できる場合が多くある．専門外だからと避けずに，臨んでいくと新しい楽しみを見つけることができるかもしれない．

【特徴】
世界に通用するオリジナル新薬の創出に取り組んでおり，独創的かつ画期的な新薬である"first-in-class"の創出こそが私たちの目標である．

オリジナル新薬を世界へ

日本たばこ産業株式会社

【研究分野】
オリジナル新薬の研究開発がわれわれのミッション．「化学」は多くの場面に登場するが，主役となるのは創薬化学研究とプロセス化学研究．

【強み】
既成概念にとらわれない自由な発想と行動力でオリジナル新薬を見いだす——これが，当社の特徴でもあり，強みでもある．

【テーマ】
重点領域は「糖・脂質代謝」，「ウイルス」，「免疫・炎症」の3領域．オリジナル化合物として，重点領域からHIVインテグラーゼ阻害薬「エルビテグラビル」を，重点領域以外からもメラノーマを適応としたMEK阻害薬「トラメチニブ」を創出している．

MEK 阻害薬
トラメチニブ開発秘話
~前例に縛られない決断が難局を打開~

トラメチニブ(**1**)は日本たばこ産業株式会社で見いだされ，その後グラクソ・スミスクライン社によって開発された強力かつ選択的な first-in-class（画期的医薬品）のアロステリック MEK 阻害薬[*1]である．2013 年にメラノーマ治療薬としてアメリカで承認された後，2014 年に欧州で，2016 年には日本でも承認された（図 1）．ここでは，リード化合物からトラメチニブの創出までを，その間に起こったさまざまな難題をわれわれがどのようにして乗り越えたかを交えながら紹介する．

阿部博行（あべ ひろゆき）
日本たばこ産業株式会社 医薬総合研究所 化学研究所 グループリーダー．1965 年愛知県生まれ．1990 年 名古屋大学大学院農学研究科修士課程修了．

河崎 久（かわさき ひさし）
日本たばこ産業株式会社 医薬総合研究所 化学研究所 副所長．1958 年 神奈川県生まれ．1986 年 東京大学大学院薬学系研究科博士課程中退．

トラメチニブ(**1**)DMSO
IC_{50} = 0.57 nM (for HT-29)

リード化合物(**2**)
IC_{50} = 990 nM (for HT-29)

図 1 トラメチニブ DMSO とリード化合物

研究戦略と初期の合成展開

このテーマを開始した当時，われわれは MEK 阻害薬をつくろうとはまったく思っていなかった．リード化合物 **2** も当社ライブラリーから CDK 阻害因子 p15 の誘導活性を指標としたフェノタイプスクリーニング[*2]によって選ばれた化合物であった．しかし，既知の抗がん薬とは異なる構造でもあるし，弱いながらもヒト大腸がん由来細胞株 HT-29 に対し増殖阻害活性（IC_{50} = 990 nM）を示したことから，**2** から細胞増殖阻害活性を指標として構造最適化を行えば，新しい作用機序の抗がん薬ができるのではないかと考え，合成展開を開

始した.

構造最適化の最大の目的は生物活性の向上だが,化合物の物性も無視してはならない.この観点からリード化合物 2 を眺めると,分子内にベンゼン環が三つもあり脂溶性が高く溶解性が低すぎる.物性を改善しつつ細胞増殖阻害活性を向上する必要があった.検討の結果,3位(左上)ベンゼン環をシクロプロピル基に置換し,アニリン上置換基の塩素を臭素に変換することによって,脂溶性が低減し活性が向上した 3 を得ることができた.3 は高用量が必要ではあったが,マウス担がんモデルで初めて抗腫瘍活性を示し,われわれを大いに元気づける化合物となった.引き続きアニリン環上置換基の最適化を検討し,2位にフッ素を導入(化合物 4),4位の置換基をヨウ素に変換することによりリード化合物から 600 倍活性を向上させた化合物 5 を得ることに成功した(図2).きわめて順調であった.

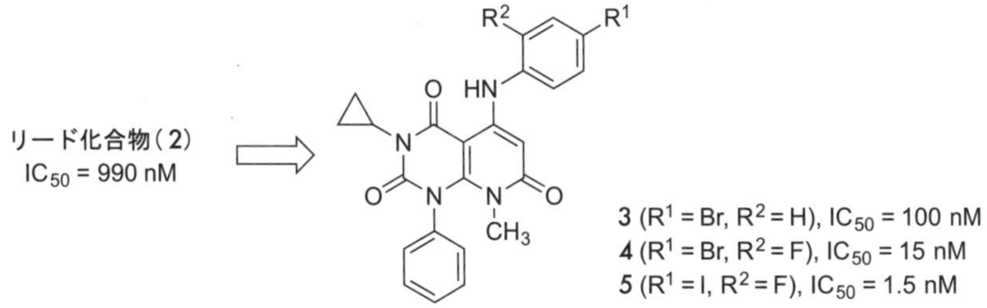

図2 初期合成展開

ところがここで思いもよらぬ大事件が起きた.ここまで合成してきた一連の化合物は弱塩基に不安定であり,ピリド[2,3-d]ピリミジン骨格からピリド[4,3-d]ピリミジン骨格へ簡単に転位してしまうことが判明した.たとえば,3 をメタノール中にて炭酸カリウムで処理すると 6 へと容易に変換され,活性

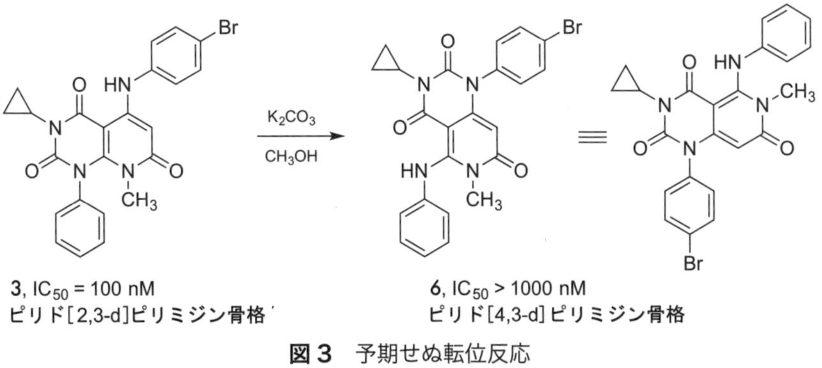

図3 予期せぬ転位反応

*1 MEKとは,増殖シグナルを核内に伝達するうえで重要な役割を果たすMAPK経路を構成するタンパク質リン酸化酵素の一つ.

*2 標的分子をあらかじめ定めることなく,細胞の表現型(フェノタイプ)の変化を指標として化合物を探索する方法である.われわれは,リード探索にはCDK阻害因子p15の発現誘導を,合成展開にはがん細胞増殖阻害を指標とした.

POINT

一般に *in vitro* では強い活性示すものの,膜透過性や薬物動態等の問題で *in vivo* では薬効が見られない化合物は少なくない.本テーマでは *in vitro* 評価系が細胞評価であったので,*in vivo* への壁が比較的低かった.フェノタイプアッセイの一つの利点である.

稲葉隆之(いなば たかし)
日本たばこ産業株式会社 医薬総合研究所 生産技術研究所 所長.1958年 東京都生まれ.1992年 千葉大学大学院自然科学研究科後期博士課程修了.

も大きく低下した（図3）．この転位反応はピリド［2,3-d］ピリミジン骨格をもつ化合物の宿命であり，安定性の観点から，開発過程の後半で大きな問題となるリスクがあった．われわれは迷った．このリスクに目をつぶって，このまま合成を継続してよいものか．

骨格変換により得られたトラメチニブ

そのような状況下で，われわれは転位反応の前後の化合物 3 と 6 は N-CH$_3$ と Br の位置こそ異なるものの，きわめて高い構造的類似性をもつことに着目した．つまり，安定な転位後の骨格を用いても，置換基を適切に配置すれば活性が復活するのではないかと期待したのである．そこで，転位後のピリド［4,3-d］ピリミジン骨格に，転位前の 3 と同じ位置に同じ置換基（CH$_3$ と Br）を配した化合物 7 を合成した．果たして 7 は 3 とほぼ同等な活性を示したのである（図4）．さらに転位前の構造活性相関情報を利用して，アニリン環上に

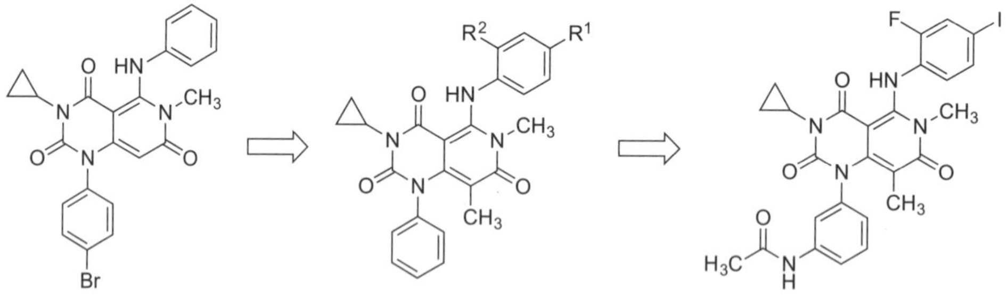

POINT
今でも忘れられない瞬間である．われわれが創薬化学の目で見る「高い類似性」は，細胞レベルでも「区別できないほど同等」だったのである．このとき初めて，細胞内に存在する標的タンパクの顔が見えた気がした（もちろん，われわれはまだ MEK が標的タンパクとは知らなかったが）．

6
IC$_{50}$ > 1000 nM

7 (R^1 = Br, R^2 = H), IC$_{50}$ = 135 nM
8 (R^1 = I, R^2 = F), IC$_{50}$ = 1.7 nM

トラメチニブ 1
IC$_{50}$ = 0.57 nM

図4　トラメチニブへの展開

フッ素とヨウ素を導入した 8 は，IC$_{50}$ = 1.7 nM という強力な活性を示した．

最後に経口吸収性の課題が残ったが，物性調整のためにアセトアミド基（CH$_3$CONH–）を導入することにより，強力な細胞増殖阻害活性（IC$_{50}$ = 0.57 nM）と *in vivo* 抗腫瘍活性が得られた．化学的に安定で抗がん薬として理想的な体内動態特性を示すトラメチニブ 1 を得ることに成功したのである．

難局を打開した DMSO 和物

ゴールに到達したと思った瞬間，一難去ってまた一難，再び大きなトラブルに見舞われた．探索合成段階のトラメチニブは，融点が180℃の結晶で経口吸収性に問題はなかったが，結晶多形検討により，溶出性に劣る融点300℃の安定晶があることがわかった．この安定晶の出現により，経口吸収性が著し

く低下してしまったのである*3．塩に導いて溶解性を改善しようにも，トラメチニブは強酸・強塩基性官能基をもたないため，開発に耐え得る安定な塩は形成しない．八方塞がりかと思われた．しかし，そのような状況下でも問題解決へのヒントはあるものだ．結晶多形検討から，トラメチニブは種々の溶媒と溶媒和物を形成することがわかった．なかでも DMSO 和物は調製が容易で，開発に必要な十分な安定性を備えていた．何より DMSO 和物とすることで，溶解挙動が劇的に改善し，経口吸収性を回復させることに成功した．これが，トラメチニブが DMSO 和物として開発されることとなった理由である．

冒頭で述べた通り，われわれが「実は MEK 阻害薬をつくっていたのだ」と気づいたのはトラメチニブを見いだした後である．トラメチニブは MEK1/2 による ERK のリン酸化（$IC_{50} = 11 \sim 15\,nM$）と Raf による MEK1/2 のリン酸化を強力に阻害した（$IC_{50} = 0.7 \sim 0.9\,nM$）．この事実が判明した時，実は他社の MEK 阻害薬はすでに臨床試験段階にまで進んでいた．幸いにもトラメチニブがメラノーマ治療薬として他社に先んじてゴールに到達することができたのは，より強力な活性と理想的な体内動態特性が奏功したためであろう．トラメチニブは他社の MEK 阻害薬とは構造が大きく異なる．これはユニークな構造のリード化合物 2 を選択したことはもちろん，何より MEK 阻害活性を指標に構造最適化を行わなかったためであろう．細胞増殖阻害活性ではなく，MEK 阻害活性を追いかけていたら，果たしてわれわれはトラメチニブを発見することができただろうか．神のみぞ知るである．

創薬の過程には数々の高い壁が存在するが，トラメチニブの場合には，立ちはだかるすべての壁を一人ひとりの研究者の知恵と努力の結集によって乗り越えることができた．自らがつくった「化合物」が「薬」となり，患者への朗報となる．これこそが製薬企業研究員の本懐である．

*3 吸収性に影響を及ぼす結晶形の変化は許されない．したがって，変化することのない最安定品での開発が望ましい．

POINT

DMSO 和物は医薬品として前例がない．しかし，DMSO は ICH 残留溶媒ガイドラインで 1 日当たり 50 mg まで安全性が保証されており，開発に支障は生じないはずだと判断した．前例に自ら縛られる必要はない．

POINT

トラメチニブは，BRAF 変異をもつ切除不能な転移性メラノーマ患者に対する臨床試験において，1 日 1 回 2 mg の経口投与で既存の化学療法剤に比べて有意に無憎悪生存期間（PFS）を延長できた．また，BRAF 阻害薬であるダブラフェニブとの併用で，さらに PFS と全生存期間を延ばすことができた．

JT医薬総合研究所へようこそ！

■ 研究分野	オリジナル新薬の研究開発.
■ スタッフの人数	研究員は500名規模.
■ 研究員の概要	医薬探索研究所，化学研究所，生物研究所，薬物動態研究所，安全性研究所，生産技術研究所の六つの研究所が叡智を結集して新薬開発に取り組んでいる.
■ 研究内容	化学研究所での創薬研究では，薬理評価や薬物動態評価を指標としたリード化合物からの構造最適化が行われ，薬となるべき最初の分子が見いだされる．有機合成化学に加え，biologicalな知識も必要とされる．一方，生産技術研究所で行われるプロセス化学研究の目標は，高い品質の原薬を迅速に，安定的に，安価に製造するケミストリーを構築することである．有機合成化学の力はもちろん，さまざまな法令に関する知識も求められる.
■ テーマの決め方・研究の進め方	テーマの選定は製薬ビジネスの成否を分ける．従って，さまざまな角度から分析を行った後にトップの承認を得て採択が決定される．しかし，当社ではテーマ発案の機会は研究員全体に広く与えられており，発案されたすべてのアイデアが吟味の対象となる.
■ ミーティングの内容，回数	若手研究員が出席する小規模な現場のミーティングは，進捗確認のみならず先輩社員から多くの知識を学ぶ場でもある．また，若手研究員にも月一回の重要な会議に出席が許されるので，トップの意見を直接聞くことも可能である.
■ こんな人にお勧め	研究には多様な発想が歓迎されるべきであり，創薬にはさまざまな専門性間のコミュニケーションが必要である．したがって，自分で考えること，発展的なコミュニケーションがとれること，そして何より研究に情熱をもつことが大切である.
■ 実験環境	最新の実験設備を整えている．実験室は機能的であり，測定機器も待つことなくストレスなく使用できる．もちろん，労働安全衛生も確保されている.
■ 裏話	本稿で触れた転位反応は，ある誘導体の合成の過程で発見された．弱塩基による脱保護反応を行ったとき，「収率が悪い．何かいつもと違う妙な副生成物ができている．」と気づいたのは，入社2年目の研究員であった．これを無視せず，単離し，構造決定したからこそ，トラメチニブが誕生した.
■ 興味のある方へのアドバイス	「会社に入るまでに何を勉強しておけばよいですか？」……学生さんからよく聞く質問である．私は「大学での今の研究に全力を注いで下さい．適当なところで落とし所を見つけようなどとは決して考えないで下さい．」と返答することにしている．なぜならば，研究の対象は何であれ，「研究とは何か」を貴重な学生時代に学んできてほしいからである．大学での苦労や驚き（できれば喜び）を，入社してからの長い研究人生の土台としてほしい.

【特徴】
創薬部門で選抜された医薬品候補化合物の工業化製法の開発を中心として，次世代の技術獲得へ向けた基盤技術研究やコスト低減を目的とした抜本製法研究を実施している．

究極のプロセスに挑戦

第一三共株式会社
プロセス技術研究所

【研究分野】
高品質な医薬品の安定的供給に向けて，有機合成化学，化学工学，分析化学を駆使し，コスト低減だけでなく安全や環境にも配慮した効率的かつ実用的な製法開発を目指している．

【強み】
有機合成化学を基盤としたプロセス設計力．品質・コスト・堅牢性に優れた合成ルートを構築するために，最新の学術研究の成果，技術も積極的に製法に組み込んでいる．

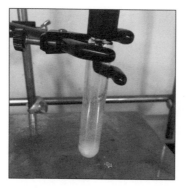

【テーマ】
医薬品候補化合物の工業化製法の研究．研究テーマとしては低分子化合物のみならず，抗体-薬物複合体（ADC）・ペプチド・核酸などの領域のプロセス研究も手がける．

Edoxaban 中間体の原価低減製法の開発
~究極の製造プロセスを求めて~

道田　誠(みちだまこと)
第一三共株式会社 プロセス技術研究所 副主任研究員.
1972年　東京都生まれ.
1998年　青山学院大学大学院理工学研究科修了.

金田岳志(かねだたけし)
第一三共株式会社 プロセス技術研究所 副主任研究員.
1979年　東京都生まれ.
2004年　東京工業大学大学院生命理工学研究科修了.

　抗血栓薬（FXa 阻害薬）Edoxaban は，弊社における主力商品としてグローバルに展開を進めている化合物である．われわれの研究所では，実生産スケールでの製造が見込まれる原薬の「究極の製造プロセス」を追求すべく，抜本的な合成ルートの変更も視野に入れた原価低減プロジェクトを立ち上げた．

究極の製造プロセスへの研究戦略

　図1に示すように，Edoxaban は三つの中間体をアミド結合で繋ぐことにより合成される．合成化学的な視点で見た場合，三つの不斉炭素をすべて含み，一方が保護された cis-ジアミン骨格をもつ重要中間体 A の合成が最も難易度が高く，製造コストに占める割合が最も高い．製造原価を効果的に低減するためには，中間体 A の安価な製法を確立することが最も有効なアプローチといえる．

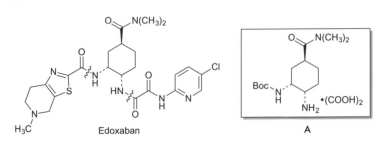

図1　Edoxaban および重要中間体 A の化学構造

　最初に，中間体 A の従来法の合成スキームを紹介したい（図2）．1を原料とし，ジメチルアミンの付加によるラクトンの開環，引き続きアンモニアを作用させることで，2, 3 を経てアミノアルコール 4 を合成する．このアミノ基を保護（Boc 化）し 5 とした後，ヒドロキシ基をメシル化し，6 を結晶として単離する．引き続きアジド化し 7 とした後，還元してシュウ酸塩化することで A を得る．全7工程，単離回数2回の実生産に耐えうるプロセスである．

　本製法での一番の問題はアジド化工程（6 → 7）にある．この反応では，S_N2

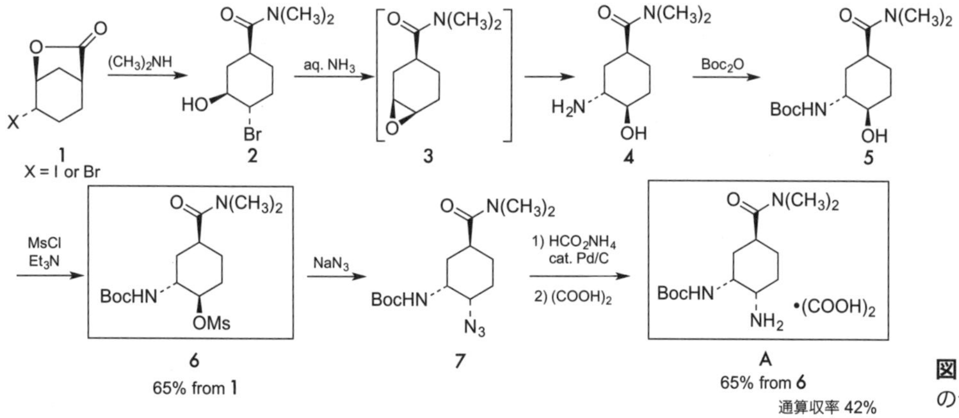

図2 従来製造法の合成スキーム

機構で反転した目的のシス体のアジド**7**が得られるが，10%程度のトランス体が副生してしまう．反応条件の最適化を行ったが，この副反応が抑制できないため収率が上がらず，結果として製造コストを押し上げていた．

なぜトランス体が生成するのか？　理由としては，隣接基(Boc基)の効果により環状の反応中間体**8**が生成し，そこにアジドが求核攻撃することで，結果的に立体保持で反応が進行したためと考えられる(図3)．

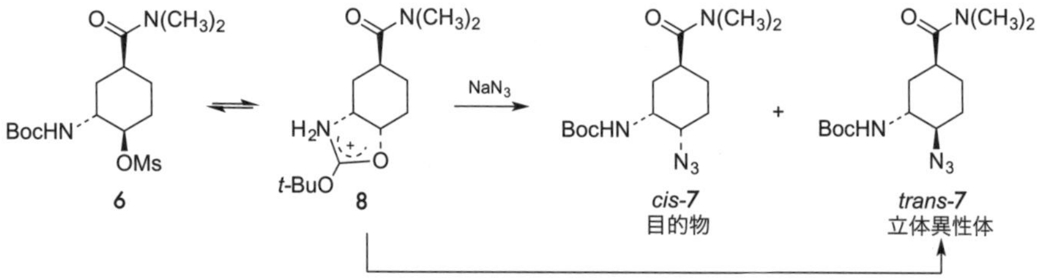

図3 アジド化反応における立体異性体の生成メカニズム

もがきながら捕まえた予想外の生成物

そこで，この副反応の中間体**8**に着目し，「分子内環化反応を積極的に利用することでアミノ基を立体選択的に導入できないか？」と考えた．早速**4**からスルホニル基で架橋された**9**をデザインして合成し，鍵反応である分子内環化反応を試みたところ，塩基存在下，加熱することで新たな生成物が確認できた（図4）．LC-MSでも目的の**10**と同じ分子量がヒットし，大きな副生成物も見られず，非常にきれいな反応に見えた．しかし，生成物はその後の処理ですぐに分解してしまい，どうしても単離することはできなかった．

目的物**10**は構造的にはそれほど不安定とは考えにくいので，分液処理後の粗精製物をNMRで解析したところ，実際は五員環ではなく，分子量が同じ

POINT

研究にはありがちなことだが，もし最初の生成物が不安定ということで諦めていたら……アジリジンが生成した時点でダメだと思って捨てていたら……その先にある発見はなかったかもしれない．仮説と検証を繰り返す作業のなかで，その時感じた「違和感」や，経験から積み上げた「自分の感覚」を大事にする．と同時に，実験事実には真摯に向き合う姿勢を保つことが重要．

三員環化合物 11 を形成していることが示唆された．結局のところ，それは目的物ではなかった．

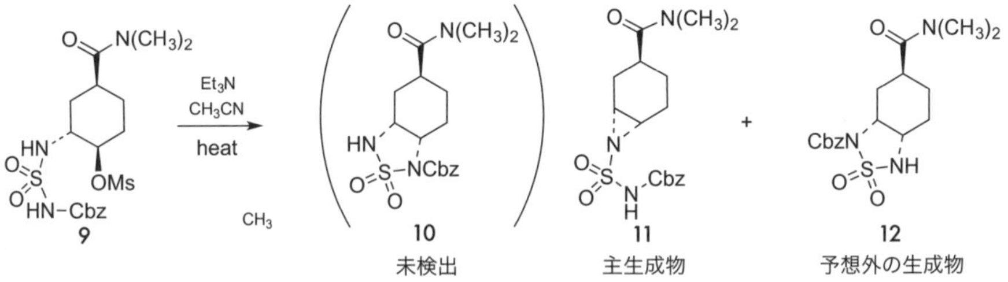

図4 分子内環化反応による cis-ジアミン骨格構築の試み

9 → (10 未検出) + 11 主生成物 + 12 予想外の生成物

成功へのカギ①

予想外なことが起こった時，とくに目的物ではないものが主生成物の時はチャンスだと思ったほうがいい．その構造を見て，この反応が他の用途に使えないか？と考える習慣をつけておくと，新たな展開が見えてくるかもしれない．

そこで，気持ちを切り替えて改めてすべての MS ピークについてデータ解析してみたところ，小さいながらも目的物と同じ分子量がヒットしたピークがもう一つ見つけられた．とにかく目的物を見たい一心で本ピークを分離精製し，^{1}H NMR で解析したところ，環化した cis-ジアミン骨格が示唆されるシグナルが得られた．しかしながら，驚くべきことに，取得した化合物は想定していた 10 ではなく，Cbz 基の位置が異なる 12 であることが H-H COSY スペクトルにより判明した．

その反応には続きがあった！

これまでの実験結果を改めて整理し考察していくうちに，このフラスコのなかで起こっていることがようやく理解できた．
　すなわちこの反応では，
　　① アジリジンの形成 → ② ジメチルアミド基からの隣接基効果による開環
　　→ ③ プロトン移動 → ④ 再環化
という一連の工程が続けて起こっていたのである (図5)．

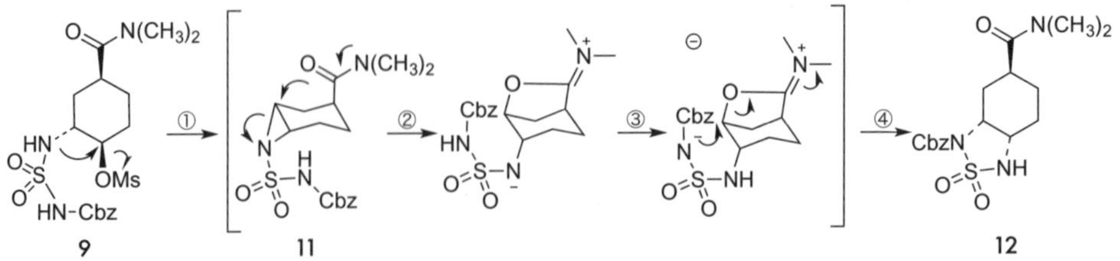

図5 推定反応メカニズム

9 → ① → 11 → ② → → ③ → → ④ → 12

ここまでわかると話は早い．9 は塩基存在下で加熱するとアジリジン 11 に速やかに変換されるが，さらに加熱することによってすべて環化体 12 に収束させることができた．一見複雑な変換のように見えるが，シクロヘキサン環上のすべての官能基がうまく機能し，各ステップで分子内反応が厳密な立体制御

で進行していることが明らかとなった．まさに点と点が繋がった瞬間である．

　非常に幸運なことに，この結果はただ化学的に興味深い反応というだけではなく，現行の中間体 A を合成するにはきわめて都合がいい．イソシアン酸クロロスルホニル (CSI) を用いた Burgess 型試薬の調製の際にベンジルアルコール (Cbz 基) を用いる代わりに t-ブチルアルコール (Boc 基) を使って，同様な変換を行えば A そのものが得られる．つまり，その後の工程を変える必要がない．

　最終的なスキームを図 6 に示す．CSI と t-ブチルアルコールから調製される Burgess 型試薬を用いて同様の反応を行ったところ，期待通りに対応する目的物 14 が高収率で得られた．続く脱スルホニル化は，ピリジン／水系で加熱することにより良好に進行することを併せて見いだした．HPLC の保持時間も，A の現行法サンプルと一致し，^{1}H NMR にてルートが貫通したことをようやく確認できた．

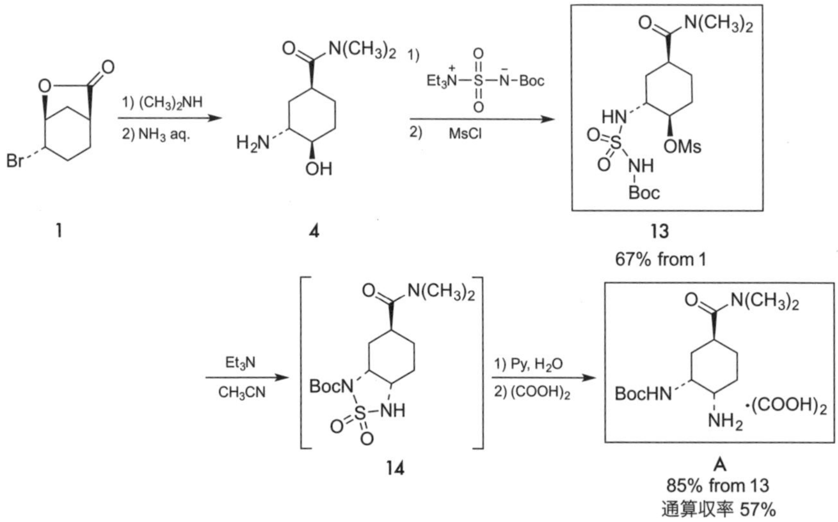

図 6　改良製法の合成スキーム

◆◆◆

　さらに，その後の最適化検討により，前述の転位反応とそれに続く脱スルホニル化がワンポットで行えるようになり，A の反応生成率は 88% まで向上し，85% の収率で高純度の結晶として単離することができた．13 から A への変換が同一容器内でものの数時間の間に起こっている．「これは絶対モノになる！」と確かな手応えを感じた瞬間であった．

　本製法の最適化検討を実施した結果，A の通算収率は従来製法よりも 15% 向上し，さらに操作の大幅簡略化により，Edoxaban の製造原価低減に大きく寄与する試算結果が得られた．

プロセス技術研究所へようこそ！

■ 研究分野	医薬品候補化合物の工業化製法の研究（合成ルート探索，スケールアップ，工業化研究）．
■ スタッフの人数	非公表．
■ 研究員の概要	ケミストとエンジニアで構成されている．大学で有機合成化学や化学工学を専攻した修士，博士号をもった研究員が全国から万遍なく集まっており，研究を通じて各々の強みを磨きながら成長している．
■ 研究内容	初期臨床試験頃までの開発初期ステージではキログラムスケールで合成可能な製法の構築を行い，非臨床試験や治験に用いる原薬を製造・供給している．開発後期ステージでは実生産スケールの生産に向けた製法の最適化やエンジニアリング的な課題解決，当局への承認申請に必要な各種データ取得を行っている．そのほかに，将来を見すえた新技術の開発や製造原価の低減を目的とした合成ルート開発などを行っている．
■ テーマの決め方・研究の進め方	各テーマのステージによって進め方は大きく異なるが，基本的に時期・量・品質・コストを考慮して要求される時期までに製法を確立し，関係会社と連携して実際に製造・供給するまでが一つのテーマの進め方である．状況によって，時期やコストなどの厳しい要求があるものの，目的の達成に向けてチーム一丸となって取り組んでいる．
■ ミーティングの内容，回数	毎月グループ単位のミーティングおよび所内全体会議が開催されている．また，テーマごとのミーティングは所外関係者を含め適宜行われている．普段から研究員同士で実験結果についてフランクに話し合い，そのなかでよいアイデアが生まれている．
■ こんな人にお勧め	モノづくりが好きな人，目的物を得るだけでなく，フラスコの中身をすべて理解したい人．また，専門性も活かしつつ（さまざまな分野に好奇心をもって）チームで協力しながら目標を達成することにやりがいを感じる人．
■ 実験環境	10 L スケールまでの実験はドラフトで行い，反応を HPLC・GC などで分析するのが基本．50 L 前後の中量合成は専用の実験室で実施する．品質を分析するために必要なNMR，MS などのさまざまな分析機器がそろっている．
■ 裏話	新規医薬品開発の成功確立は非常に低いため，検討を重ねて最高のプロセスをつくった瞬間に医薬品候補化合物が開発中止になるということもあり，苦労が報われないこともある．
■ 興味のある方へのアドバイス	プロセス化学は非常に奥が深く，面白さが詰まった産業に非常に近いところにあるリアルな学問だといえる．有機合成化学の知識と知恵を組み合わせ，複雑な化合物をいかに簡単に再現よくつくるかが腕の見せ所．自ら考案した合成ルートが実生産に採用され，新薬を待つ患者さんに届くといった醍醐味を味わうことができる．品質・コスト・スピードをすべて追求し尽した，究極のプロセスへ挑戦をしたい方，ぜひプロセス化学の世界へ．

【特　徴】
処方箋薬を扱う医薬事業と，OTC医薬品やヘルスケア製品を中心とするセルフメディケーション事業を二つの柱として事業展開する総合医薬品メーカー．

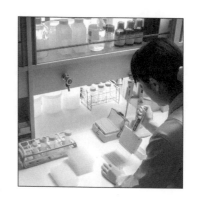

健康と美の
　　トータルサポーター

大正製薬株式会社

【研究分野】
元もと強みとしていた「感染症」，「整形外科疾患」の2領域に加え，患者様が増え続けている「精神疾患」，「代謝性疾患」の4領域を重点領域として取り組んでいる．

【強　み】
医薬事業とセルフメディケーション事業の二つが両輪となって，病気の治療はもちろん，病気の予防から健康の増進まで，生活者の健康と美をトータルにサポートする．

【テーマ】
健康と美を願う生活者に納得してもらえる優れた医薬品・健康関連商品，情報およびサービスを社会から支持される方法で創造・提供することにより，社会へ貢献すること．

SGLT2阻害剤
ルセオグリフロジンの創製
~閃きと思い入れから生まれた糖尿病治療薬~

2002年冬,「薬理研究者から,グルコーストランスポーターの阻害によって血糖をコントロールできるというテーマの提案があったが,柿沼君興味ある?」当時の上司であった佐藤グループマネージャーから声を掛けられた.これが研究開発の始まりであった.

標的分子とリード化合物

その標的分子は腎臓の近位尿細管特異的に発現し,糸球体でろ過されたグルコースの再吸収を担う,ナトリウム依存性グルコース輸送体2 (SGLT2) であった.SGLT2がグルコースの90%を再吸収しており,その下流に存在するSGLT1は残る10%のグルコースを再吸収しているという.SGLT1は腎臓だけでなく,小腸や心臓にも分布している.ヒトのSGLT1遺伝子変異では,小腸上皮からグルコースとガラクトースを吸収できず,激しい下痢や重篤な脱水といった,先天性グルコース・ガラクトース吸収不全症を引き起こす.したがって,SGLT2を選択的に阻害することで,副作用をきたすことなく尿中にグルコースを排泄し,インスリンを介さず血糖値を改善することが期待された.

一方,リンゴの木の皮から得られる天然物フロリジンは非選択的なSGLT1/2阻害作用を示し,これを糖尿病モデル動物に静脈内投与すると血糖値が下がるという知見があった.しかし,フロリジンのO-グルコシド結合が消化管内に存在するβ-グルコシダーゼで分解されてしまうため,経口投与では薬理作用を示さなかった.そこで,O-グルコシドの分解を防ぐために,グルコースの6位をメチルカーバメートとしたプロドラッグT-1095が報告された.さらに,T-1095が臨床試験に進んでいることに加え,複数の大手製薬メーカーがSGLT2選択的阻害剤に興味を示していたことも特許情報から推察された(図1).

プロドラッグを回避する発想

そこで,ヒトにおいてプロドラッグから活性本体への変換率予測が難しい

柿沼浩行(かきぬま ひろゆき)
大正製薬株式会社 化学研究所 化学第2研究室 室長.1964年 埼玉県生まれ.1996年 東京工業大学大学院生命理工学研究科博士課程修了.

大井隆宏(おおい たかひろ)
大正製薬株式会社 薬剤研究所 プロセス化学研究室 主任.1978年 長野県生まれ.2003年 慶應義塾大学大学院理工学研究科修士課程修了.

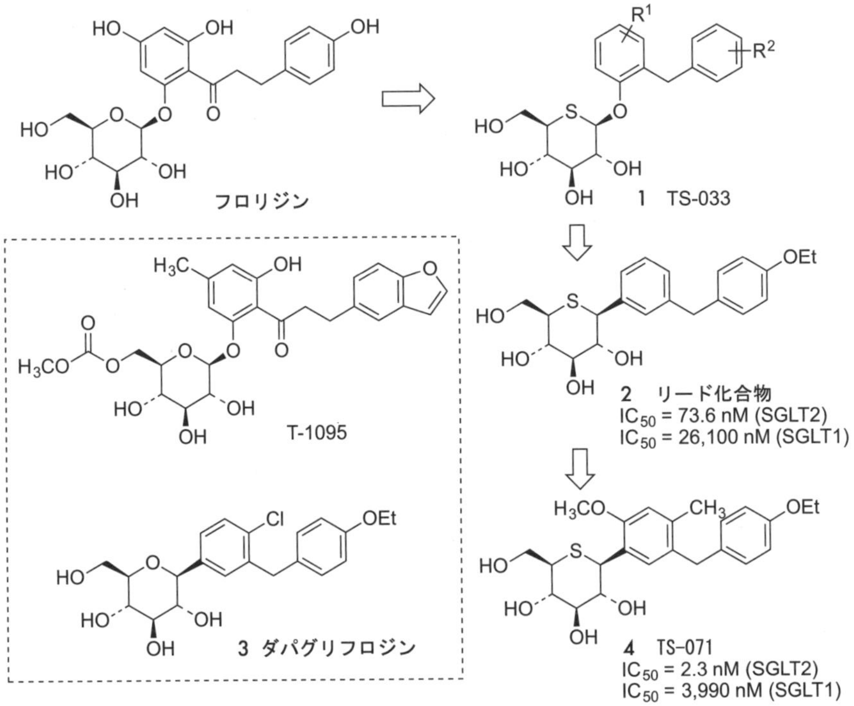

図1 SGLT2 阻害剤の開発

こと，先行する T-1095 と差別化するため，プロドラッグでなく経口吸収される薬剤が望ましいと考えた．また，活性保持の観点から O-グルコシド結合を残して代謝安定にするには，環内酸素原子を硫黄原子に変換した O-フェニル 5-チオ-β-グルコシド誘導体 1 が思い浮かんだ．なぜならば，筆者の出身研究室である橋本弘信名誉教授，湯浅英哉教授らは 5-チオグルコースの合成手法とそれを含有するオリゴ糖の生物化学的研究を 1980～1990 年代に精力的に行っていたからである．その研究の成果のなかに，5-チオ糖誘導体を含有するオリゴ糖は糖加水分解酵素に対して分解耐性をもつことや，タンパク質に対する親和性が天然オリゴ糖に比べて強くなるという報告があった．これらの事実を SGLT2 阻害剤に応用できれば，プロドラッグを利用しなくとも経口吸収可能な薬剤ができると確信した．筆者は居ても立ってもいられなくなり，その日の夜，湯浅教授 (当時 准教授) に電話した．「先生，5-チオグルコースの合成法を改めて教えてください」．

順風満帆に見えた研究，まさかの中断

プロジェクトが始まり中間体となるペンタ-O-アセチル 5-チオグルコースが

調製できた頃に，次第にプロジェクトに対する理解が得られ，合成メンバーが3名加わった．しかし，O-フェニル 5-チオ-β-グルコシド誘導体1の合成は難航した．なぜなら，立体選択的に 5-チオ-β-グルコシドを合成する報告はなく，そのα-アノマーが優位に得られるからであった．加わったメンバーとともに鋭意検討した結果，光延反応を用いることで誘導体1を高収率，高立体選択的に合成する方法を見いだした．そして，誘導体1は目論見通り，10 nM 以下のSGLT2選択的阻害活性を示し，ラットとイヌに経口投与したところ，消化管内で分解されずにほどよく吸収され，薬効発現に十分な未変化体の血中暴露を確認した．さらに，糖尿病モデルラットにおける経口糖負荷試験において用量依存的な血糖低下作用も確認された．当時の薬理研究者 久米田研究員が興奮しながら薬理データを持参し，合成の実験室に飛び込んできたことを今も鮮明に覚えている．実験室には，プロジェクトメンバーの歓喜の輪が広がった．

開発品として選ばれた TS-033 は，医薬専門家の理解を得ながら順調に進行したかに見えた．しかし，試験が進むに従い治療効果を最大限に発揮させるには化合物の体内動態の知見が不十分であり，次第にこのまま進めるには課題が多いことが明らかとなってきた．2005年，まさかの中断であった．

苦難を乗り越え新たな展開へ

プロジェクトでは，TS-033 の開発が何らかの理由で止まることも考慮し，開発の開始時点に考えられた課題を克服すべく，バックアップ化合物の創出を行っていた．しかし，TS-033 を凌駕する化合物がなかなか見つからず一年半が過ぎようとしていた．そして，プロジェクトの合成メンバーは他の新規プロジェクトに異動し，気がつくと柿沼一人になっていた．

2001年，ブリストル・マーヤーズスクイブ社よりベンゼン環とグルコースが直結した C-グルコシド誘導体が特許公開されていた．さらに，2003年に化合物3が選択発明特許として開示された．二つの特許の出願経緯から，化合物3（2014年，ダパグリフロジンとして上市）のポテンシャルが高いのではないかと推察された．当初は，O-グルコシド結合がSGLT2阻害活性に必須ではないかと推察していたが，この情報より C-グルコシド誘導体でもよいのでは，と考えるようになった．

そして，C-グルコシド誘導体に大正独自の 5-チオグルコースを組み入れるデザインに賭けた．当時 C-フェニル 5-チオグルコシドの効率的な合成方法が報告されていなかったため，筆者が社内で合成ルートを確立し，ついにリード化合物2をつくることができた．化合物2は，ほどほどのSGLT2阻害活性（$IC_{50} = 73.6$ nM），選択性に加え，思いのほか優れた体内動態を示した．そ

の結果から，新たに大井，土屋研究員が合成メンバーに加わり，開発候補化合物創出に向けて止まりかけたプロジェクトが大きく動き始めた．最適化ではSGLT2選択性と薬物動態に留意し，化合物2のベンゼン環上の置換基を検討し in vitro および in vivo 薬効試験の結果から，最終候補として五つの化合物に絞り込んだ．そして，このなかからヒトにおいて最も薬物動態プロファイルが優れていると期待される化合物を選択することにした．ここで，ヒト凍結肝細胞を用いた代謝安定性試験，ヒトの血漿タンパク結合率，吸収性を予測する膜透過性，さらにラットを用いた標的臓器(腎)移行性を指標に，最も良好な薬物動態プロファイルが期待された TS-071 (**4**)を選択したのである．

TS-071 は 2007 年より臨床第I相試験が開始されたが，先行していた TS-033 の開発が中止になったことにより，同じ SGLT2 阻害剤を開発している他社に遅れを取っていた．他社に追いつくために，開発スケジュールの工夫は必須であった．スピードを保ちつつも質を伴った試験を行う必要があった．開発から加わった，高橋，内田，地野，堀内らは非臨床で 300 以上の試験を含む申請資料の作成，さらに当局からの照会事項に迅速に回答するため，深夜にまで作業が及ぶ日もあった．熾烈な開発競争を乗り越えた開発メンバーの努力によって，ルセオグリフロジンは幸運にも 2014 年 3 月製造販売承認を取得することができた．関係者の苦労が報われた瞬間であった．

出身大学の研究室で先輩が研究していた 5-チオグルコース，これを製品に利用できたのは幸運であった．実は，修士課程を卒業後，一度は就職したが挫折して退職し，教授にお願いして同研究室の博士課程に在籍させていただいた．そこでは 5-チオグルコースに直接携わっていなかったが，その性質は知識として集積できていた．そして，その性質を思いだし，SGLT2 阻害剤に利用することを閃きすぐに実行した．競合する他社に対し新規性と進歩性をだすには 5-チオグルコースしかないと腹をくくり，TS-033 と TS-071 (ルセオグリフロジン) に利用し続けたのが成功への鍵であったと思える．

新薬の成功確率は 3 万分の 1 ともいわれている．すべての条件がそろわないと最後までたどり着けない．本当に運が味方してくれた．

POINT

大学院で学んだ 5-チオグルコースを取り入れることで代謝安定な誘導体ができると閃き，計画するだけでなくそれをすぐに実行に移した．TS-033 の開発が中断された後も，5-チオグルコースにこだわり続けることにより可能性を追求し実行したことがルセオグリフロジンの創出につながった．

化学第 2 研究室へようこそ！

■ 研究分野	アンメットニーズに対応する新薬開発候補化合物の創出.
■ スタッフの人数	32 名（男 24 名，女 8 名）.
■ 研究員の概要	新規化合物を合成する研究者 28 名，研究管理職 4 名で構成されている．薬学部はもちろん，工学部，理学部，理工学部の大学院にて有機合成化学を学んだ方がたが活躍.
■ 研究内容	疾患に深く関与する標的分子に作用し，病態モデル動物で期待する薬理作用を示すとともに，良好な薬物動態と安全性をもつ化合物をデザイン，合成する．まずは，リード化合物を見つけ，そこから化学修飾，$in\ silico$ シミュレーション等を駆使しながら最適な化合物にできるだけ早く仕上げていく.
■ テーマの決め方・研究の進め方	研究者が自らアイデアを提案．最近は外部に創薬の種を求める活動も行っている．発案の根拠，実現可能性，ニーズ等を研究所内で判断し，テーマが採択される．テーマ化されるとテーマリーダー（多くは発案者）を中心としてプロジェクトが進められる.
■ ミーティングの内容，回数	目的に応じて少なくとも週に一回は実施．たとえば，合成ミーティングではデザインの妥当性，難航している合成や反応の種類について議論し，部内でアドバイスする.
■ こんな人にお勧め	大学で学んだ専門性を活かしたい，伸ばしたい，合成だけでなく薬理や薬物動態も勉強してみたい，そして，人びとの健康と美に貢献できる医薬品や製品をつくってみたいと考え，前向きにチャレンジしたい方.
■ 実験環境	合成実験室内のドラフトと空調は 2015 年に更新され，作業者に最高の環境が提供されている．分析や精製装置も整備されており，合成実験を行うに十分な環境．また，他分野の研究者も同じ建物におり，コミュニケーションしやすいことも特徴.
■ 裏 話	部員の 81％は 20～30 歳代の研究者．若き研究者の挑戦と成長を願い，目標達成に向けて戦っている.
■ 興味のある方へのアドバイス	新薬を創出することは決して楽ではない．しかし，自ら考え行動したことで一歩前に進んだとき，よい結果が得られたとき，この上ない幸せを感じる．薬を創るという仕事は，間違いなくライフワークとして挑戦し続けるに値する職業．超高齢化社会を迎えようとしているわが国日本に，何か貢献したいと考えているあなたを待っている.

【特　徴】
患者のみなさんやご家族が健やかに自分らしく過ごせるよう，新たな発想と高い研究開発力で革新的な新薬を社会に届ける．

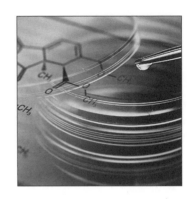

最先端の技術で医療に貢献

大日本住友製薬株式会社
プロセス化学研究所

【研究分野】
医薬品の原薬製造方法の確立．対象は，低分子化合物からペプチド・バイオ医薬品まで．

【強　み】
総合化学会社を親会社とし，ものづくりの技術・ノウハウに強み．

【テーマ】
重点領域である精神神経領域・がん領域に加え，治療薬のない疾患分野や細胞医薬／再生医療分野の医薬品開発．

レニン阻害剤の製造プロセス開発
～合成ルートを改良することでコスト削減を達成～

医薬品の製造プロセス開発では，スピード，品質，経済性，防災安全，法規制遵守などが求められる．本稿では，その一つの「経済性の改善」に焦点をしぼって解説する．経済性評価の指標となる製造コストを左右する要因としては，原材料費（原材料の単価と原単位[*1]），反応の選択性や収率に加えて，製造設備の稼働日数（工程数，反応・操作時間など），占有機器の数，設備投資の有無などがあげられる．

今回，レニン阻害剤 DSP-9599（**1**）の商用製造を指向した製造プロセスを開発するにあたり，こうした要因をいかに改善し，効率的なプロセス開発をどう達成できたかについて紹介する．

*1 原材料の原単位：一定量（1 kg）の製品を生産するのに必要な原材料の量を表す．収率や当量数，反応基質濃度等により変動する．

初期段階の合成ルート開発

1は，レニンの強力な阻害活性を特徴とする降圧剤として当社で創製された化合物である．このレニンは，アンジオテンシノーゲンを加水分解して血圧調節にかかわるアンジオテンシンIを合成するタンパク質分解酵素の一つである．本剤は体内で代謝されることで効果を示すプロドラッグであり，体内で吸収されて速やかに代謝を受け，活性本体であるDSR-35894（**2**）に変換され，薬効を発揮する．活性本体の**2**は製造上の重要中間体でもあり，本中間体の合成ルート開発についてまず紹介する．

まず試みた第一世代のルートは，スケールアップ可能で迅速に化合物の提供が可能な合成法という観点から，ニトロ化等の危険反応やシリカゲルカラム精製を避けることを目的に開発された．この製造ルートの特徴は，パラジウム触媒を用いる分子内アミノ化反応とFriedel-Craftsアシル化反応によるベンゼン環上の四つ目の置換基の導

高橋 和彦（たかはし かずひこ）
大日本住友製薬株式会社 技術研究本部．1962年 愛媛県生まれ．1989年 東京工業大学大学院理学研究科後期博士課程修了．

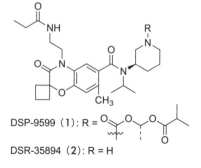

DSP-9599（**1**）: R =
DSR-35894（**2**）: R = H

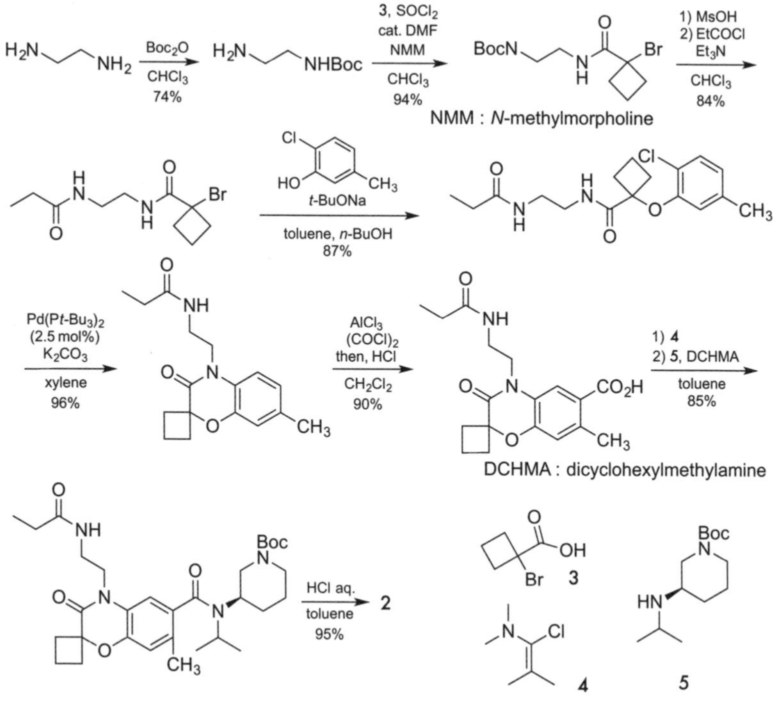

図1 第一世代ルート
9工程，通算収率34.8%（固体取出し7回）．

入にある．反応条件の最適化およびスケールアップの検討により，9工程の通算収率が35%で**2**を数キログラムスケールで取得できるようになった（図1）．

しかしながら，このルートでは，使用するパラジウム触媒が非常に高価なため製造コストが高く，またFriedel-Craftsアシル化反応は再現性と生産性[*2]が低かった．さらに固体での取出しが7回と多く，商用に向けては製造ルートの見直しが必要であった．

そこで第二世代のルートを確立するために，製造コストの改善に向けて，抜本的な新製法の開発を進めた．買収したばかりのUS子会社の研究者や探索合成研究者を含む10名超のプロジェクトチームを編成し，合成ルートのアイデアを広く募るとともに[†]，原料調査を網羅的かつ精力的に実施した．その結果，これまでの調査ではバルクでの入手が困難と考えられていた，図2中の化合物**6**のような4置換ベンゼン誘導体が工業バルクで入手可能であることが明らかとなった．これにより，Fridel-Craftsアシル化反応，パラジウム触媒反応を回避した第二世代ルートを確立することができた[†]．8工程で通算収率41%と収率を改善することができ，かつ安全性や再現性の課題を解決することによりコストを7割近く削減できた．

しかしながら，固体での取出しが5回と多く，収率向上の余地もあり，さ

[*2] 再現性が低い：反応収率や選択性などが一定せず，実験結果が再現できないため，スケールアップが困難である．生産性が低い：溶解性や反応選択性の観点から希釈条件が必要であったため，1バッチ当たりの基質仕込み量（生産量）が少ない．

POINT
集まった数多くの合成ルートのアイデアをケムドローでBig Mapにして，見やすいところに掲示して日々進捗を確認した．

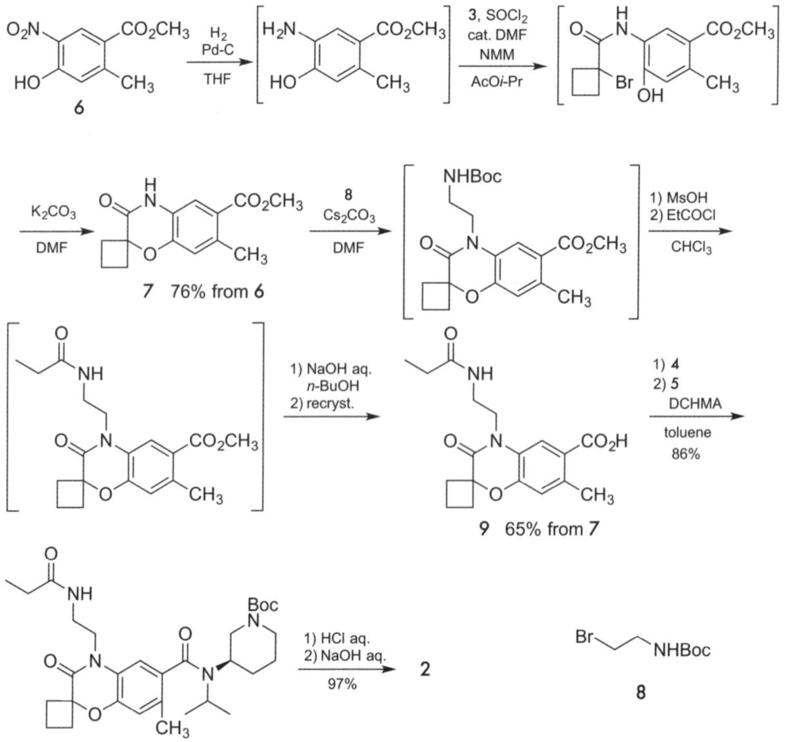

図2 第二世代ルート
8工程，通算収率41.2%（固体取出し5回）．

> **POINT**
> 互いに顔も合わせたことのないメンバーと2～3週に1回の電話会議をしながら，最終のルート確立まで5カ月弱で達成できた．原料もUS子会社のサプライチェーンネットワークから見つかったものである．非常に密度の濃い5カ月であった．

*3 テレスコーピング：反応の後処理のみを行い，精製や反応生成物の単離を実行せずに次の合成段階の反応条件にかけることで手間を省くこと．

らなる製造コストの低減化が望まれた．またクロロホルムやDMFなどの毒性の強い溶媒の回避など課題は残されていた．

さらなる改良ルートを求めて

第二世代ルートのさらなる改良をめざして，上記の課題を克服するための検討を行った．この第二世代改良ルートでは，テレスコーピング化[*3]をより追求した．

一般に操作時間の約50%が中間体や最終物の単離に費やされる．晶析・単離によって，不純物を除去して化合物の純度を高める一方で，晶析・ろ過・洗浄・乾燥と手間と時間がかかるうえに，ろ液へのロスや機器洗浄の手間，化学物質の作業者への曝露等がしばしば課題となる．テレスコーピングにより，過剰な晶析を回避して，収率・生産性を向上させることにより，コスト削減を可能とする．テレスコーピングを成功させる鍵は，①反応条件の最適化，②分液等による精製，③適切な溶媒選択による効率的な工程間のつなぎ，④晶析する中間体の見極め（精製効果，安定性，回収率等）である．最終的に，図3に示すように9工程で通算収率63.3%（取出し回数3回）の製造方法が確立できた．

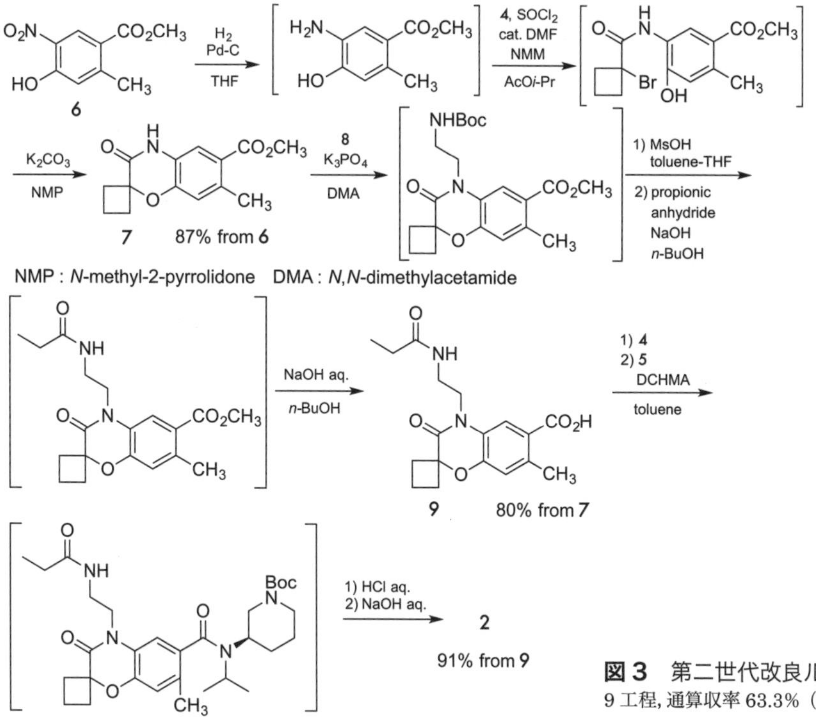

図3 第二世代改良ルート
9工程, 通算収率 63.3%（固体取出し3回）.

表1に各ルートにおける**1**の製造方法を比較して示した．第一世代ルートと比較して，製造コストを約5分の1にまで低減化することに成功した．

表1 DSP-9599(**1**)製造方法の比較

製造方法	第一世代	第二世代	第二世代改良
工程数	9	8	9
収率	34.8%	41.2%	63.3%
取出し回数	9	5	3
製造コスト[*4]	100	31	19

[*4] DSR-35894 ～ DSP-9599の工程も含めたコスト試算結果で，第一世代の製造コスト試算値を100とした場合の相対値で表した．

◆◆◆

以上，弊社にて実施されたプロセス研究開発の一例を示した．合成ルート選定においては，スケールアップの容易性と迅速な化合物の提供をまず主眼に置き，その後に経済性の確保を進める．試薬カタログだけに頼らず，地道に原料調査を進めることも重要である．今回の製造プロセスの開発事例が，製品開発戦略の進め方を理解するうえで，参考になれば幸いである．

プロセス化学研究所へようこそ！

■ 研究分野	医薬品の原薬製造方法の確立．対象は，低分子化合物からペプチド・バイオ医薬品まで．
■ スタッフの人数	約50名（外国人を含む）．
■ 研究員の概要	有機合成化学がバックグラウンドのメンバーに加え，バイオ・エンジニアの知識をもつメンバーで構成（博士取得者は3割ほど）．
■ 研究内容	創薬部門等で見いだされた開発候補化合物を，安心して服用できる医薬品として患者のみなさんに提供するために，1) 高い品質の原薬を製造できるルートを探索し，環境や安全に配慮した安定操業可能な工業的製法を確立する．2) 開発段階で実施する安全性試験や臨床試験に必要な原薬を供給する．
■ テーマの決め方・研究の進め方	数名のチームを組んでプロジェクトを推進することが基本であるが，個人の責任で検討内容を決め，課題解決に向けてチャレンジしている．国内はもちろん，米国子会社を始め海外提携先との共同プロジェクトが数多くあり，英語でのコミュニケーションが研究推進に必須である．
■ ミーティングの内容，回数	研究所内の月例報告会に加えてグループミーティングが月2～3回程度．各プロジェクトの部門横断会議や委託先・海外企業との電話・対面会議は不定期で実施しており，プロジェクトにより頻度は異なる．
■ こんな人にお勧め	有機合成が好きな人．新しい合成ルートを見いだす研究で能力が発揮できる人．また，反応などの工程を深く掘り下げて，起こっていることの本質に迫るのが好きな人．工業化研究に興味をもっている人．
■ 実験環境	2013年に竣工した研究棟には，ラボ検討実験室と1kg程度までの化合物を合成できるキロラボ設備ある．さらに数kg～数十kgの治験原薬を製造できる製造棟もあり，両者を有効活用してスケールアップデータを取得できる環境が整っている．
■ 裏　話	研究所内に「ルートスカウティングラボ」を新設し，新規合成ルート探索に特化した専門グループが2016年に誕生．より洗練された合成ルートを早期に確立できる体制に．
■ 興味のある方へのアドバイス	プロセス化学は有機合成の力が発想の源なので，基礎的な知識と応用力を身につけることが最重要．大学・大学院での自分の研究テーマをとことん突き詰めて満足のいくまでやり切ること．企業で必要なスキルは会社で十分に習得できるので心配無用．ただし英語は必要になるので，ある程度の力は身につけておくことが必須．

【特徴】
創業 1781 年．日本を代表する製薬企業．230 年を超える長い歴史のなかで培われた普遍の価値観「タケダイズム（誠実・公正・正直・不屈）」を根幹に日々の企業活動を行っている．

患者さん中心の製薬企業

武田薬品工業株式会社
医薬研究本部化学研究所

【研究分野】
医薬品の研究．優れた医薬品の創出を通じて人びとの健康と医療の未来に貢献するというミッションを実現するため，常に医療上のニーズを見極めて研究活動を推進している．

【強み】
国内トップの製薬メーカーであり，人材が豊富．先進国から新興国まで幅広いマーケットでビジネスを行っており，欧米やアジアにも広い販売網を展開している．海外売上比率が高い．

【テーマ】
「オンコロジー（がん）」，「消化器系疾患領域」，「中枢神経系疾患領域」，「スペシャリティ循環器系疾患」，「ワクチン」を重点領域と位置づけ，画期的新薬の創出に挑戦している．

ボノプラザンフマル酸（タケキャブ）の創製
～究極の酸分泌抑制薬を目指して～

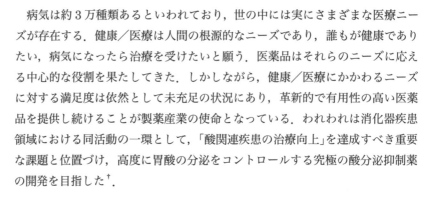

成功へのカギ①

酸関連疾患は製薬業界では一般的に治療満足度，薬剤満足度の高い疾患といわれており，多くの企業が研究から撤退する状況にあった．だが，いまだ満たされない医療ニーズの存在に注目して，その重要性を認識したことが研究の出発点かつ原動力となった．

西田晴行（にしだ はるゆき）
武田薬品工業株式会社 医薬研究本部 化学研究所 主席研究員．1965年 京都府生まれ．1990年 名古屋市立大学大学院薬学研究科修了．

病気は約3万種類あるといわれており，世の中には実にさまざまな医療ニーズが存在する．健康／医療は人間の根源的なニーズであり，誰もが健康でありたい，病気になったら治療を受けたいと願う．医薬品はそれらのニーズに応える中心的な役割を果たしてきた．しかしながら，健康／医療にかかわるニーズに対する満足度は依然として未充足の状況にあり，革新的で有用性の高い医薬品を提供し続けることが製薬産業の使命となっている．われわれは消化器疾患領域における同活動の一環として，「酸関連疾患の治療向上」を達成すべき重要な課題と位置づけ，高度に胃酸の分泌をコントロールする究極の酸分泌抑制薬の開発を目指した[†]．

最強の酸分泌抑制薬にかげり

胃酸が関連し，胃酸分泌抑制により臨床的効果が得られる疾患群は酸関連疾患と呼ばれる．その原因や治療法が明らかでなかった時代から，長年の間，人類を苦しめてきた．近年，さまざまな研究を経て，その治療には消化性潰瘍でpH3以上，逆流性食道炎でpH4以上，ヘリコバクターピロリ除菌でpH5以上に胃内のpHを上昇させ，そのpHを一定時間以上保つ必要があることが知られるようになった．そのような事実背景から，酸関連疾患治療薬については，より強く，より長く胃内のpHを制御できる薬剤を求めて研究開発が行われてきた．現在，第一選択薬として広く臨床使用されているのは1990年代に登場したプロトンポンプ阻害薬（PPI）であるが，PPIは胃酸分泌の最終段階である胃プロトンポンプ（H^+, K^+-ATPase）を阻害して酸分泌を抑制するため，「最強の酸分泌抑制薬」と考えられてきた．しかしながら，臨床データの蓄積とともに2000年頃からPPIで症状をコントロールできない胃食道逆流症やPPIを用いた除菌療法でヘリコバクターピロリの除菌率低下が報告されるなど，十分に満たされない医療ニーズの存在が明らかになってきた．

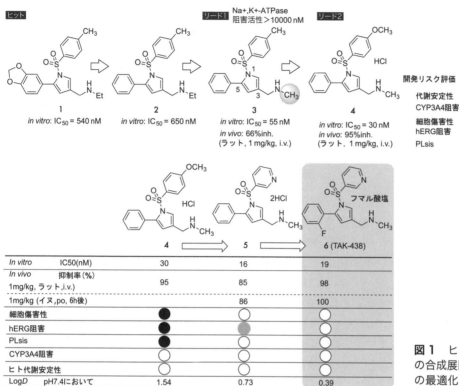

図1 ヒット化合物1からの合成展開とリード化合物4の最適化によるTAK-438の発見

新しい酸分泌抑制薬の創製に向けて

　代表的PPIであるランソプラゾール(LPZ)による薬物治療の課題を分析し，その解決方法を検討する過程において，PPI (LPZ) とは異なる作用メカニズムでH^+,K^+-ATPaseを阻害するカリウムイオン競合型アシッドブロッカー(P-CAB)に着目した．P-CABは1980年代からメガファーマを含む多くの製薬会社で積極的に開発が試みられてきたが，作用持続が不十分などの理由から成功事例はなく，開発は困難とされていた．しかしながら，われわれは，標的部位である胃壁細胞の分泌細管内に長時間存在可能な安全性の高いP-CABが上手くデザインできれば，PPI (LPZ) の課題をすべて解決する酸分泌抑制薬になり得ると確信するに至った．

　新しい酸分泌抑制薬を創製するための取り組みとして2003年から自社化合物ライブラリーのハイスループットスクリーニングを開始した．56万化合物を評価した結果，そのなかの一つにH^+,K^+-ATPaseに対する阻害作用は弱いが，酸に安定で比較的強い塩基性をもったピロール化合物1を見いだした（図

1)．化合物 1 は分子量が小さく構造変換の余地が大きい利点に加えて，その化学構造は酸分泌抑制薬として過去に報告例のないユニークなものであった．

難航した候補化合物の選出

ヒット化合物 1 のポテンシャルを評価するために，周辺誘導体の構造活性相関（SAR）を調べた．まず，活性発現に必要な部分構造を見極めるためにピロール環の 5 位を変換した化合物 2 を合成したところ活性は保持された．次にピロール環の 3 位にあるエチル基をメチル基に変換したところ，活性が 10 倍以上向上した．得られた化合物 3 は静脈内投与（i.v.）のラット動物モデルにおいても 1 mg/kg で 66% の酸分泌阻害活性が認められ，オフターゲットの一つで心臓への作用が懸念される Na^+,K^+-ATPase 阻害との選択性も高かった．また，その阻害様式を調べたところ P-CAB と判明した．そこで化合物 3 をリード化合物（リード 1）に選定し，化合物 3 周辺の構造活性相関を詳しく調べた．その結果，ピロール環の各位について次のことがわかった．

- 3 位：とくに N-メチルアミノメチル基が強力な阻害活性を示し，その他では活性が低下する
- 1 位：芳香環が直結したスルホニル基が望ましい
- 5 位：直結の芳香環が望ましい
- 2 位，4 位：置換基導入により大幅な活性の向上は認められない

その過程において，物理化学的な安定性およびヒト代謝安定性に優れ，1 mg/kg 投与で LPZ（約 90% 抑制）よりも強い 95% の酸分泌抑制活性を示す化合物 4（リード 2）を見いだした．ところが，細胞傷害性，hERG 阻害，ホスホリピドーシス（PLsis）のポテンシャルなど薬物動態／毒性面の特性に大きな課題を抱えており，開発候補を選出するためには大幅な改善が必要であることが判明した（図 1）[*1]．

新規リードとした化合物 4 の最適化は薬物動態／毒性改善面で難航し，一時は検討中止の一歩手前まで追い込まれた．だが，構造活性相関とは異なる視点のデータ取得を実現することにより[†]，脂溶性の指標である実測の Log D 値と細胞傷害性との間に相関関係を見いだしたことを突破口として，「Log D 値を大きく下げることができれば薬物動態／毒性特性は改善可能」という仮説を立てることに成功した．1 位に Log D 値の低下が期待できる極性基の導入ができない合成法上の大きな課題については，クラウンエーテルを用いる合成法を新たに考案することで解決できた[†]．この成功により候補化合物の選出スピードは大幅に加速した．

また，Log D 値が低下すると in vivo 活性も低下してしまうというもう一つ

---

*1 細胞傷害性試験は急性毒性および肝障害，hERG（human Ether-a-go-go Related Gene）阻害試験は薬物誘起性 QT 延長症候群，ホスホリピドーシス（PLsis）ポテンシャル評価試験はリン脂質重積症（リン脂質が細胞内に蓄積する現象）を引き起こすリスクを評価する．新しい酸分泌抑制薬を開発するためには，そのほかにも溶解度，膜透過性，代謝安定性，薬物動態，CYP 阻害，CYP 誘導，光毒性，遺伝毒性などの試験を乗り越える必要がある．

成功へのカギ ②
発想を転換し，網羅的に薬物動態／毒性面の特性評価を実施することにより，構造／毒性パラメータの相関が把握できないかと考えた．通常はコスト面や効率面から活性の弱い化合物について詳細データの取得は困難であるが，苦しい状況を関係者と共有して何とか実施にこぎつけた．

POINT
クラウンエーテルを添加してナトリウムイオンを取り込ませることにより，ピロールアニオンの反応性が向上し，従来法では困難であった置換基が導入できるようになった．小さな反応の改良ではあったが，本研究を成功に導く大きな問題解決となった．

の大きな課題があったが，これも極性基の導入位置や置換基の導入効果などを徹底的に解析することにより解決策を見いだした．その結果，強い酸分泌抑制作用と優れた薬物動態／毒性特性を併せもつボノプラザンフマル酸塩（TAK-438）を2005年に発見することができた（図1）．

ついに実現！タケキャブ錠の上市

TAK-438は各種動物モデルによる評価において，LPZよりもはるかに強力かつ持続的な酸分泌抑制作用を示し，効果的に標的部位である胃に移行していること，また，24時間後も残存していることがわかった．TAK-438は，Log D 値が0.39（pH7.4），側鎖アミノ基部分の pK_a 値（酸解離定数）が9.3の塩基性化合物に設計されており，生体内ではpH.7.4の血中を含めて大部分がイオン型として存在する．pHが中性付近の環境下では非常に良好な膜透過性を示す一方で，pHが小さい酸性環境下ではイオン型の存在比率がさらに上がることにより脂溶性（Log D 値）が下がり，膜透過性が低下する．したがって，TAK-438はわれわれの狙い通り，血中を経て酸性環境下の分泌細管内に速やかに移行し，そこで長時間留まることができると推定された．

TAK-438はさらに，逆流性食道炎，胃潰瘍，十二指腸潰瘍などの酸関連疾患やヘリコバクターピロリ除菌を対象とした国内臨床第Ⅲ相試験においても，優れた有効性と良好な安全性および忍容性（薬物の副作用をどれだけ耐えうるかの程度）が確認されたことから，2015年2月にタケキャブ錠として日本で上市された．

創薬研究の魅力は何といっても人びとの健康と医療の未来に直接的に貢献できることだろう[*2]．新薬を生みだすことはそう簡単ではなく，砂漠のなかからダイヤモンドを探すような努力が必要となる．とはいえ，成功したときは，その社会的な貢献度はきわめて大きく，感動も計り知れない．

本研究においても，TAK-438が第Ⅰ相臨床試験で投薬初日から24時間にわたって胃酸をコントロールしている速報データを見たときは心が震えるような感動を覚えた．

他社が次つぎとP-CABの開発を断念するなかで，創薬を成功させる大きな原動力となったのは，LPZおよびそのライフサイクルマネジメントにおける長年の研究開発経験に加え，多くの研究者ならびに臨床開発担当者らの「画期的な薬を創製したい／患者さんに貢献したい」という強い思いや創意工夫があったからに他ならない[*3]．「世界に先駆けて日本で承認された日本発の医薬品」として，より多くの国々で，より多くの患者さんへの貢献を期待したい．

POINT
実際の in vivo データに加えて，H^+,K^+-ATPase ホモロジーモデルとのドッキング解析から1位はベンゼン環のメタ位に極性基を導入することが最適と考えた．また，5位についてはオルト位にフッ素基を導入することにより，in vivo の活性を上げながら Log D 値が下がるというきわめて重要な特性を発見し，問題解決につなげた．

POINT
1位ベンゼン環のメタ位に窒素を導入した化合物5は，顕著な in vivo 活性の低下を伴うことなく Log D 値を0.73まで下げ，さらに，5位ベンゼン環のオルト位にフッ素基を導入した化合物6は Log D 値を0.39まで低下させた．この置換パターンの組合せにより最大の課題であったhERG阻害の問題を解決することができた．

[*2] 医薬品が製品となるまでの一連の過程は創薬と呼ばれ，有機合成化学を専攻した研究者の活躍できる場の一つである．メディシナルケミストは各分野の研究者と協力・連携して臨床開発に耐え得る開発候補化合物に仕上げる研究を行う．

[*3] 一連のボノプラザン創薬研究は医薬品の創製およびそれに関連した薬学の応用技術の開発に関して，医療に貢献する優れた研究業績をあげたとして平成28年度の日本薬学会／創薬科学賞を受賞した．

化学研究所へようこそ！

■ 研究分野	化学／計算化学をベースとした創薬に関する研究.
■ スタッフの人数	約100名.
■ 研究員の概要	各疾患領域の創薬研究に対して，化学あるいは計算化学でチャレンジ＆サポートする専門家集団．研究者のバックグラウンドは有機合成化学，メディシナルケミストリーが多い．
■ 研究内容	創薬化学関連の基盤研究／メディシナルケミストリーの推進（新規誘導体の合成）／コンピュータを活用した創薬研究の推進・サポート（ドラッグデザイン，活性予測，データ解析など）／創薬研究サポート（構造解析，コンホメーション解析，スケールアップ合成，ハイスループット合成，社外リソースの活用など）．
■ テーマの決め方・研究の進め方	基盤研究のテーマに関しては研究者からの提案をベースにその有用性と妥当性で判断されるケースが多い．各テーマの進捗管理と評価・検証による見直しは定期的に行われる．創薬研究サポートに関しては業務の効率化とスピードを徹底的に追求して進められている．
■ ミーティングの内容，回数	研究グループによりスタイルや内容は異なるが，安全衛生面の情報共有などを含めてミーティングはタイムリーに実施される．朝礼や午後一番の時間も活用して効果的・効率的に行われている．
■ こんな人にお勧め	誠実な人，方向性が明確ではない困難な状況においても自ら考えて行動を起こせる人，自分の手で新しいことをやりたい人，変化に対する柔軟性と協調性に優れた人，グローバルで活躍したい人．
■ 実験環境	大阪十三研究所とつくば研究所を統合して誕生した湘南研究所をグローバル研究拠点として創薬イノベーションを加速しており，スペース面，サポート面，運用面，いずれにおいても必要かつ十分な環境が整っている．
■ 裏話	湘南研究所をグローバルリサーチハブとして，オープン・イノベーションが推進され，外部研究機関とのネットワークづくりが進んできている．年々若手がチャンスを得る機会が増加している．
■ 興味のある方へのアドバイス	タケダは，急速に変化・成長を続けている企業であり，強固なパイプラインのもと，グローバル企業として成長を続けることができるベスト・イン・クラスの製薬企業を目指している．研究部門においてもダイバーシティー＆インクルージョンへの取り組みをはじめ，大きな変化と意識改革が進んでいる状況にある．病気で苦しむ患者さんのために役に立ちたいという強い信念と情熱をもち続けながら，果敢に創薬にチャレンジして欲しい．

【特　徴】
独自性の高い薬剤／ファースト・イン・クラス薬剤（ヘルベッサー，ラジカット，イムセラ，カナグル，テネリアなど）を世にだし続ける新薬メーカー．

独自の価値を一番乗りでお届けする創薬企業

田辺三菱製薬株式会社
創薬本部

【研究分野】
中枢および末梢神経系の疾患，フロンティア疾患および免疫・炎症性疾患，腎疾患・内分泌疾患．

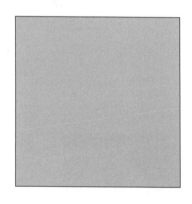

【強　み】
合併会社（田辺製薬／三菱ウェルファーマ）がそれぞれ築いてきた伝統・ノウハウ・成果が融合した「合併シナジー効果」により，さらに強い創薬力を生みだしている．

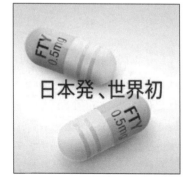

日本発、世界初

【テーマ】
アンメット・メディカル・ニーズ（いまだに治療法が見つかっていない疾患に対する医療ニーズ）を念頭に置いた研究テーマ．

免疫抑制薬 フィンゴリモドの創製
～日本発・世界初のスフィンゴシン 1-リン酸受容体アゴニストの発見～

読者は免疫抑制薬という言葉からどのような薬をイメージされるであろうか？ ここで紹介するFTY720（一般名：フィンゴリモド；商品名：イムセラ®／ジレニア®）は，奇想天外な作用メカニズムをもつファースト・イン・クラスの免疫抑制薬である．2010年9月より，多発性硬化症（multiple sclerosis：MS）の治療薬として80を超える国々で承認され臨床で使用されている．発売開始からわずか2年でブロックバスター化し，2015年の年間売り上げは約28億ドルとなった．FTY720は天然物創薬の産物である．不老長寿の秘薬として用いられてきた"冬虫夏草"の一種 *Isaria sinclairii* 菌から単離された天然物を端緒として創製された．また，フェノタイプ創薬（phenotypic drug discovery：PDD）という側面も併せもつ．FTY720は標的分子を設定せずに細胞試験や動物試験で化合物を最適化して創製された薬剤である（図1）．

公知物質（ISP-I）からFTY720の発見まで

われわれが研究を開始した1986年当時，免疫抑制薬であるシクロスポリンA（CsA）とFK506が注目されていた．ともにカルシニューリン阻害薬として知られているが，これらとは異なる作用メカニズムをもつ新しい移植免疫抑制薬の創製を目指して，京都大学薬学部藤多哲朗教授（当時）および台糖株式会社（現三井製糖株式会社）と共同研究を開始した．一次アッセイはFK506の創薬で使われた混合リンパ球反応（MLR）を採用した．同じ細胞アッセイを用いた二つの研究からまったく異なる革新的免疫抑制薬（FTY720とFK506）が本邦で誕生したことは興味深い．後述するが，FTY720はリンパ球動態を調節することによって作用を発現する．リンパ球活性化を抑制するFK506とは作用メカニズムがまったく異なる．

前述の冬虫夏草菌から単離された免疫抑制物質は複雑な構造をもつアミノ酸であることがわかり，ISP-Iと命名された．ISP-Iは公知物質であり，先に報告されていたミリオシンおよびサーモザイモシジンと同一物質であることが判明したが，免疫抑制作用に関する報告はなかった．そこで，ISP-Iの強力な免

安達邦知（あだちくにとも）
田辺三菱製薬株式会社 創薬本部 フロンティア疾患領域 創薬ユニット 主席研究員．
1959年 福岡県生まれ．
1986年 東京大学大学院薬学系研究科博士課程修了．

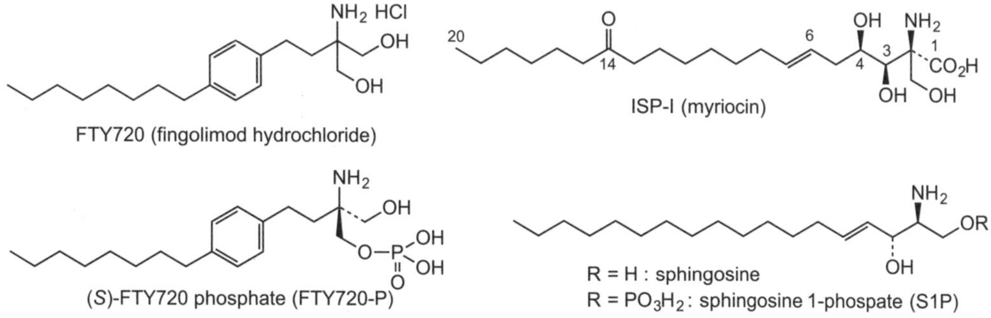

図1 FTY720と関連化合物の構造式

疫抑制活性 (*in vitro*) に着目し, 創薬研究を開始した.

1995年, ISP-Iの作用メカニズム (mode of action: MOA) がセリンパルミトイルトランスフェラーゼ (SPT) 阻害であることが報告された. FTY720は1993年に最初に合成されるが, その9年後, FTY720のMOAがスフィンゴシン1-リン酸 (S1P) 受容体に対するアゴニズムであることが報告された. 驚くべきことにISP-IからFTY720に到達する過程でMOAが劇的に変化していた.

ISP-Iは分子内に四級炭素, 三つの連続する不斉炭素, オレフィン, およびカルボニル基をもつ比較的複雑なアミノ酸であり, 多官能基性であるため物性が悪く, また強い毒性を示した. まずこれらの官能基の必要性や不斉炭素の絶対配置の影響などについて検討した. ISP-Iを原料にした官能基変換により, 十数種類のアナログを半合成し, 藤多らによって他菌株より単離されたISP-I同族体 (マイセステリシンA~E) とともに構造活性相関を検討した結果, 14位のカルボニル基や6位の二重結合が活性に重要ではないこと, 4位のヒドロキシ基や, 3位の絶対配置も活性に影響を及ぼさないことなどが期せずして判明した. 双性イオン構造に着目し, カルボキシ基をアルコールに還元して物性の改善を試みた. ISP-I-29の *in vivo* 効果はISP-Iより強力で, 毒性は30分の1に軽減していた. ISP-Iのもつ薬としての不都合な問題点 (不斉炭素, 物性, 毒性) が一挙に解消された. 実はMOAが変化したのはここではなかったかと推測している. 構造を徹底的に簡素化した全合成可能なISP-I-36の活性がさらに向上したことから, 最適鎖長を探索し, 活性が強く安全性が最も高いISP-I-55を次のリードとした. 脂溶性を落とすことがないように極性基の導入を避け, 立体配座を固定するためフェニレン基を全体の長さを保ちながら導入した一連の化合物はMLR抑制作用を示した[†]. 極性基団から2炭素はさんでベンゼン環をもつFTY720 (m = 2, n = 8) は, 非常に強力な効果を示した.

POINT

アミノ酸をアミノエタノールに変換することで, 状況が一気に好転した. ISP-I-29は, 依然としてSPT阻害活性をもっていたかもしれないが, S1P受容体アゴニズムを最初に手に入れた記念碑的な化合物となった.

成功へのカギ ①

まずはISP-Iのもつ二重結合の模倣からメタ置換を選択するのが常道であろうが, 直線性を重視してパラ置換を選択したことがFTY720の発見につながった. 後にメタ体も合成したが活性は弱かった. 最初にメタ置換を選択していたら, FTY720は生まれていなかったであろう.

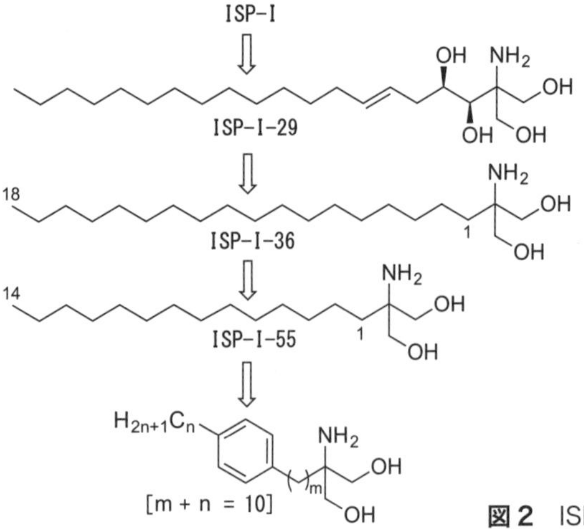

混合リンパ球反応(IC50)	
ISP-I	3.0 (nM)
ISP-I-29	56
ISP-I-36	12
ISP-I-55	5.9
FTY720	6.1

ラット同種皮膚移植試験

m	0	1	2	3	4	6	8	10
用量 (mg/kg)	3	3	0.3	3	3	3	3	0.3
平均生着日数	8.5	9.8	31.3	9.0	13.8	9.8	8.5	21.5

対照群：生着日数＝ 8.5±0.3 日．10 日間腹腔内投与(1 回/日)．

図2　ISP-I から FTY720 までの構造変換

FTY720 は物性上も他の誘導体より優れており，溶解性も良好で医薬品として開発するうえで問題ないことがわかった(図2)．

問題を逆手にとった FTY720 の合成法

FTY720 の創薬化学合成法(Method A)を示した(図3)．フェニルエチルヨージド **4** とアセトアミドマロン酸ジエチル **5** の縮合において，β-脱離反応で生じるスチレンの副生が問題となった．Method B では系中でスチレンを積極的に発生させ，マイケル付加反応で縮合体を得る方法であり，Method A の問題を見事に解決した実生産法に近い合成法である．

予想外の薬理作用とメカニズム

FTY720 は免疫抑制作用を発揮する用量において末梢血中のリンパ球数を著しく減少させた．毒性試験で判明したこの事実はわれわれを困惑させた．これは薬にできないかも知れないと[†]．ところが，この末梢血リンパ球数減少作用こそが，FTY720 の免疫抑制作用の本質であることが後ほど判明する．すなわち，リンパ球動態の詳細な解析の結果，末梢血およびリンパ液中のリンパ球が著しく減少する一方で，リンパ節などのリンパ系組織内のリンパ球数が有意に増加していることがわかったのである．

スフィンゴシンのリン酸体であるスフィンゴシン 1-リン酸 (S1P) の受容体が 2000 年頃に同定された．この受容体のさまざまな生理作用が明らかになるにつれ注目が集まっていた．FTY720 とスフィンゴシンの構造類似性から検討が行われ，FTY720 もスフィンゴシンと同様に生体内でリン酸化を受け，

POINT

Friedel-Crafts 成績体のカルボニル基を還元せずに温存して，マイケルアクセプターとしての機能を脱離体に与えた．逆転の発想である．

成功へのカギ②

毒性だと思って諦めてはいけない．動物の様子をつぶさに観察し，その現象を注意深く徹底的に解明する姿勢が重要である．動物の状態がきわめて良好であることから，「リンパ球は決して死んでいないという信念」が，毒性だと思われた現象を主効果に逆転させた．

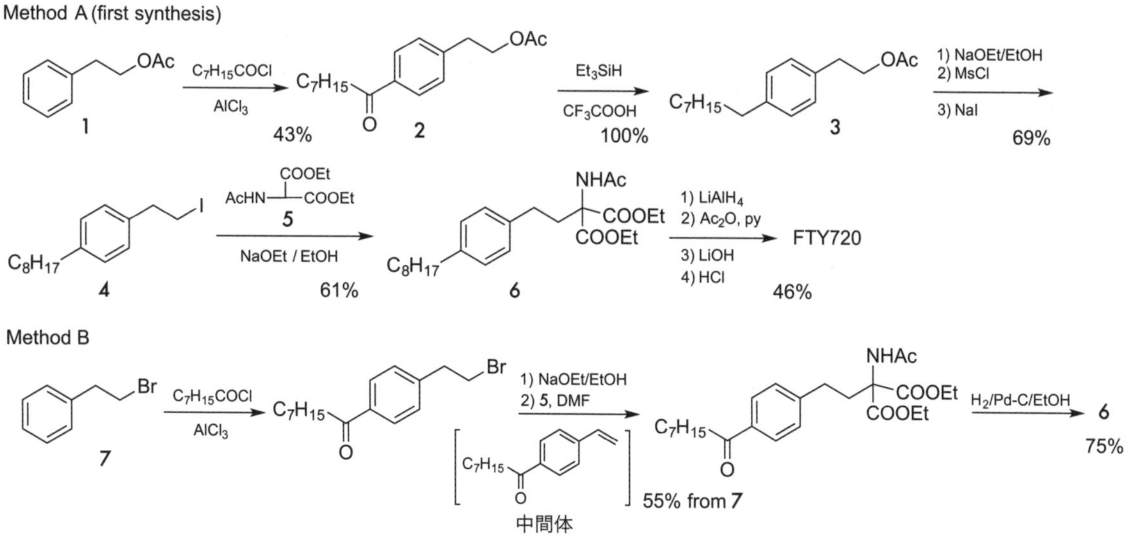

図3 FTY720の合成法

リン酸体（FTY720-P）となってS1P受容体に結合することがわかった．2002年のことである．FTY720-PはS1P1受容体に作用して受容体の内在化と分解を強力に誘導する．すなわち，S1Pに対する反応性を阻害されたリンパ球はリンパ節内にとどまり，末梢血中の循環リンパ球が減少することがわかった．多発性硬化症においては，中枢神経系へのリンパ球の浸潤を阻止して炎症を抑制すると考えられている．

◆◆◆

われわれはCsAやFK506とは異なる免疫抑制薬を目指して研究を開始した．PDDを採用した結果，ISP-Iの標的分子が不明のまま，そしてそれが途中で大きく変化したことも知ることなく，FTY720という画期的な薬に到達できた．末梢血中のリンパ球が減少するという驚くべき現象がFTY720の作用の本質であった．この現象はS1P1受容体に対するFTY720-Pのアゴニズムで合理的に説明され，まったく新しい免疫抑制薬の概念を生みだすことになった．さらにS1Pを含むリゾリン脂質[*1]研究の起爆剤となって，この分野の発展に大きく寄与した．そして何より，FTY720は多発性硬化症という難病と闘う多くの患者さんの福音となり，クオリティオブライフ（QOL）の向上に貢献している．創薬研究者冥利に尽きる．

[*1] リゾリン脂質とは1本のみのアシル基をもつリン脂質の総称である．本稿で述べたスフィンゴシン1-リン酸（S1P）のほかにリゾホスファチジン酸（LPA）やリゾホスファチジルセリン（LPS）などが知られている．

新しい糖尿病治療薬 カナグリフロジンの創製
～逆転の発想から生まれたインスリン非依存型薬～

　SGLT2阻害薬のカナグリフロジンは，われわれが世界に先駆けて研究開発を進めたまったく新しいタイプの糖尿病治療薬である．この薬は，アメリカで2013年にファースト・イン・クラスとして発売され，世界で最も多くの患者に処方されている．

　近年，食生活の変化，飽食そして車社会化の影響でカロリー過多となり，2型糖尿病患者が増加している．2型糖尿病においては高血糖状態が続くことでインスリン抵抗性，インスリン分泌不全が増悪し，さらに血糖値を高めてしまう．このように，本来重要な栄養素の一つであるグルコースが過剰になり，結果として毒物として作用してしまう．これが糖毒性の概念である．既存の経口血糖降下薬は，そのほとんどがインスリンに依存した薬剤であり，低血糖，インスリンを分泌する膵β細胞の疲弊，そして体組織へのグルコース取り込みによる体重増加が見られる．そこで，インスリンに依存せずに糖毒性を解消する新規糖尿病治療薬のコンセプトを提唱したわけである．すなわち，高血糖とは血液中にグルコースが過剰に存在する状態であり，体外にその過剰な糖を排出することでエネルギーバランスを是正し，血糖降下作用による糖毒性の軽減が達成できるものと考え，1990年本研究に着手した．

世界初の経口活性な尿糖排泄薬 T-1095の発見

　血中のグルコースは腎糸球体でろ過され，その大部分が近位尿細管上皮細胞に存在するナトリウム-グルコース共輸送体2 (sodium glucose co-transporter 2, SGLT2) によって再吸収され血中に戻される．高血糖時には，グルコースの再吸収が飽和状態となり，尿糖排泄が血糖値に応じて増加する．リンゴやナシなどの樹皮から得られる天然配糖体フロリジンは，非経口投与で腎臓に存在するSGLTの働きを阻害し尿中に糖を排泄する，いわゆる腎性糖尿を引き起こすことが知られている．そこでわれわれは，「尿中に糖がでる」病気を「尿中に糖をだす」薬で治療する，という逆転の発想に至った[†]．しかし，フロリジンの経口投与では腸管のβ-グルコシダーゼで加水分解され，尿

成功へのカギ①
天然配糖体フロリジンの腎性糖尿をヒントに，われわれは「尿中に糖がでる」病気を「尿中に糖をだす」薬で治療する，という逆転の発想に至った．

野村純宏（のむら すみひろ）
田辺三菱製薬株式会社 創薬本部 腎・内分泌科学創薬ユニット 主席研究員．1956年 東京都生まれ．1983年北海道大学大学院薬学研究科修士課程修了．

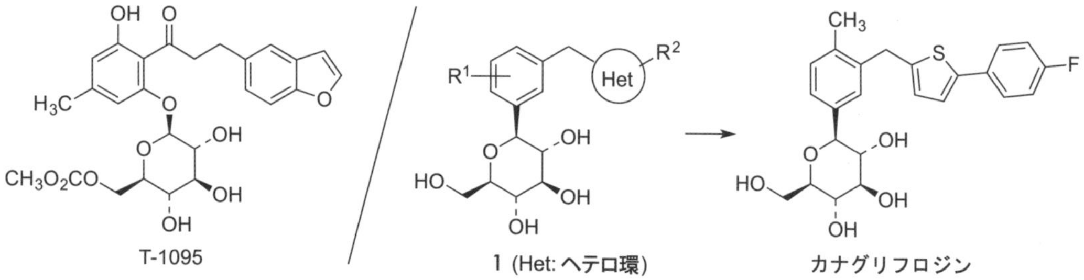

図1 T-1095とカナグリフロジン

糖排泄促進作用を示さない．そこで，経口投与によるラットの尿糖排泄促進作用を指標にフロリジンの修飾を行い，β-グルコシダーゼに対して抵抗性の強いT-1095の創製に成功した（図1）．このT-1095は経口投与で尿糖排泄を促進し，各種の糖尿病モデルでインスリン状態に依存しない血糖低下作用を示した．

より安定なカナグリフロジンの創製

しかしながら，T-1095は生体内において少なからず分解を受け，糖が切れたアグリコンを生成する．臨床試験においても薬物動態に問題を抱えていた．そこで，代謝的により安定なバックアップ化合物の探索を開始した．T-1095関連化合物の発表後，多くの企業がSGLT阻害薬の研究に参入し特許も数多く公開された．そのなかにO-グルコシドであるT-1095に比べ代謝的に安定なC-グルコシドがあった．強いSGLT2阻害作用をもつ新規C-グルコシドを探索するためにヘテロ環をもつC-グルコシド誘導体1を評価した（図1）．ヘテロ環としてフラン，チオフェン，ピラゾール，ピリジンそしてチアゾールを検討した．そのなかでチオフェンが良好な薬理活性を示した．これらチオフェン誘導体のなかから強力かつ選択的なSGLT2阻害薬カナグリフロジンを開発品として選んだ．カナグリフロジンはT-1095に比べて薬物動態プロファイルが大きく改善しており，強い尿糖排泄促進作用を示した．このカナグリフロジンを，肥満2型糖尿病モデルであるZucker diabetic fatty（ZDF）ラットに単回経口投与すると有意な血糖低下が認められた．一方，正常な対照ラットではわずかな血糖低下であった．この結果は低血糖を引き起こしにくいことを示唆している．

POINT

O-グルコシドであるT-1095に比べ代謝的に安定なC-グルコシドを探索し，チオフェンをもつ3芳香環構造を特徴とするカナグリフロジンを見いだすことができた．

カナグリフロジンの合成法

カナグリフロジンの初期製法を図2に示す．チオフェンをもつアグリコン2を-70℃でリチオ化した後，トリメチルシリルで保護されたグルコノラクトン3と同温でカップリングを行い，ついでメタンスルホン酸とメタノールの混液

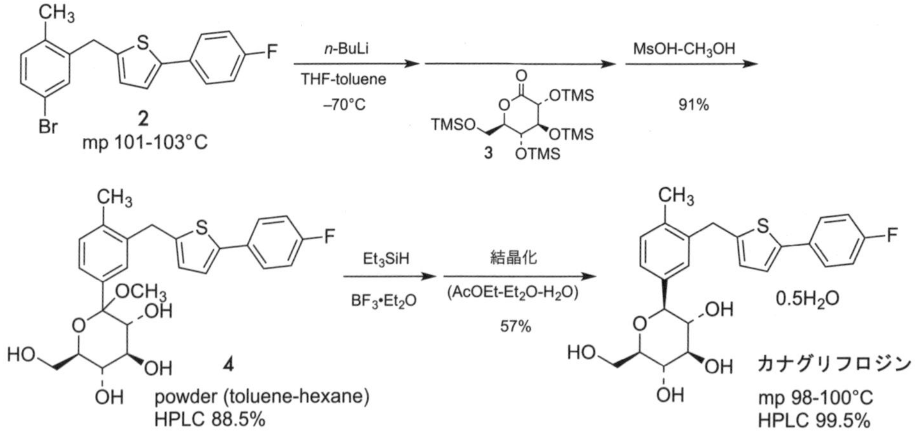

図2 カナグリフロジンの初期製法

を加えメチルエーテル体 4 に導いた．貧溶媒から粉末として得た 4 をトリエチルシランで還元した後，水を含む溶媒から結晶化させ半水和物のカナグリフロジンを得た．別の製法ルートも検討された（図3）．アリールヨード体 5 をターボ・グリニャール試薬である 2-ブチルマグネシウムクロリド・塩化リチウム錯体でマグネシウム塩とした．アセチルで保護されたグルコノラクトン 6 と −35 ℃から −40 ℃でカップリングさせ，ついでシラン還元を行い 7 に導いた．最後に加アルコール分解によりカナグリフロジンを得た．その後，Lemaire らは，アリール亜鉛試薬を用いた立体選択的な C-グリコシル化によるカナグリフロジンの合成を報告した（図4）．アリールヨード体 5 をリチオ化した後，臭化亜鉛を加えて生成させたジアリール亜鉛とブロモ糖 8 を 95 ℃で反応させると，ピバロイルの隣接基効果によるオキソニウムイオン 9 を経由して立体

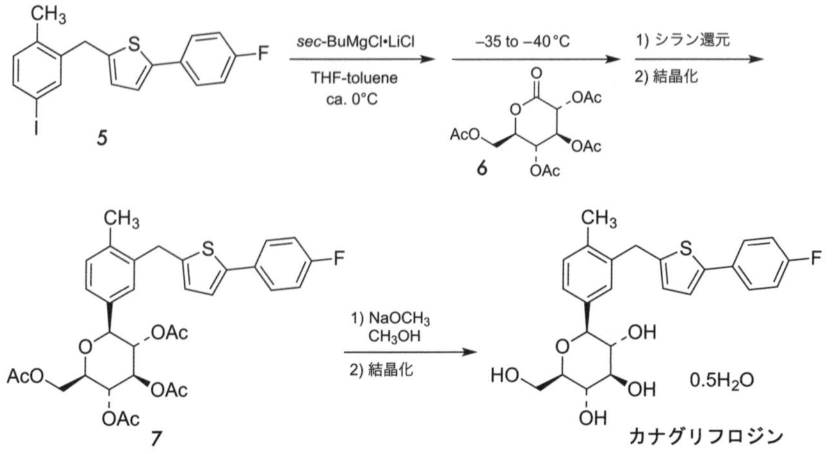

図3 カナグリフロジンの製法検討(1)

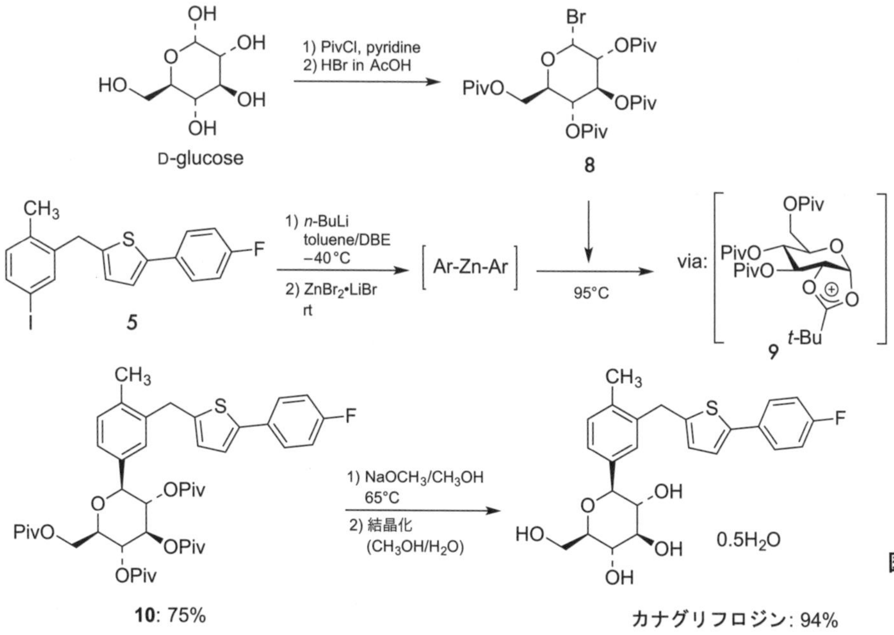

図4 カナグリフロジンの製法検討(2)

選択的なカップリング体 10 を収率よく得る．最後に加アルコール分解によりカナグリフロジンに導いた．

◆◆◆

　カナグリフロジンの臨床試験において，持続的な血糖コントロールの指標であるヘモグロビン A1c（HbA1c）は継時的に低下し，安定した低下作用が認められた．その優れた血糖制御の改善作用に加え，体重についても有意な減少が認められた．持続的な尿糖排泄促進によるカロリーロスの結果と考えられる．カナグリフロジンの忍容性は良好であり，低血糖の頻度は低く，軽微なものであった．多くの臨床試験において有効性と安全性が確認され，アメリカを初めとして，2016 年 5 月現在，ヨーロッパ，日本を含め世界 70 か国以上で承認を取得している．インスリン非依存的に糖毒性を解消することから，広い患者層で長期にわたり安定した血糖コントロールが期待される．

　医薬品の創製を通じて世界の人びとの健康に貢献する企業で働くことを，誇りに思っている．薬づくりには長い年月が必要であり，苦しみが多いものの，化合物が進化していく過程は楽しみである．「体の外に過剰な糖を捨ててしまう」というアイデアの基礎研究により T-1095 が見いだされ，その後の応用研究でカナグリフロジンにつなぐことができた．今後も，研究者としての基礎研究，そして職人としての応用研究に邁進していきたい．

創薬本部 腎・内分泌科学創薬ユニットへようこそ！

■ 研究分野	メディシナルケミストリー，薬理，遺伝子改変など多岐にわたる創薬研究．
■ スタッフの人数	ユニット長を含め総勢約100名．
■ 研究員の概要	薬理系および合成系の担当者が共同で創薬研究に従事している．
■ 研究内容	アンメット・メディカル・ニーズが高い腎疾患，内分泌疾患領域を中心にして新薬創出を推進している．また，上市済み製品の価値を最大化する研究も進めている．
■ テーマの決め方・研究の進め方	研究員自らの発案に基づき，患者さんにとって有益な薬となりうる新規創薬ターゲットを選定し，サイエンス・効率性を追求した研究を進めている．
■ ミーティングの内容，回数	研究プロジェクトの進捗・計画の確認を目的として，ユニットの検討会，月例会など毎月開催している．また，これらの会を通して研究員の発表力を高めている．
■ こんな人にお勧め	医薬品の創製を通じて世界の人びとの健康に貢献する，との気概を抱く研究者．
■ 実験環境	実験ノートは完全電子化されており，そして化合物情報は一元管理されている．各研究員は社内の類似反応例や社内合成品・試薬の在庫状況などを簡単に検索できる．
■ 裏話	カナグリフロジンの注目度．平成26年度日本薬学会「創薬科学賞」を受賞．2014年10月13日読売新聞朝刊に「医療ルネサンス 糖尿病治療 逆転の発想で」の記事が掲載．発明協会主催の平成28年度全国発明表彰にて「経済産業大臣賞」を受賞．
■ 興味のある方へのアドバイス	企業は応用研究が主体．成果は必ずでる，との信念をもって研究に臨むべし．

【特 徴】
原薬を高純度かつ低コストで大量合成できる製造プロセスを迅速に構築する技術開発力,加えてロシュ・グループのもつ世界最先端の研究基盤ならびに強力な外部ネットワークを最大限に活かし,継続的な新薬創出を実現している.

すべての革新は患者さんのために

中外製薬株式会社
製薬研究部合成技術

【研究分野】
有機合成化学,化学工学,分析化学,晶析工学,安全工学.

【強 み】
安全で経済的かつ効率的,加えて環境に配慮した大量スケールに適した製法を迅速に構築する技術力.そして,ロシュ・グループの一員としてグローバルレベルの研究開発を身近に実感できる環境がわれわれの強みである.

【テーマ】
- 合成ルート探索研究
- 化学工学に基づく,スケールアップ(反応・晶析・ろ過ならびに乾燥など)手法の研究
- プロセスの危険性評価研究
- 新規有機合成反応研究
- マイクロリアクターを活用した有機合成研究

エストロゲン純アンタゴニスト活性をもつ誘導体の開発
〜効率的な製法の構築を目指して〜

*1 ここで"純"とはアゴニスト作用がないという意味.

　プロセス化学者は，深い専門性と，それを実生産に結びつける幅広い視野のみならず，新薬をいち早く患者さんに届けるべく，常に限られた期間内に最大限のアウトプットをだすことが求められる．このような多くの要求があるなかで製法開発を行うことは，時には大きなプレッシャーであるが，だからこそ製法課題を解決できたときの喜びは格別である．本稿では，エストラジオール誘導体の製法開発を例にして，その開発秘話について述べる．

　化合物1（図1）は，中外製薬（株）が見いだしたエストロゲン純[*1]アンタゴニスト活性をもつ新規な7α置換エストラジオール誘導体である．この物質は，新規乳がんホルモン療法剤として，閉経後エストロゲン受容体陽性進行再発乳がんおよび術前・術後アジェバント療法を適用とする経口製剤を目指して開発された．

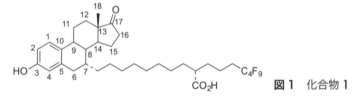

図1　化合物1

池田拓真（いけだ たくま）
中外製薬株式会社　製薬研究部　合成技術　主席研究員．1973年　石川県生まれ，1999年　大阪大学大学院工学研究科修士課程修了後に入社．2013年　大阪府立大学大学院工学研究科博士課程修了．

　図2に示す化合物1の製法上の課題は，以下の三つであった．(1)コスト低減に向けた光学活性カルボン酸合成法の開発，(2)工業化の可能な17位β第二級アルコールの酸化反応の開発，(3)品質確保に向けた長鎖アルキル鎖を有する最終化合物の精製法の確立．

　ここでは順を追ってそれらについて述べる．

コスト低減に向けた光学活性カルボン酸合成法の開発

　開発初期の1の製法は，カルボン酸エステル2をアルキル化して得られる3のラセミ体を液体クロマトグラフィーで光学分割するものであった．しかしながらこの分割手法では，理論的に最大収率が50％であること，また多量の

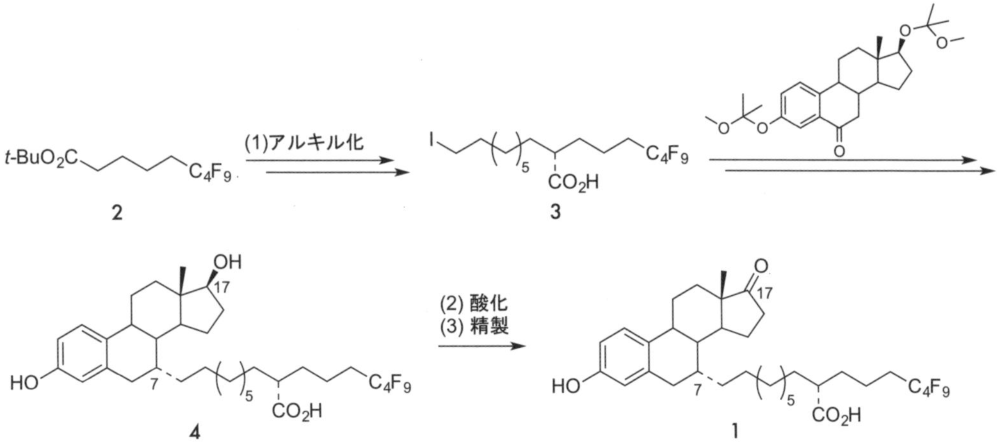

図2 化合物1の製法

溶出溶媒が必要なため溶液の濃縮にも長時間を要すことから，3の実用的な製法を開発する必要があった．光学活性カルボン酸を得るための不斉反応は，さまざまな手法が知られているが，限られた検討期間で確実に高い光学純度で目的物を得る手法を確立するために，不斉補助基法を選択した．ここでは，入手しやすく取扱いが簡単な (R)-benzyloxazolidinone を不斉補助基に用いることにした．また，工業的な汎用設備の冷却能力を考慮して −15 °C で検討を行った．まず，長鎖アルキルトリフラートを用いた Wipf らのアルキル化反応の条件に従い，THF 溶媒中 NaHMDS を塩基に用いて 5 のアルキル化を行ったところ，生成物 6 のジアステレオマー過剰率は 84% de となり，工業的製法としては満足できる結果ではなかった．溶媒として，DME および t-butyl methyl ether (MTBE) を用いてみたが，過剰率に劇的な変化は見られなかった．そこで塩基のカウンターカチオン効果を期待して LiHMDS を用いたところ，THF 溶媒中で過剰率は 93% de まで向上した．DME, MTBE 溶媒中で反応を行うと，過剰率は 95% de に達することがわかった (図3).

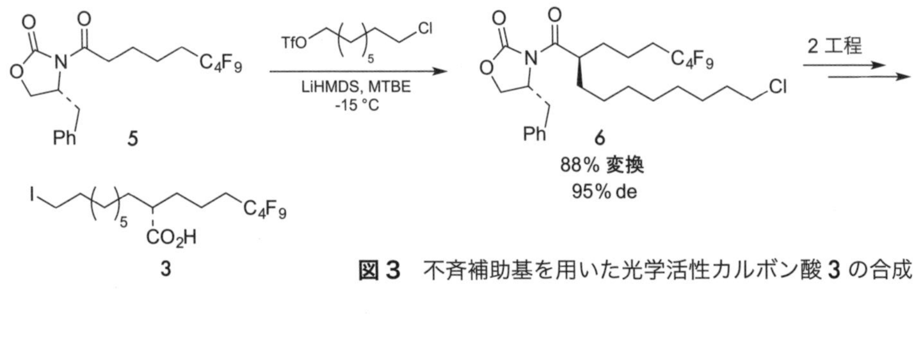

図3 不斉補助基を用いた光学活性カルボン酸3の合成

以上の結果と，工業的な扱いやすさ，および後処理の簡便性も考慮して，MTBE 溶媒での反応を選択し，実用的な不斉アルキル化反応を非常に短期間に見いだすことができた．

工業化の可能な第二級アルコールの酸化反応の開発

第二級アルコールをケトンに酸化する反応は，Jones 酸化，Swern 酸化などがよく用いられているが，これらの手法は重金属の使用や低温制御など工業化の際には考慮すべき問題をはらんでいる．そこでわれわれは重金属を用いず，低温制御が不要で，かつ安価な試薬を用いる Oppenauer 酸化反応に着目した．**4** を $Al(Ot\text{-}Bu)_3$ ならびに 10 当量のシクロヘキサノンを用いて Oppenauer 酸化反応を行ったところ，70 ℃では **4** が 88%残り，反応は完結しなかった．そこで，100 ℃まで上げたところ，**4** と **1** の比率を 5/95 まで向上させることができた（図 4）．反応後の試薬過剰分の除去を簡便にするためにシクロヘキサノンを 5 当量に低減したが，平衡反応のため，**4** と **1** の比率が大幅に低下 (14/86) した．加えて，種々のケトン類を用い，変換率を上げるための検討を行ったが，改善には至らなかった．本工程は最終工程であることから変換率の高い製法開発が望まれたが，検討が長引くことによるプロジェクト開発の遅れが懸念されたため，精製段階で目的物 **1** を高純度で得る方針へと切り替えることにした．

POINT

反応条件の最適化のみならず，後処理工程ならびに精製工程を含めたプロセス全体で最適な手法を限られた期間内で構築することがプロセス化学者には常に求められる．

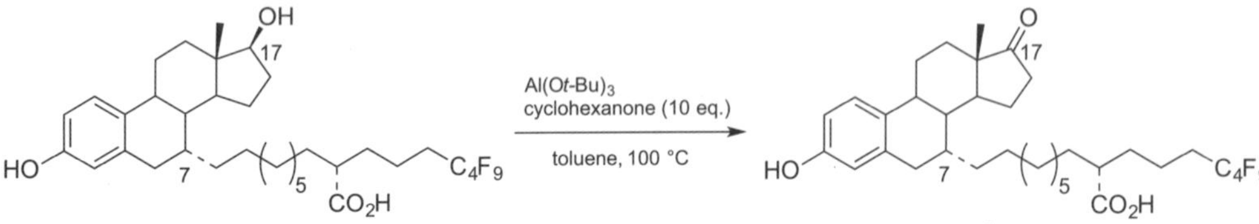

4 **1**

4/**1** = 5/95

図 4 17 位 β 第二級アルコール **4** の酸化

品質確保に向けた長鎖アルキル鎖を有する最終化合物の精製法の確立

成功へのカギ ①

「科学的探究」と「社会貢献」の両方の目標を絶対に失うことなく研究に取り組むことが重要である．そうすることで，常にやりがいをもちながら患者さん志向でよい研究を続けられると考える．

一般的に長鎖アルキル鎖を有する化合物はそのフレキシビリティのため結晶化が難しく，実際に **1** は油状物であった．カラムクロマトによる精製はコスト増および生産性の低下を招くため，是が非でも晶析による精製で **1** を得る必要があった．そこで，**1** がカルボキシ基をもつことを利用して，塩結晶化を試みた．Na，K などの金属アルコキシド，アミンならびにアミノ酸を用い，ICHQ3C クラス 2 およびクラス 3 溶媒で膨大な結晶化の検討を徹底的に行っ

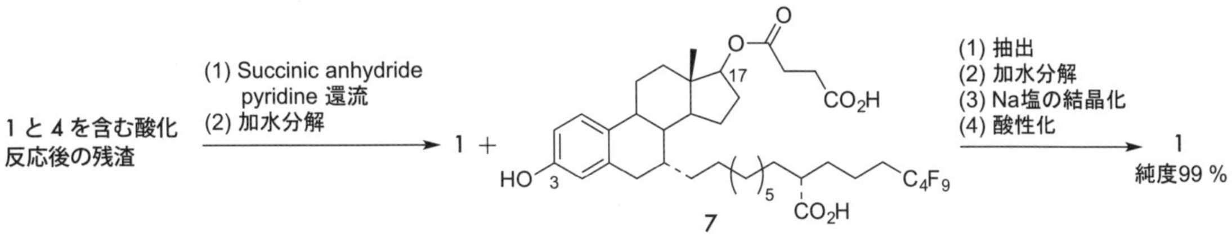

エストロゲン純アンタゴニスト活性をもつ誘導体の開発 ◆ 79

図5 最終化合物1の精製法

た．まず，カラム精製で得た高純度の 1 を用いて検討を行った結果，結晶化度が高い Na 塩を得ることができた．しかしながら，製法を完成させるためには Oppenauer 酸化で得られた粗生成物から，望む純度の結晶を収率よく得る必要がある．そこで，反応残渣を用い，カラム精製品 1 での知見に基づいて結晶化を検討したところ，結晶化には成功したものの，4 を効率よく除去できないことが判明した．

反応残渣から直接的に 1 の塩を形成させる晶析法では，目標とした純度を達成できないことが明らかとなったため，晶析の前工程に分液精製を組み込むことにした．種々検討の結果，コハク酸エステル化を行うことによって，まず，酸化反応後の残渣を 1 の 3 位ヒドロキシ基がエステル化された化合物，ならびに 4 の 3 位および 17 位ヒドロキシ基がエステル化された化合物へと誘導した．次いで 3 位のフェノール性エステルのみを選択的に加水分解した後にアルカリ洗浄することで，1 と 7 の水層への溶解度の差を利用して 7 を除去できることを見いだした．さらに 1 を Na 塩として結晶化した後，遊離のカルボン酸とすることで，高純度の原薬 1 を収率よく取得することに成功した（図5，99% 純度，53% 収率）．

光学活性カルボン酸の高選択的不斉合成，安価な試薬で，低温設備を使用しない第二級アルコールの Oppenauer 酸化反応，長鎖アルキル鎖を有する最終化合物の結晶化および精製によって，スケールアップに対応可能な製法を確立できた．自分たちで確立した効率的な製法で高品質の原薬を大量にかつタイムリーに製造し，患者さんに 1 日も早く薬を届けることがプロセス化学者としての使命であり，かつ最大の喜びである．それを実現するために，われわれは効率的な製法の構築を目指して，日々，製法の開発に邁進している．今回紹介した製法の開発に限らず，その過程は決して平坦なものではなく，試行錯誤し，もがき続けている時間のほうが長いことも多い．しかし，難題が解決できた時はプロセス化学を続けてきてよかったと思える瞬間であり，また，今後もプロセス化学者としてあり続けたいと思う瞬間でもある．

製薬研究部合成技術へようこそ！

■ 研究分野	有機合成化学，化学工学，分析化学，晶析工学，安全工学．
■ スタッフの人数	約50名．
■ 研究員の概要	各研究員は有機合成化学，化学工学ならびに分析化学などの専門性をもち，お互いが協力し合い，プロフェッショナル集団を形成している．また，性別や国籍はもとより，多様な価値観やバックグラウンド，さまざまな考え方をもった研究員が所属しており，お互いを尊重し合っている．
■ 研究内容	高純度かつ低コストで原薬を大量合成できる製造プロセスの構築に向け，安全で経済的，効率的かつ環境に配慮した原薬製造製法を開発している．また，構築した製造プロセスを用い，臨床開発や製剤化検討のためのタイムリーな原薬供給を行っている．さらに，効率的かつ選択的な有機合成を指向し，新規な有機合成反応の開発およびマイクロリアクターを活用した反応開発にも取り組んでいる．
■ テーマの決め方・研究の進め方	POCを取得するまでの開発初期はとくに開発スピードを意識し，臨床開発や製剤化研究のためにタイムリーに原薬を供給すべく，製法のスケールアップ課題に懸命に取り組んでいる．POC取得後の開発後期では，上市を見据えてスピードに加えて，コストならびに製法の堅牢性に重点をおいて，製法開発に鋭意取り組んでいる．
■ ミーティングの内容，回数	週1回程度，各自の研究の進捗をプロジェクトメンバー間で共有し，得られたデータについてディスカッションする．自分の頭のなかを整理するよい機会であるとともに，ディスカッションを通して解決の糸口が見つかり，非常に有意義である．
■ こんな人にお勧め	企業での日々の研究もアカデミアと同じく，トライアンドエラーの繰り返しである．思うように結果がでないことも多々あるが，問題解決に向けてメンバー全員で全力を尽くして考え，解決できた時の喜びは格別である．このようなチャレンジを通して革新的な医薬品を創出し，社会に貢献したいと熱意をもっている方にお勧めである．
■ 実験環境	開発から生産までの幅広い研究に対応できるよう，ミリグラムスケール〜キログラムスケールで実施できるさまざまな実験機器を整えている．加えて，研究の生産性向上を重視し，自動合成装置，自動精製装置ならびにHPLC，NMR，GCなどの各種分析装置を取りそろえている．
■ 裏話	当社はロシュ・グループの一員であることから，人事ローテーションの一環としてロシュへの派遣があり，グローバルレベルの研究開発を直接に経験するチャンスがある．
■ 興味のある方へのアドバイス	グローバル化が急速に進み，医薬品業界を取り巻く環境は様変わりしており，これからは予測のしにくい変化が起こる時代になってきた．このような状況において私たちに求められるのは，変化に即座に対応できる柔軟性と変化に自ら果敢に飛び込む勇気である．未知への挑戦に不安はつきものであるが，誰も見たことのない景色を誰よりも早く見られるよう，一緒に飛び込んでみませんか．

【特徴】
帝人ファーマは医薬品事業と在宅医療事業を両輪とし,帝人グループの技術・素材のシナジーを最大限に活かした,ユニークなヘルスケア・ソリューションの提供を目指している.

帝人グループ間の積極的技術交流

帝人ファーマ株式会社

【研究分野】
「骨・関節」,「呼吸器」,「代謝・循環器」が重点領域.素材研究チームと共同で融合技術研究を行い,幅広い分野の技術の融合により,画期的な製品の創出を目指している.

【強み】
止血・接着効果の高い外科手術用シート状接着剤「KTF-374」は,帝人グループの高機能繊維および医薬品の製造技術の融合により開発された.融合研究による画期的な製品の創出ができることが強み.

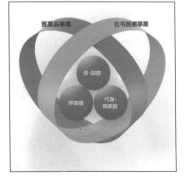

【テーマ】
痛風や骨粗鬆症など,病気として注目されていない頃からの研究開発の結果,40年ぶりの新規痛風・高尿酸血症治療剤「フェブリク」などの創出につながった.新領域にいち早く着目したテーマを推進している.

重要中間体のプロセス開発
～創薬研究とのシナジーを求めて～

帝人ファーマでは，創薬化学研究員とプロセス化学研究員の一部が同じ開発拠点で研究を行っている．そのため，創薬化学研究員のもつ課題を抽出し，プロセス化学で得た知見や成果を創薬化学に還元することが容易な環境にある．近年われわれは，ある開発候補化合物のサンプル製造に向けて，合成ルート設計に取り組むこととなった．この化合物がもつ骨格は共通した生理活性を示すことから，創薬化学の観点からも興味深かった．そこで，われわれが設計する合成ルート上の中間体を，創薬化学でも使いやすい構造に設計することで，当初の目的であるサンプル製造のみならず，創薬化学にも貢献できるのではないかと考えた．本稿では本中間体のプロセス開発，および製造について述べる．

標的化合物を決める

ぜんそくや慢性閉塞性肺疾患（COPD, Chronic Obstructive Pulmonary Disease）は世界中に蔓延しており，数百万人を超える患者がいる．本分野の新薬ニーズは多く，代表的な治療薬として，IndacaterolやCarmoterolがあるなかで，さらにはAbediterolやGSK961081など臨床開発中の化合物も多数ある．これらの化合物は共通したβ2-Adrenergic Receptor Agonist活性を示す骨格をもっており，いずれの化合物も高効率的な手法で合成されていることが報告されている．このような化合物群の多くは，アミン化合物 1 と対応するカルボニル化合物の還元的アミノ化，続く脱保護で合成可能であるため，1 をわれわれの合成ルート設計に組み込むことにした．しかしながら 1 の既存の合成法には，爆発性試薬を化学量論量以上に使用するなど，プロセス化学的に課題が残されていた．そのため，高効率的にかつ安全に製造できるような合成ルートを目指して開発に着手した．

小宮山真人（こみやままさと）
帝人ファーマ株式会社 医薬生産技術部門 生産技術部 原薬技術グループ 研究員．
1982年 神奈川県生まれ．
2007年 早稲田大学大学院理工学研究科修了．

標的化合物 アミン化合物の合成戦略

1 の合成戦略としては，既知であるブロモケトン 4 に窒素原子を導入した後に不斉還元反応を行い，不斉点を構築する手法を採用した．不斉還元反応と

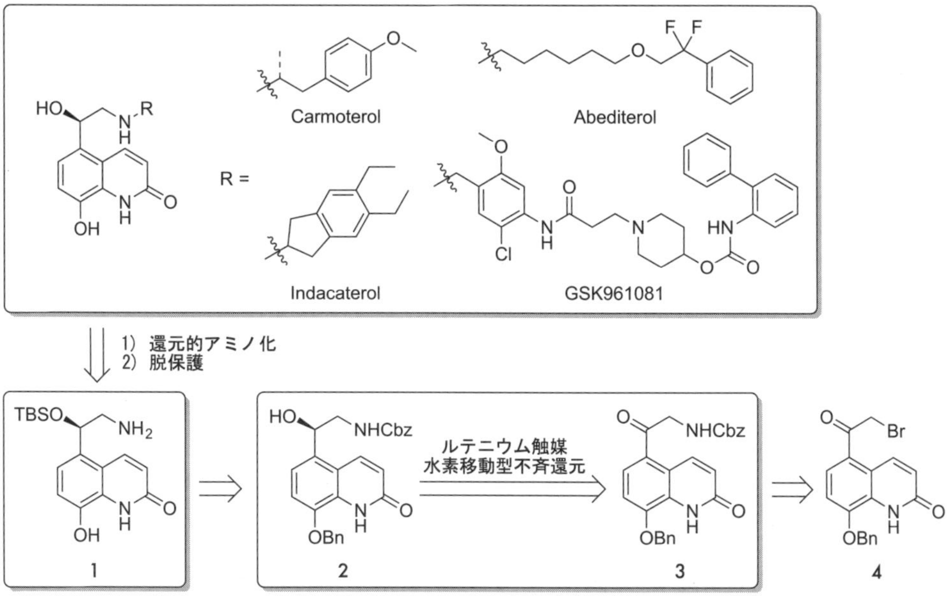

図1 中間体1の構造，および逆合成解析

しては，安全面を考慮し，水素ガスではなくギ酸を水素源として用いる，水素移動型の不斉還元反応をとることにした(図1)†．

まず，鍵反応である不斉還元反応に着手した．3は窒素原子をもつ関係上，触媒活性を減ずる可能性が考えられたが，高砂香料工業(株)により開発された，超高活性不斉水素移動触媒 (S,S)-Ms-DENEB® を用いることで，0.4 mol%という低触媒量下，95% ee という非常に高い光学純度で反応が完全に進行した．そして，反応終了後の溶液に2-プロパノールを加えることで，1回の再結晶で，目的とする2が収率73%，光学純度99% ee で得られた．さらに興味深いことには，ここで得られたろ液(crude 2, 83% ee)中に含まれる2-プロパノールを減圧下で留去した後に，酢酸エチルを加えることで，収率4%，光学純度0.8% ee，すなわちラセミ体に限りなく近い rac-2 が固体として得られた．しかも，ろ液(crude 2′)の光学純度は 96% ee に向上した(図2)．品質制御における有望な結果を得ることができたと同時に，再結晶溶媒により固体として得られる2の光学純度が大きく異なってくるという化学の不思議さと面白さを目の当たりにした瞬間であった．

大量合成が可能なプロセス

鍵反応である不斉還元工程で期待できる結果が得られたため，最終工程である脱保護反応に着手することとした．スケールアップにおいては，溶媒濃縮・

成功へのカギ ①

水素ガスは安全性も課題であるが，気液系，あるいは気固液系の多層系反応になり，スケールアップによる接触面積が異なってきてしまう．そのため，スケールアップ時の再現性，反応時間の延長による不純物の増加が潜在課題となる．安全性，再現性，純度の観点から，水素移動型の不斉還元反応と，後述する脱保護反応を達成する必要があった．

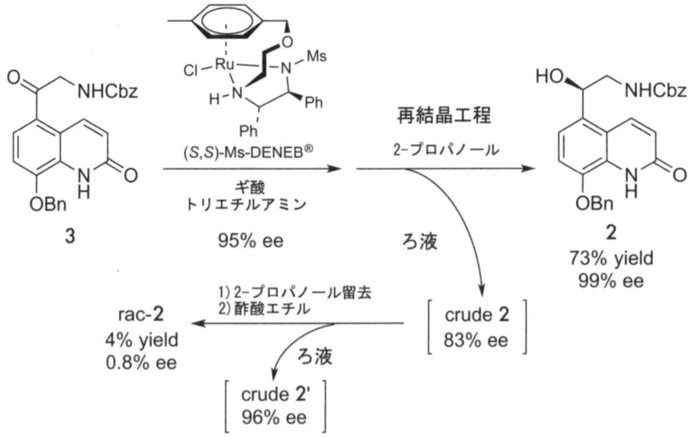

図2 キラルアルコール2の合成と精製

POINT

2は溶解性が比較的高く，反応終了後は均一となっているため，単離手法に懸念があった．しかし，ハロゲン系溶媒を共溶媒として反応を行っていた初期の研究段階で，反応終了後にrac-2が析出していることを確認していた．この事実は，① 別種の貧溶媒添加による高純度目的物の取得，② 万一の際の高純度化，それぞれについて期待できる結果であった．

再結晶・乾燥などの単離精製工程に要する時間は，ラボスケールの何倍にもなる．すなわち，可能な限り単離精製工程を削減することで，製造に要する時間とお金を大きく低減することが可能となる．そこで，得られた2をTBS基で保護して，5へと誘導した後，特別な精製過程を経ることなく，ベンジル基とベンジルオキシカルボニル基を同時に脱保護することで1への誘導を試みた．TBS保護反応終了後，水で3回洗浄するというきわめて単純な洗浄作業だけで，続く脱保護反応が進行することが確認されたが，水素ガスを用いる脱保護反応では，還元剤である水素ガスが過剰に存在してしまうことから，二重結合が還元された6が多く副生してしまい，精製は困難をきわめた．しかしながら，酢酸存在下，当量調整が容易なギ酸カリウムを水素源として用いることで

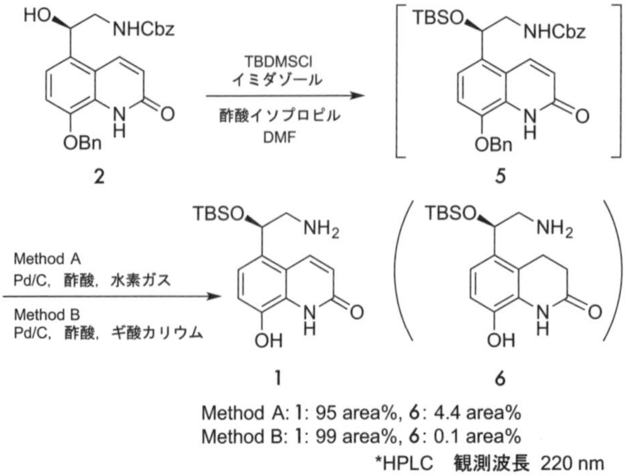

Method A: 1: 95 area%, 6: 4.4 area%
Method B: 1: 99 area%, 6: 0.1 area%
*HPLC 観測波長 220 nm

図3 脱保護反応条件の検討

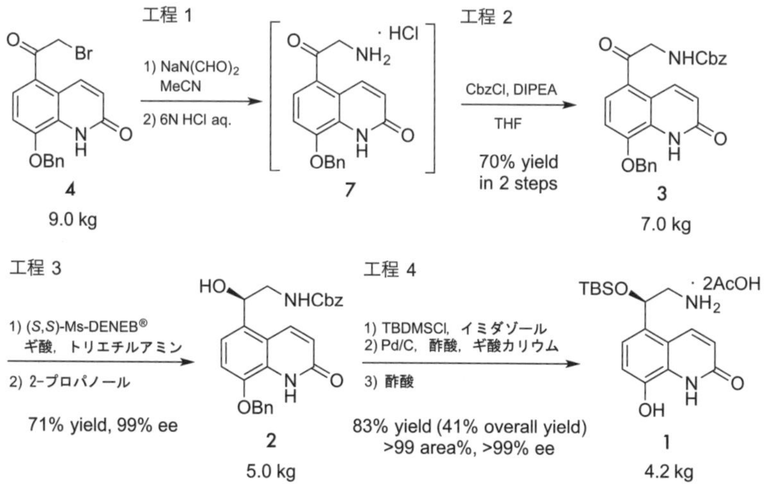

図4 水素移動型不斉還元反応を用いた1のスケールアップ合成

6の副生を抑制でき，1へと誘導できた．結果として，不斉還元反応だけでなく，ベンジル基とベンジルオキシカルボニル基の脱保護反応においても，爆発性のある水素ガスを用いないプロセス開発の見通しを得ることができた．

以上より，1の効率的合成法の目途が立ち，スケールアップ製造を行った．4をジホルミルアミドナトリウムと反応させたのちに酸で処理し，アミン7を製造した後，ベンジルオキシカルボニル保護を行い，3を2工程70％の収率で得た．続く水素移動型の不斉還元反応と，TBS保護反応，ベンジル基とベンジルオキシカルボニル基の脱保護反応は小スケール時と同様に進行し，総収率41％，＞99％ eeで1が4.2 kg得られ，大量合成が可能なプロセスとなった[†]．

◆◆◆

冒頭で述べたように，合成された1は創薬化学研究のための中間体としても使用された．プロセス化学は，単に化合物を合成するだけとも考えられがちだが，われわれのように創薬研究とのシナジーを図ることも可能である．結果として創薬研究が加速化され，新薬を待つ患者のもとへ少しでも早く医薬品が届くこと，これがわれわれの願いである．

成功へのカギ②

1の二酢酸塩の取得において，大きめの結晶を得るために，酢酸を5時間以上かけて添加している．ラボスケールでろ過の際に目詰まりを起こしかけたからだ．先の気液反応の点にも関係するが，スケールアップした場合をイメージしながら，ラボで観察・想定できるどんな小さな事象も見逃さないようにすることが大切である．

📋 **生産技術部へようこそ！**

■ 研究分野	創薬研究で生みだされた新規医薬品候補化合物の製造ルート開発.
■ スタッフの人数	14名.
■ 研究員の概要	博士卒研究員3名，修士卒研究員5名，技術員実験補助者6名．全員が日本人であるが，海外企業に委託することも多いので，修士卒以上の研究員は英語でのコミュニケーションスキルを必要とする．
■ 研究内容	1. 原薬・医薬品候補化合物製造のための，合成ルート設計と反応条件最適化，および製造委託先コントロール 2. 医薬品候補化合物の結晶形選定 3. 医薬品，医薬品候補化合物中に含まれうる不純物や分解物，代謝物などの合成，評価 4. 臨床試験用や製剤化検討用原薬の製造と関連部署への供給
■ テーマの決め方・研究の進め方	薬の種をつくる創薬部隊が開発候補化合物を絞りだした段階から合成ルートのデザインに着手し，サンプル製造に遅滞のない研究スケジュールを立てる．医薬品として価値があると判断されるまでは早期のサンプル製造に注力し，その後は，純度，安全性，堅牢性，採算性を加味した製造ルートの構築に全力を注ぐ．
■ ミーティングの内容，回数	1か月に1回，月報というかたちで進捗報告会を行う．プロジェクト全体の進捗報告だけでなく，技術報告にも重きを置いている．多人数で行うプロジェクトは，全員が同じ方向で研究を進めていけるように，週報を行うこともある．
■ こんな人にお勧め	少数精鋭なので，合成ルート開発から実際のkg製造まで一貫して携われ，若くからプロジェクトリーダーとして活躍することもできる．また，帝人の素材とコラボした新規融合研究も行える．これを聞いてやりがいを感じた人．
■ 実験環境	1人につき，ドラフト二つ，エバポ1台を使用．HPLCも2人につき1台以上ある．東京では創薬部隊が同じ建物で，山口県では生産部隊が同じ建物で研究を行っているので，お互いのプロジェクトの話もできる．
■ 裏話	社宅，独身寮は，40歳代まで格安で住める．海外の著名な大学に留学できるチャンスがある．部活動が盛んで，運動部，文化部ともに成績を残している．工場のある山口県岩国市は日本酒の獺祭が有名．
■ 興味のある方へのアドバイス	毎年夏ごろにインターンシップを募集しているので，そちらに応募するとよいと思う．仕事の進め方だけでなく，現場の雰囲気も知ることができるはず．また，「帝人」，「社員の声」と検索することで，帝人の先輩社員の声も聞けるので，そちらも参考になると思う．そこで興味をもった方は，専門分野である有機化学を磨くのはもちろん，英語力も十分に身につけ，即戦力となれるとアピールし，就職活動に臨んでほしい．

【特 徴】

抗菌薬と中枢神経系薬のトップメーカーとして優れた製品を提供するだけでなく、近年では高品質なジェネリック医薬品の供給も行っており、多様な医療ニーズに応えている．

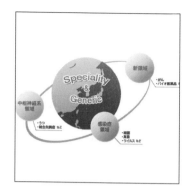

スペシャリティ＆
　ジェネリック・ファルマ

Meiji Seika ファルマ株式会社

【研究分野】

得意分野として感染症領域，中枢神経系領域，新領域と農動薬に注力している．

【強　み】

感染症領域は，ほぼすべてのケミカルクラスに対する開発実績がある．培養・発酵技術も製品開発の強み．

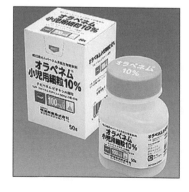

【テーマ】

感染症領域は抗菌薬と抗真菌薬，新領域はがんと自己免疫疾患を狙った自社創薬を進めている．

経口カルバペネム剤の開発
~課題から逃げない，やり抜く気概と勇気をもつ~

POINT

カルバペネム系抗菌剤は，その広域かつ強い抗菌力，β-ラクタマーゼへの安定性，高い安全性を示すことから細菌感染症への最後の切り札として知られている．それまで上市されたカルバペネム系抗菌剤はすべて注射剤であり，経口剤の開発が期待されていた．多くの製薬会社が挑戦したが，化学的に安定な原薬形態，高い製造コスト，不明瞭な薬剤ポジションのためにほとんどが中断された．

テビペネム ピボキシル（TBPM-PI）は，2009年にMeiji Seika ファルマ（株）より上市された，優れた経口吸収性，注射剤並みの抗菌力と薬物動態を示す世界初かつ唯一の経口カルバペネム剤である．安全性も高く呼吸器感染症[*1]の主要耐性原因菌に即効的な治療効果を示したことから臨床現場において高い注目を集めている．上市から7年経過した現在でも耐性化などの報告はない．

このTBPM-PIは，1) 母核（MAP）へのチオール側鎖（TAT）の導入，2) 活性本体（TBPM）の単離，3) TBPMのプロドラッグエステル化の3工程で合成される（図1）．

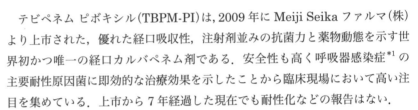

図1　TBPM-PIの合成フロー

TATのプロセス開発

探索時TATは3-ヒドロキシアゼチジン**3**に1,3-チアゾリン基，続いてチオール基を導入することで合成された（図2）．**3**は汎用性のあるビルディングブロックになりうるが，当時アゼチジン環（窒素原子を含む飽和四員環複素環式化合物）は一般的に閉環しにくいと考えられ，常套的な合成手法もなかった．原材料であるベンズヒドリルアミンと2-メチルチオ-1,3-チアゾリン**4**は高価で，遊離の**2**と油状の**6**の単離にカラム精製を必要とした．

非臨床試験用原薬の大量供給に際し，TATの第二世代プロセスを確立した

阿部隆夫（あべ たかお）
Meiji Seika ファルマ株式会社 医薬研究本部 医薬研究所 創薬化学研究室 次席研究員．1957年 栃木県生まれ．1982年 東京薬科大学大学院薬学研究科前期課程修了．

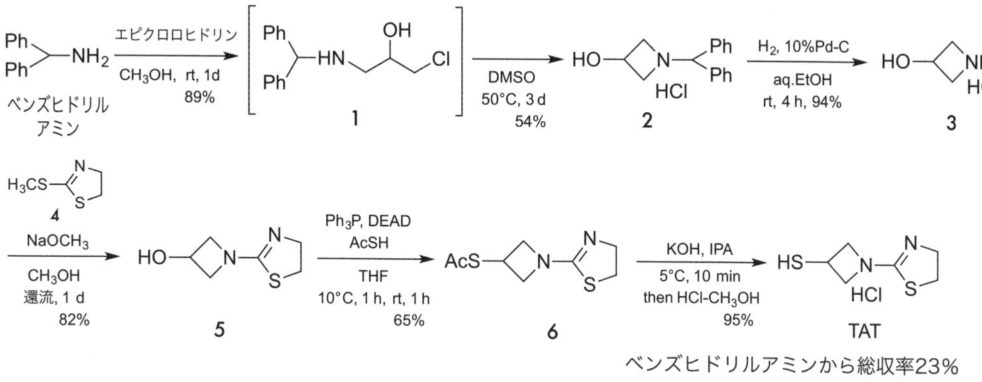

図2 TATの第一世代プロセス

(図3). 高価なベンズヒドリルアミンは安価なベンジルアミンに変え, 反応条件としてベンジルアミンの水溶液に氷冷下エピクロロヒドリンを分割添加すると, 驚くことに生成した **7** が系内で沈殿することで副反応としてもう1分子のエピクロロヒドリンと反応することが回避され, 純粋な **7** を89%収率で得ることに成功した. **7** は重曹粉末とアセトニトリル中で還流することで容易に環化反応が進行し, 続いて塩酸塩化することで純粋な **8** を85%収率で得た. **8** は接触水素化分解反応により脱保護され, 汎用性のある **3** の製造プロセスを構築した. **3** と **4** とのカップリング反応は塩基を炭酸水素カリウムに代替えした. 光延反応はメシレート **9** を経るチオ安息香酸の求核置換反応に変更して固体のベンゾイルチオ誘導体 **10** を得た. すべての中間体 (**7**, **8**, **3**, **5**, **9**, **10**) がカラム精製なしに固体として得られ, **10** をアルカリ加水分解したのちに, 結晶の TAT を単離した. こうして, ベンジルアミンから7工程総収率52%と6個の単離可能な中間体を経て TAT の第二世代プロセスが開発された.

*1 呼吸器感染症の主要耐性原因菌には, ペニシリン耐性肺炎球菌 (PRSP) やβ-ラクタマーゼ非産生アンピシリン抵抗性ヘモフィラスインフルエンザ (BLNAR) がある.

POINT
TBPM-PI のプロセス開発では, 原価低減を意図して多くのリソースが TAT の効率的合成法開発に投入された.

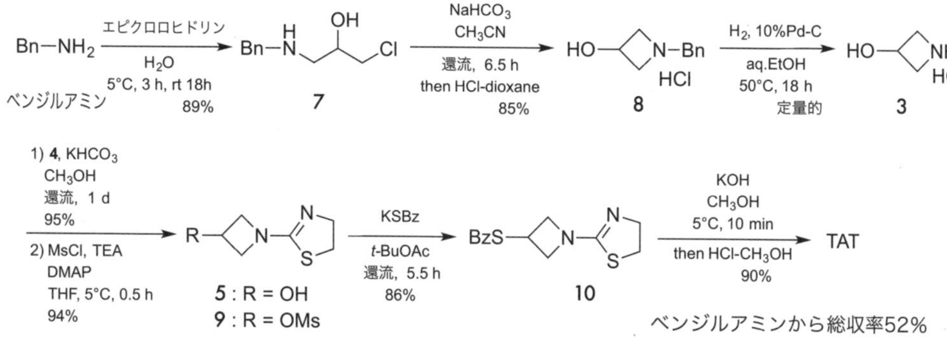

図3 TATの第二世代プロセス

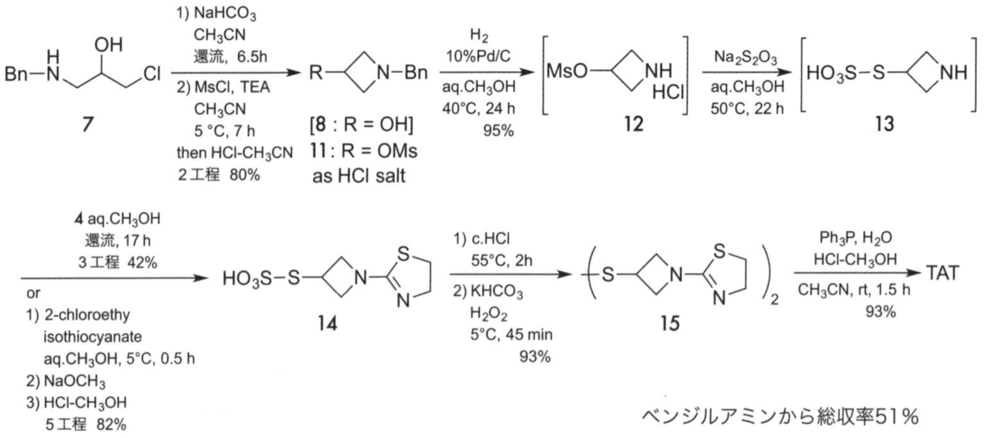

図4 TAT の工業プロセス

TAT 工業プロセス開発

さらに，工業プロセス開発のため 8 の単離操作を省き，3, 5 を経由することなく 11, 12 を経ることで，安価なチオ硫酸ナトリウムによりブンテ塩[*2] 13 を得ることに成功した（図4）．1,3-チアゾリン基の導入は 4 からより穏和な条件で導入できる 2-クロロエチルイソチオシアネートに変更した．2-クロロエチルイソチオシアネートは 4 よりも高価であるが，連続工程を構築する際に 4 より再現性が高く穏和な条件で反応が進行する．この変更は全体として原価を下げることに寄与した．

また 14 は酸加水分解により TAT を与えるが，ジスルフィド 15 の副生を伴うため，加水分解終了後にあえて酸化して一旦 15 に収束させ，15 から TAT に還元的に変換するプロセスをとった．

このようにして，ベンジルアミンから 8 工程総収率 51％と 4 個の単離可能な中間体 (7, 11, 14, 15) を経ることで TAT の工業プロセスを構築できた．

母核への TAT 導入とプロドラッグ化

母核への TAT の導入は，MAP と TAT を冷アセトニトリル中で懸濁し，ジイソプロピルエチルアミンを滴下すると懸濁状態のまま反応が進行し，沈殿した生成物を集めることで容易に L-188 を単離できた（図1）．本工程の課題は母液への L-188 のロスが 10％以上あり，成積体中に難溶性の L-188 塩酸塩が 20〜30％混入することであった．この難溶性の L-188 塩酸塩の混入は，次工程の反応速度を遅くするばかりでなく，反応液の pH を酸性化することで生成する TBPM の分解を生じさせた．後処理の方法を詳細に検討し，反応液

*2 ブンテ塩 (Bunte salt) とは，R-S-SO$_3^-$ M$^+$ で表される有機硫黄化合物の総称である．

POINT

従来，経口 β-ラクタム薬のプロドラッグ化は，カルボン酸塩とヨウ化ピバロイルオキシメチル (POM-I) のようなヨウ化アルキルとの反応により実施されていた．

に水を貧溶媒として投入することでL-188の単離収率が86〜93％に上がり，L-188塩酸塩の混入も完全に回避できた．

　L-188の3位PNBエステルの脱保護条件として，当初L-188の品質にむらがあった点に加え，TBPMの安定なpH領域と等電点が不明であったため緩衝液を用いた反応条件を採用していたが，これが反応液の脱塩工程に伴う作業時間の長時間化と水濃縮中の分解を招くことになった．L-188品質の安定化，TBPM-4H$_2$O結晶の取得を契機に緩衝液を水に変えて，後処理後の水層に貧溶媒を加える工程に変更したところ，単離収率が86〜91％に向上した．さらに本工程は，溶媒量を削減するため反応系にNaHCO$_3$を添加することで，安定なpH領域範囲内でTBPMの溶解度を上げる工程に改善された．

　TBPMのプロドラッグエステルは，当初生体内カルニチンに影響を及ぼさないヘキセチルエステル体（L-143，図1）で開発が行われたが，L-143は非晶質のジアステレオ混合物であり室温での安定性を担保できなかった．そこでプロドラッグエステルの探索を行い，結晶化可能で安定性が高くカルニチンへの影響も一過性であることが確認されたピバロイルオキシメチル基POMを採用した経緯にある．TBPMのPOM-Iとの反応条件は，有機塩基性条件下で目的物を80％程度で与えたものの1,3-チアゾリン基のアルキル化剤との反応性のために副生成物が多量に生成し，精製工程への負荷が高く問題が多かった．そこでより選択的かつ穏和な条件を検討したところ，塩化ベンジルトリエチルアンモニウムとジイソプロピルエチルアミン存在下で，反応性の低いPOM-Clと定量的に反応する条件を見いだした．また，TBPM-PIはC2-側鎖が弱塩基性をもっているため後処理工程で酸抽出，塩基転相の操作による精製が可能で，さらに結晶化後TBPM-4H$_2$Oから93〜98％でTBPM-PIを得る工程とした．

　このようにして，重要工程である市販のMAPからTBPM-PIまでの工程は総収率69〜83％の工業プロセスとして確立された．

　経口カルバペネム剤は他剤と比べると化学的に不安定であるため，安定な開発物質の選定と生成物の分解を伴わない製造プロセスの構築が重要であった．また，感染症領域の薬剤で投与量が多いために簡単な構造であるにも関わらず徹底した原価低減と効率的で大量合成可能な製造プロセスも必須であった．TBPM-PIは先行経口抗菌剤の薬価と比較すると驚くほど高い薬価を取得して上市することができたが，それを為せたのは医療ニーズとして必要な患者様に必要な医薬を提供することを第一に考え危機的な状況から逃げずに研究開発を最後までやり抜いた結果であった．

成功へのカギ ①

経口吸収性と強い抗菌力に有利な共通構造を見いだしてからはリード化合物から開発候補物質へと早く展開できた．評価化合物のPKプロファイルをよく眺め，吸収の立ち上がりの早いテビペネムを選択，開発過程の後半で能動輸送で吸収されることが証明された．小さな組織で研究を行っていたため，探索研究からプロセス開発までシームレスに検討が行われた．プロセス開発では，高極性物質または化学的に不安定な物質の取扱いに慣れていたので，検討段階の初期から物質収支をモニタリングし，十分精査されていない古典的な反応でも丁寧に吟味することができた．

創薬化学研究室へようこそ！

■ 研究分野	創薬化学，初期プロセス化学．
■ スタッフの人数	中規模クラスと思われる．
■ 研究員の概要	修士と博士が半々程度．
■ 研究内容	現在開発中の抗真菌薬 ME1111 と導出した OP0595 は当室で創出した．
■ テーマの決め方・研究の進め方	テーマは発案された後に，領域ごとの会議体のなかで内容などを熟成考慮したうえで採用を判断する．研究は探索フローを定め，クライテリアに到達したものをヒットとして進める．
■ ミーティングの内容，回数	全員参加で室内の業務打合せを月2回，研究進捗打合せを所内で月1回，部門内で年4回程度実施している．
■ こんな人にお勧め	新薬創出に興味があり，創薬化学技術をもって自主的に研究を推し進めていくことができる人．薬効薬理・動態・代謝・安全性の情報を創薬に活かせる人はさらによい．
■ 実験環境	居室と実験室は別で，各自プラッテとフード付きドラフト，溶媒回収装置付のエバポレーターを保有している．
■ 裏　話	とくになし．
■ 興味のある方へのアドバイス	当社の創薬テーマに興味がある方は，直近の公開特許明細書や発表論文からおよその研究内容が理解できよう．

【特徴】
高品質・低コストの製品を世に送りだし，患者さんのQOL向上と製品価値の最大化を目指し，プロフェッショナルとして高い技術力で日々の業務を推進．

人が研究力・競争力の源泉

塩野義製薬株式会社
CMC研究本部

【研究分野】
自社の創製開発化合物を中心とした合成ルート探索からスケールアップ研究，商用化・申請に向けた工業化研究，工場への技術移転と製法改善に関する研究．

【強み】
新規合成法や新規技術開発に取り組み，高いレベルのプロセス化学を実現．製薬プロセスの安全性評価では業界でもトップレベルを自負．

【テーマ】
感染症および疼痛・神経領域を中心とする化合物の製造法開発（例：ロスバスタチン，ドリペネム，ドルテグラビル，ルストロンボパグ，ナルデメジン）．

ルストロンボパグの商用製造法の開発
～製造法の徹底的なスリム化を断行～

＊1 病状の経過中，治療に適したタイミングを待って行う治療．

＊2 出血を伴う処置や治療．外科手術や外科的処置など．

ルストロンボパグは塩野義製薬（株）において自社創製された低分子のトロンボポエチン受容体作動薬である．「待機的＊1な観血的手技＊2を予定している慢性肝疾患患者における血小板減少症の改善」を効能・効果として，2015年9月に世界に先駆けて国内で承認され，12月1日からムルプレタ®錠3 mgとして発売されている．本稿では，ルストロンボパグの商用製造法の開発における開発戦略と，主要中間体の製造法開発について紹介したい．

商用製造法の開発戦略

筆者が商用製造法の確立に向けてこの化合物を担当することになったのは，ちょうど国内第Ⅲ相臨床試験用原薬の製造計画を立案した時であった．その頃は，申請，商用化に向けて製造法の完成度を高めつつ，申請に必要な根拠データを集積することが必要な時期であった．また，当時は，人的リソース面で効率よく製造法の開発を行うため，開発中止のリスクが高い第Ⅱ相臨床試験までは初期の製造法を可能な限り踏襲し，その後の後期開発に移行する段階で一気に製造法の完成度を高めるという戦略を採用していた．このため，ルストロンボパグの製造法においても，プロセスパラメータの最適化や煩雑な後処理の簡素化などを含め，商用製造法の確立に向けて解決すべき多くの課題が残されていた．商用製造法の開発においては，これらの課題解決に加え，各工程の収率向上もさることながら，製造しやすさ，安定な品質確保を重視して開発を行うことにした．

ルストロンボパグの合成開発

ルストロンボパグの合成ルートを図1に示す．ルストロンボパグは二つの中間体の縮合と加水分解により合成され，最終的に粉砕工程を経て原薬となる．原薬構造上の特徴である光学異性やオレフィン上の幾何異性は，それぞれ中間体段階で構築され，縮合以降の単離精製する箇所も2か所と少ないことから，中間体AおよびBの品質をいかに高いレベルで制御するかが品質戦略におい

柿沼　誠（かきぬま まこと）
塩野義製薬株式会社 CMC研究本部 製薬研究センター 合成化学部門長．1970年大阪生府まれ．1993年 神戸大学工学部卒業．

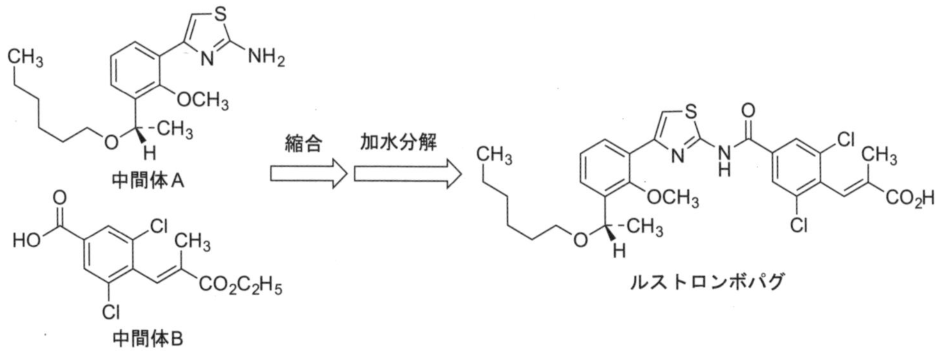

図 1 ルストロンボパグの合成ルート

て重要な課題であった．

① 中間体 A の合成ルート

中間体 A の合成ルートを図 2 に示す．製造工程は 5 工程で構成されているが，途中の中間体はすべて油状物であり，最終物まで単離精製する箇所が存在しない連続化された工程となっている．また，工程 2 には不斉炭素を導入するための不斉還元反応が存在し，反応終了時点の光学純度は 95% ee 程度であった．

② 中間体 A の製造法のスリム化

当初の中間体 A の製造法では，各工程で使用する試薬や溶媒の残留による品質への影響懸念から，抽出・分液や濃縮・溶媒置換といった後処理操作が多数設定されており，非常に煩雑で手間のかかる製造法であった．商用製造法では，医薬品の高度な品質を保証するために，申請要件としても，すべての操作についてその妥当性と設定根拠が求められるため，少しでも操作は少なく，シ

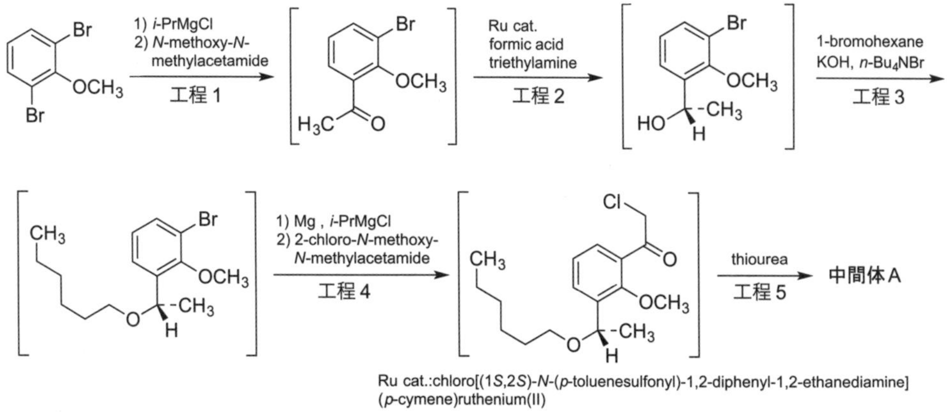

図 2 中間体 A の合成ルート

ンプルな製造法が新薬の申請戦略上有利である．このため，まずは製造法の徹底的なスリム化に取り組み，明確な必要性が認められない操作はすべて回避すべく検討を実施した．その結果，検討開始時にそれぞれ 23 回および 14 回あった抽出・分液操作と濃縮・溶媒置換操作が，最終製造法ではそれぞれ 15 回および 9 回となり，結果的に約 1/3 程度の操作が削減できた．振り返ってみると，検討開始時の製造法がいかに無駄の多い製造法であったことがわかる．

③ 中間体 A の品質制御

次に中間体 A の品質制御について紹介する．前述の通り，中間体 A の製造法においては，途中に単離・精製工程がなく，各工程で生成した類縁物質はほぼすべて，次工程にもち越される．工程 5 の反応終了液の時点で，中間体 A の純度は HPLC 面積百分率で 60％程度であり，光学異性体をはじめとする多くの類縁物質が共存していた．そこでまず，工程 5 反応後の抽出操作時に中間体 A のアミノチアゾール基の特性を生かし，目的物を塩酸塩として水層側に移行させ，アミノ基をもたない類縁物質の多くを有機層側に除去する操作を加えることにした．それによって，HPLC 面積百分率 95％程度まで品質を大幅に向上させることに成功した．さらに，その後の晶析や再結晶を効果的に組み合わせることで，光学異性体を含む残存類縁物質のほとんどを除去し，光学純度 99.0％ ee，個々の類縁物質 0.10％以下という高い品質で安定的に中間体 A を製造できる製法を確立した†．

昨今の新薬申請においては，プロセス中に存在する類縁物質の生成，変換，除去に関する詳細な調査情報が求められる．途中に単離・精製箇所のない本製造法では，調査対象となる主要な類縁物質数は 50 種を超えており，その調査に多大な時間と労力を要した．その調査において，とくに印象深い類縁物質の一つを次項で紹介する．

④ 類縁物質 C の生成原因を調査

類縁物質 C は中間体 A の製造法検討の最終段階において，突如その混入量が増加した類縁物質であった．構造決定の結果，中間体 A のメトキシ基部分のメチル基がヘキシル基に置換された化合物であることが判明し，中間体 B との縮合反応後も中間体 A と同様の変換挙動をとるため，その誘導体は原薬にも混入することが確認された．このように，中間体 A 中に類縁物質 C が増加した場合，原薬品質が著しく悪化する危険性があることから，その生成原因を調査することが急務となった．

構造上の特徴から，類縁物質 C はどこかのタイミングで副生したフェノール性ヒドロキシ基が工程 3 のブロモヘキサンとの反応で生成すると推定されることから，まず，工程 3 の反応濃縮残渣中の前駆体（ジヘキシル体）の存在有

成功へのカギ ①

限られた時間のなかで品質を優先するという戦略を早期に決断した点にあると考えている．中間体品質を徹底的に磨くことで，縮合工程以降の中間体プロセスへの影響を排除し，高い原薬品質が維持可能な堅牢なプロセスを構築することができた．また，企業研究においては，限られた時間，資源を用いて，より高い成果を創出することが求められるが，その点においても，効率的な製法開発ができたと考えている．

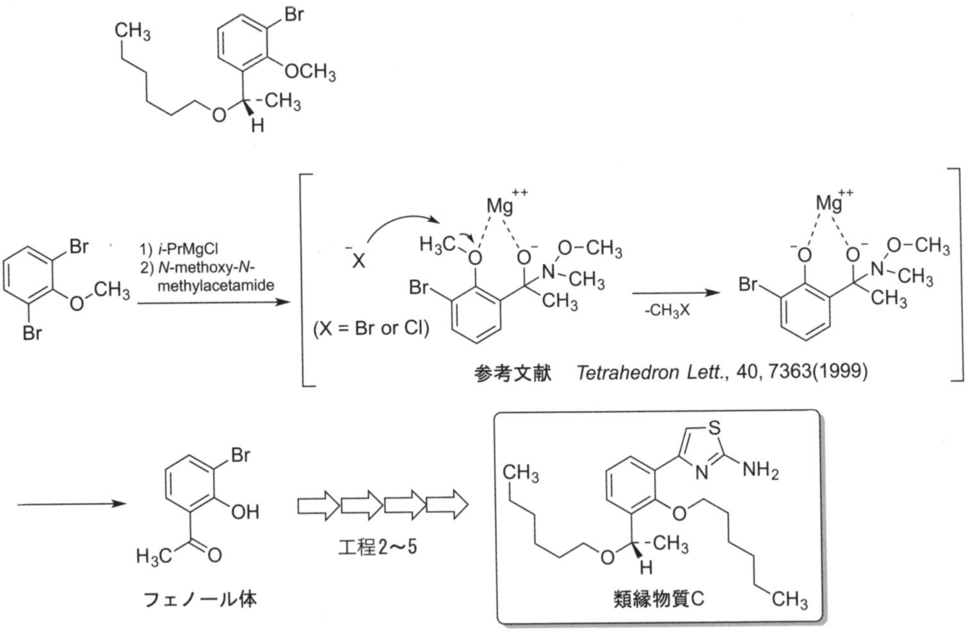

図3 フェノール体の推定生成機構

無を確認した．その結果，従来のHPLC測定条件では溶出しないような保持時間の範囲に，前駆体の存在を確認することができた．次に，工程1（Grignard反応）の反応液の詳細確認により，フェノール体の存在が明らかとなり，類縁物質の生成原因の特定，さらにはその生成抑制が可能となった．フェノール体の推定生成機構を図3に示す．

◆◆◆

一般的に医薬品の成功確率はきわめて低く，上市までこぎつける製品の製法開発を担当できる研究者はそう多くない．そのようななかで，ルストロンボパグを担当し，後期製法開発から申請業務までの一連の開発業務を経験できたことに加え，塩野義製薬の基本方針である「常に人びとの健康を守るために必要な最もよい薬を提供する」を体現できたことは，筆者にとって誠に幸運であった．と同時に，ルストロンボパグを世に送りだすなかで味わった苦労と喜びを共有できた共同研究者の方がたには感謝の気持ちでいっぱいである．彼らと味わった達成感は何ものにも変えがたい貴重なものである．

POINT

工程の連続化は，工程の簡略化や単離ロスの軽減，あるいは不安定で危険な化合物の取りだしを回避する目的において，非常に有効な手段である．しかし，本文に記載の通り，連続化が長くなればなるほど，副生する類縁物質などの制御が複雑化するため，早い段階で将来の品質管理戦略を考慮したプロセス設計が必要である．ちなみに，筆者の私見は，連続化は長くても3工程までとすべき．

CMC 研究本部へようこそ！

■ 研究分野	低分子からペプチド・核酸に至る中分子原薬の合成・製法開発，およびスケールアップ研究，工業化研究など．
■ スタッフの人数	総数 70 名前後．
■ 研究員の概要	総数 70 名前後，うちマネジャーは 8 名．研究員の 80％以上が 20～30 歳代で，比較的若い年齢層がいきいきと日々研究に従事．博士号取得者は約 30％，女性比率は約 10％程度．
■ 研究内容	有機化学・分析化学・化学工学・安全工学の知識と技術を統合し，創薬研究で選抜されたいかなる開発化合物に対しても実用的な原薬合成法の研究と工業的製造法の開発を行い，非臨床および臨床試験に必要な原薬を供給する．とくに化学工学研究では，高い品質の原薬製造を実現するために，安定供給可能な安全で環境にやさしい商用生産プロセスを開発し，工場への技術移管業務までを担当する．
■ テーマの決め方・研究の進め方	組織内に合成化学，プロセス化学，製薬工業化の三つの部門をもち，開発初期，中期，後期の化合物をそれぞれ担当．化学工学，プロセス安全性評価，分析業務に特化したサブグループとも協力し，開発スケジュールに合わせ製法開発・原薬供給を進める．
■ ミーティングの内容，回数	組織報告会が 4 半期に 1 回．各担当テーマや所属グループごとに 1 回／2 週間～月のデータディスカッションを目的としたミーティングあり．チームメンバーやトレーナー，上司とのディスカッションは日常的．
■ こんな人にお勧め	有機化学やプロセス化学，化学工学を専門とし，医薬品の製造法開発や新規技術開発に興味をもって主体的に取り組める人．また，チームで行う研究に喜びを感じる人．
■ 実験環境	実験台，ドラフト，HPLC はおおよそ各 1 台／研究員の割り当て．その他一般分析機器に加え，各種プロセス評価機器や安全性評価機器も保有しており，一連のプロセス研究がストレスなく実施可能．
■ 裏　話	入社～3 年目程度までは部門ローテーションにより，開発初期～後期のひと通りの業務を経験可能．また，トレーナー制度をはじめとする種々の教育制度が充実しており，入社後 3 年間で独り立ちできるような指導・育成を目指す．公募による海外留学制度もあり．
■ 興味のある方へのアドバイス	採用においては，有機化学や化学工学の専門知識や英会話力（TOEIC）などに加え，いかに主体的に研究を進めてきたかという点を論理的に説明できることが重要．研究だけでなく，スポーツや趣味についても，自身が取り組んできたことについて自信をもって簡潔に相手に伝えられるように日頃からトレーニングしておくとよい．

【特　徴】
農薬の研究開発に必要なすべての機能（合成・プロセス化学，生物・安全性評価，製剤）の研究分野が1か所に統合され，日常的な部署間でのコミュニケーションが活発で効率・効果的に創薬．

Chemical Innovator for Crop & Life

日本農薬株式会社
総合研究所

【研究分野】
農薬分野としては，殺虫剤，殺菌剤，除草剤，および環境ストレス耐性付与剤を含む植物生長調節剤の全分野をカバー．医薬分野では，抗真菌剤にほぼ特化．

【強　み】
研究所内の実験圃場での実用性試験結果を生物評価者のみならず種々の分野の研究者が，またセミパイロットプラントでのスケールアップ製造実験の様子を化学以外の研究者も目の当たりにし，全分野が一丸となって研究開発に取り組む体制．

【テーマ】
最も重要な目標は，農薬研究の全分野を対象とした新農薬，ならびに抗真菌医薬の創出．そのための新規化学物質の合成，生物・安全性評価，新製法の開拓などが主要研究テーマ．

農業用殺虫剤 フルベンジアミドの開発物語
～まったく新たな合成ルートの開拓～

POINT

化学構造が異なっても同じ作用機構の農薬を長年使用すると，対象病害虫・雑草の抵抗性が増すリスクが増大する．そのため，常に新たな作用機構をもつ農薬の開発が重要な課題となっている．細胞内のカルシウムイオン濃度を調整するリアノジン受容体は殺虫剤の新たなターゲットであり，これに効果的に作用する化学合成農薬を世界で初めて創出したことで大きな市場獲得につながった．

津幡健治（つはた けんじ）
日本農薬株式会社 研究開発本部 総合研究所 リサーチフェロー．1953年 京都府生まれ．1982年 京都大学大学院工学研究科博士後期課程修了．

　ここで紹介するフルベンジアミドは，さまざまな作物に対して大きな被害を与えるチョウ目害虫を効果的に防除できる農業用殺虫剤である．

　殺虫剤というと，今はすでに使用禁止となっている毒性の強い化合物をイメージされる方も多いと思うが，近年開発されている殺虫剤をはじめとする農薬の毒性は格段に軽減されており，旧来のイメージのものとは大きく異なる．使用薬量も大幅に低減化され，防除しようとする害虫などの標的生物以外の生物に対しては安全性が高く，また，作物や環境への残留性にも十分配慮されたものとなっている．このように農薬は大きく進化し高性能化が図られてきたが，農業生産に必要な一資材という立ち位置は変わらない．そのため高価格では市場に参入できず，古い薬剤やジェネリック剤にも対抗できる高いコストパフォーマンスが望まれる．

　こうした状況から，今や16万化合物中やっと1件といわれるほど，新農薬の製品化のハードルは高いといわれている．フルベンジアミドは，2015年度の農薬登録は約60か国に，また，2013年時点での世界の売上げが4億4500ドルに達し，殺虫剤分野ではトップ10に入る大きな製品に発展した．この農薬が如何にして見いだされ，製品化の道をたどったのかを振り返ってみたい．

フルベンジアミドはこうして探索された

　図1に示したリアノジンは植物から抽出されるアルカロイドである．これがリアノジン受容体に結合することで昆虫の筋収縮をもたらし死に至らしめる．

図1 リアノジンとフルベンジアミド　　リアノジン　　フルベンジアミド 1

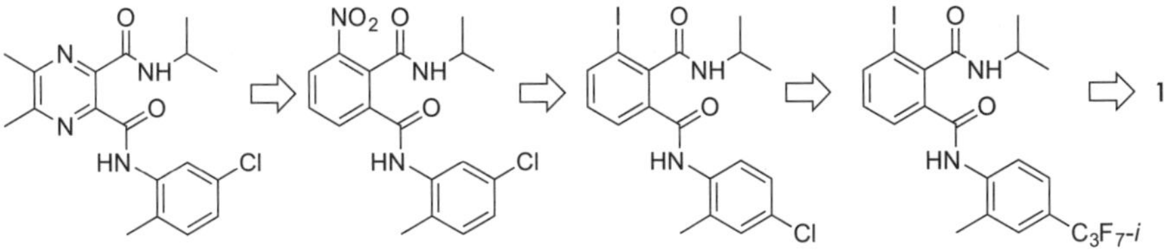

図2 フルベンジアミドの探索経緯

フルベンジアミド1は，きわめて効果的にこのリアノジン受容体に結合することで高い殺虫活性を示す．しかしこれら二つの化合物の化学構造はまったく異なるものであり，事実，フルベンジアミド発見の端緒となったのは，弱い除草活性を示す化合物2であった(図2)．その除草活性を向上させるべく構造変換するなかで，化合物3が除草活性はなかったものの，弱いながら従来にない作用症状を伴う殺虫活性を示した．化学構造が農薬として新規でもあったことから，新たな作用機構をもつ殺虫剤を開発できるのではないかという夢を抱き，化合物3を基本化合物とする殺虫剤としての探索を開始した．

既知農薬の化学構造にとらわれない柔軟な発想で，ヨウ素原子(化合物4)，パーフルオロイソプロピル基(化合物5)，そして含硫黄アルキルアミン側鎖を導入した．それぞれの過程で活性は，50倍，10倍，さらに10倍と向上し，基本化合物の約5000倍という探索初期には想像もしなかったような活性向上を達成できた．このように活性を追求し大胆な置換基変換を行った結果，化学構造上も新規性が高く作用機構も新規なフルベンジアミドを開発候補剤として選抜することができた．まさに当初の夢を実現できた瞬間である．

多くの難題を抱えたプロセス開発

フルベンジアミドは見いだされたものの，製造面の考慮はされておらず，また，見た目以上に製造困難な化合物であった．研究の進展に伴い野外評価試験や毒性試験等に必要とされるサンプル量が増え，工業化も可能な製造ルートの確立が必要となってきた．その一つとして検討したのが，ヨードフタル酸ルートであった(図3)．

本ルートの問題点は，中間体7とアミン8との反応における目的物9と位置異性体10の選択性であった．詳細な検討の結果，ある程度の選択性で目的物が得られる条件を見いだすことができた．これにより，100 gオーダーのサンプル合成にも適用できるようになり，また，工業的製造ルートとしての可能性も考えられた．しかし工業化ルートとして考えた場合，以下のような多くの問題点を抱えていた．①出発原料6が高価，②ジアゾ化反応で大量の酸性廃

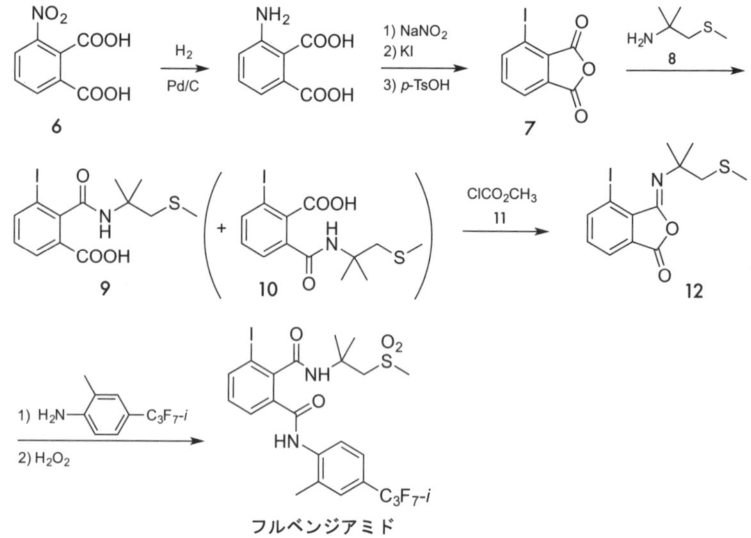

図3 ヨードフタル酸ルート

液を生成，③上述の選択性では不十分，④中間体 12 合成時の活性化試薬 11 を化学量論量使用，⑤全工程数が多い，などであった．

ここまでは市販試薬と既知の合成反応を組み合わせることで可能な合成ルートを検討してきたが，前述の問題すべてを解決するためにはまったく新たなルートの開拓が必要であろうと思われた．とりわけヨウ素原子の導入法が鍵と思われたが，実用的なヨウ素化法は少なく，主要な方法についてはすでに検討済みであった．そこで，学術レベルでも新規な基礎反応の開拓と実用化という壮大な目標を立て，その達成に向かってチャレンジを開始した．

幾多の偶然が幸運をもたらす

一つの方針として考えたのは，カルボン酸を手掛かりに隣接位を活性化することで位置選択的にヨウ素原子を導入することであった．当時，村井らにより報告されていた，配位性官能基の隣接位を遷移金属で活性化し置換基を導入する方法は，炭素-水素結合に直接目的とする置換基を導入し，炭素-炭素結合を形成するものであった．この反応は，何段階かの工程を減らすことができることと，配位性官能基の隣接位に位置選択的に置換基を導入できるという特長をもっていた．しかし，当時の本法の適用範囲はきわめて限定的で，当然ヨウ素原子などハロゲン原子の導入については未知であった．

そこでまずオルトトリル酸を基質としてパラジウム触媒によるヨウ素化反応をいろいろ検討した結果，大量の触媒を要するなどの問題点はあったものの，期待通りの反応が進行することを見いだした．これは新反応の発見であり，効

成功へのカギ①

当時，C-H 結合活性化研究は緒についたばかりであり，当然実用化の例は知られておらず，実製造につながるか否かはまったく漠たるものであった．未知への好奇心と夢の実現へのチャレンジ精神が鍵であった．

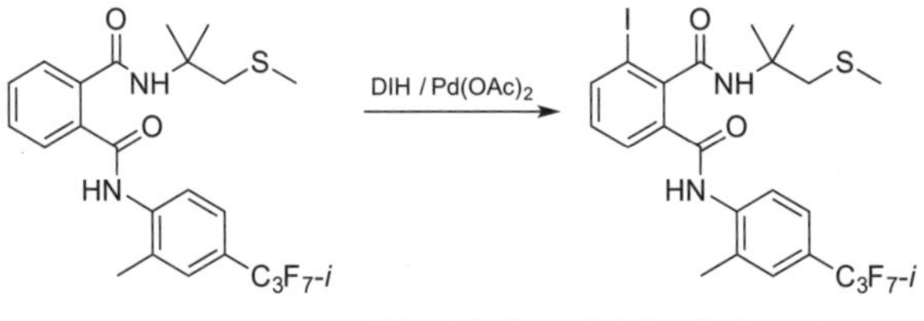

図4 パラジウム触媒による
ヨウ素化反応

DIH = 1,3-diiodo-5,5-dimethylhydantoin

率的な新製法確立に向けての第一歩を踏みだせたことで，大いに士気が上がった．ところがフタル酸を基質として用いると，まったく満足できる結果は得られなかった．その後しばらく研究は停滞し，周囲には諦めムードが漂っていた．しかし，われわれは夢の実現に向けてチャレンジする気持ちを少しもゆるめなかった．

さらに多くの試行錯誤の結果，フルベンジアミド型のフタル酸ジアミドに適用したところ，ほぼ完璧な選択性で，かつ高収率で目的の生成物のみが得られることを見いだした（図4）．選択性，収率ともになぜこのように上手くいくのか，その瞬間は理解できなかった．だが，その結果はまさに衝撃的で，その後解析的検討を行い，その理由を推論できるようになった．その時に用いた基質の硫黄の酸化状態が最終型のスルホンでなく中間体のスルフィドであったことが幸いした．もしスルホンで検討していたなら（後でわかったことだが），アニリン側のアミド隣接位が選択的にヨウ素化されて目的物を得ることはできず，検討にさらに相当の時間を要していたであろう．さらに加えていうならば，探索で選抜した化合物のアルキルアミン部分の置換基が硫黄原子ではなく他のヘテロ原子置換基であったなら，ここまで完璧な選択性と高収率を達成できたかどうかわからない．まさに幸運の女神がわれわれに微笑んでくれた．

このようして開発したパラジウム触媒によるヨウ素化反応は，その後さまざまな検討を加えることにより工業的スケールでも適用できるようになった．その結果，ヨードフタル酸ルートでの五つの問題点を一挙に解決でき，フルベンジアミドの開発を大きく前進させることができた．

なお，この新規ヨウ素化法は，C–H結合活性化活用による工業化の先駆的な事例として評価が高く，2011年に日本化学会から化学技術賞を授与された．

◆◆◆

農薬研究はさまざまな分野からなる総合科学であり，一つの新農薬を創出するにあたっては，これらのすべての分野が一体となって研究を進めていくことが不可欠である．今回，フルベンジアミドを事例として探索合成とプロセス研究を中心に紹介したが，農薬研究における化学の役割の重要性と醍醐味を多少なりともご理解いただければ幸甚である．

総合研究所へようこそ！

■ 研究分野	農薬研究に必要な全分野：合成・プロセス化学，生物・安全性評価，製剤．医薬抗真菌剤分野．
■ スタッフの人数	部長クラス4名，課長クラス11名．
■ 研究員の概要	研究員は補助職を含め，約160名．化学・製剤分野60名，生物分野60名，安全性分野40名．ほかに、知財，信頼性保証，事務部門等が約20名．資格等の所有者は，博士34名，獣医師7名，薬剤師6名．
■ 研究内容	殺虫剤，殺菌剤，除草剤，および環境ストレス耐性付与剤を含む植物生長調節剤の全分野を対象に，新たな作用機構をもつものや省力的な使用方法が可能なものなどの特長をもち，グローバルに使用可能な新規剤創出に力を入れている．ほかに，コストダウンを目指した新規製法研究や新たな製剤に関する研究にも取り組んでいる．
■ テーマの決め方・研究の進め方	新規剤探索の場合，ケミストがさまざまな文献・特許等の外部情報や自社知財を活用して化合物デザインと合成を実施，生物・安全性評価のフィードバックをもとにデザインと合成を繰り返しつつターゲットへアプローチ．化学・生物・安全性の三位一体体制で進める．大学・独法や他企業との共同研究にも力を入れている．
■ ミーティングの内容，回数	各部署内の月1回のミーティングで，当該部署の全研究の進捗を報告・議論．ほかに，プロジェクトメンバーのミーティングや，複数テーマを設定した所内オープンの月例ミーティングなど，担当者間のコミュニケーションも頻繁．
■ こんな人にお勧め	当社は安全で安定的な食の確保と豊かな生活を守ることを使命としており，世界の食料確保や環境保全等に興味・志のある方にはとくにお勧め．好奇心・行動力旺盛，協調的，楽天的等の性格は好ましい．"Passion, Challenge, Responsibility for the Future"は当社研究開発のスピリットメッセージ．
■ 実験環境	ケミストは1人1台のベンチと特殊実験用の共通スペースを使用できる．さらにプロセスケミストは，スケールアップに従い，最大，実機レベルでの製造実験まで可能．各種設備は充実している．
■ 裏話	現在の農薬創出確率は16万個に1個といわれているが，当社の創出確率はそれよりはるかに高い確率で，比較的コンスタントに創出している．現在も祖の伝統を引き継いできている．将来の担い手を大歓迎．
■ 興味のある方へのアドバイス	環境やエネルギー問題とともに，食料問題は今後の世界にとってきわめて重要な問題．大幅な人口増加に加えて経済的に豊かな層の増加による食料需要の増大を，地球上の限られた耕地面積のなかでいかに確保するか．農薬は，安全で安定的な食の確保に貢献できる確かで強力な手段の一つ．当社研究所は全分野が一体となって機動的に活動できる研究所．当研究所で食料問題の解決に，化学の力で存分に挑戦できる．海外留学制度や博士取得支援制度もある．

【特　徴】
有機化学研究所は有機化学を専門とする研究者が主体であるが，専門分野にとらわれず競争力ある素材の創出，化学品の工業製造に必要となる革新的な製造技術の確立を担っている．

有限の鉱業から
　　無限の工業へ

宇部興産株式会社
研究開発本部

【研究分野】
有機化学の専門分野がベースであるが，機能化学品開発，有機合成，均一系，不均一系触媒，医薬品のプロセス開発など多岐にわたっており，開発，製造と連携をはかり研究を行っている．

【強　み】
営業と連携する技術営業からの顧客ニーズの掘り起こし，ならびに開発センターと密接した機能品開発，弊社が得意とする触媒的酸化反応，C1化学などの技術分野から新しい技術領域へ挑戦できること．

【テーマ】
環境負荷低減を指向した機能品開発，医薬品のCMC研究，ファインケミカル製品の効率的な工業的製造法に関する研究，省資源・省エネルギー性に優れた触媒・触媒プロセスに関する研究．

自社開発技術による
医薬品中間体の製造
～難題を克服したマイクロフロープロセス技術の革新性～

宮田 博之（みやた ひろゆき）
宇部興産株式会社 研究開発本部 企画管理部 企画管理部長．1962年 兵庫県生まれ．1987年 大阪大学大学院工学研究科前期課程修了．

川口 達也（かわぐち たつや）
宇部興産株式会社 研究開発本部 有機化学研究所 主席研究員．1970年 秋田県生まれ．1999年 東北大学大学院工学研究科修了．

近年，医薬品の品質に対する要求の高まりを受けて，その合成プロセスにおいても不純物抑制のための高度な反応制御技術が要求される．たとえば，超低温条件が必要とされる不安定中間体を経由する反応は，スケールアップに伴いその反応制御は困難になり，選択性が低下するとともに，不純物が増加し，精製工程の繰り返しにより，収率が大幅に低下する．この不安定中間体を経由する超低温反応に対して，マイクロフロープロセス技術の「微小空間を利用する高度反応制御，スケールアップによらない大量生産（Numbering-up）」という特徴を利用することで，従来のバッチプロセスでは工業的スケールでの実用化が困難であった反応を医薬品の製造プロセスとして利用できるようになることが期待される．

本稿では，不安定中間体を経由するMoffatt-Swern酸化反応をマイクロフロープロセスに適用させ，精密滞留時間制御により高収率・高選択性を実現し，医薬品中間体の合成に応用した事例を紹介する．

マイクロフロープロセスによる課題解決

Moffatt-Swern酸化反応は，有害な重金属類を使用せずに穏和な条件で第一級，第二級アルコールを対応するカルボニル化合物へと誘導する有用な官能基変換反応として広く用いられている（図1）．しかしながら，不安定な中間体1を経由するため，−50℃以下の超低温反応条件が必要とされる．したがって，スケールアップに際しては温度制御が困難となり，副生成物が増加し目的物の品質が低下するなど，実用面での課題も多い．そこで，本反応にマイクロフロープロセス技術を適用して課題解決を試みた．

図1（a）に示すマイクロフロー反応装置を用いた結果を表1に示す．−20℃において，通常のバッチプロセスではカルボニル化合物は低収率であるのに対し，マイクロフロープロセスでは対応するカルボニル化合物が良好な収率で得られた．また，第一段階の滞留時間R1をさらに短く制御した場合（0.01秒）には，0℃，20℃でも収率の低下はほとんど認められず，バッチプロセスで

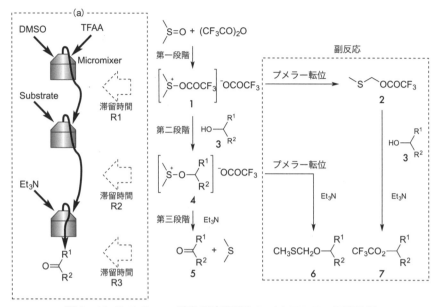

図1 Moffatt-Swern 酸化反応機構とマイクロフロー反応装置

は困難と考えられる 0 ℃〜常温においても Moffatt-Swern 酸化反応を高収率で進行させることに初めて成功した[†].

高生産性のマイクロリアクターを開発

先の検討で使用した市販のマイクロリアクターは処理量に限界があるため,実生産規模の製造が可能なマイクロリアクターを京都大学と共同で開発した(図2).各試薬が微小な穴から反応液流路に合流するサブストリーム型のミキサー構造をもち,滞留時間は各試薬の混合箇所の距離を変更することで制御で

表1 Moffatt-Swern 酸化反応のマイクロフロープロセスへの適用結果

基質	方法	滞留時間 R1 (秒)	温度 (℃)	転化率 (%)	生成物の収率 (%)	MTMエーテルの収率 (%)	TFAエステルの収率 (%)
	マイクロフロー	2.4	−20	88	77	5	4
	マイクロフロー	2.4	0	50	32	3	7
	マイクロフロー	0.01	0	90	80	6	1
(cyclohexanol)	マイクロフロー	0.01	20	91	71	4	2
	マクロバッチ	600	−20	86	16	2	60
	マクロバッチ	600	−70	88	73	9	4

DMSO:4.0 M (2.0 eq.), TFAA:2.4 M (1.2 eq.), 基質:1.0 M, Et$_3$N:1.4 M (2.9 eq.). 収率は GC (内部標準) で決定.

> **POINT**
> 医薬品製造において,初期の安全性試験サンプルは一般的に小スケールで製造される.その後,開発が順調に進み,商業生産規模での製造においても,初期の安全性試験サンプル以上の品質を維持しなければいけない.医薬品の製造プロセス開発では,この品質維持のために多くの時間,コストを費やすケースが多い.

> **POINT**
> 微小空間を利用する高度反応制御の特徴として,(1)高速混合,(2)精密温度制御,(3)精密短滞留時間(反応時間)制御があげられる.低温条件を用いることにより不安定中間体の分解抑制を行ってきた従来法に対し,上記の特徴を利用する不安定中間体の分解抑制に期待.

> **POINT**
> Numbering-up とは,フロープロセスにおいて系列数(装置の数または流路数)の増加により生産量を増加させる手法.反応容器を大きくすることで生産量を増加させるバッチプロセスと比較し,化学工学的なファクター(撹拌,伝熱,操作時間など)の変動が少ないため,スケールアップ時の反応成績の変動が少ない.

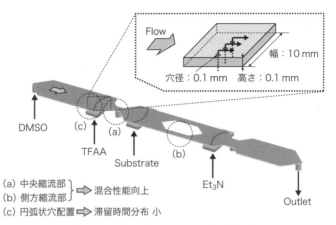

(a) 中央縮流部 ┐
(b) 側方縮流部 ┘⇒ 混合性能向上
(c) 円弧状穴配置 ⇒ 滞留時間分布 小

図2 4液多孔デバイスの反応流路形状

成功へのカギ①

バッチプロセスでは不可能な0.01〜1秒という非常に短い反応時間の制御が可能なマイクロリアクターに着目し，それを用いた実験から中間体1の生成速度が非常に速いことを見いだし，不安定中間体が分解する前に短時間で次の反応を実行できるのではないか，との着想に思い至った．

POINT

4液多孔マイクロデバイス開発において，縮流部のサイズや微小穴の径，配置形状，位置など，設計ファクターは多い．効率的に最適な流路形状を開発するため，流体解析シミュレーションおよび可視化実験を実施した．合成化学者も化学工学的視点から反応条件の最適化やリアクターの設計に取り組む姿勢は重要．

きる．また，混合性能の向上と流路幅方向の滞留時間分布の最小化を両立するため，中央縮流部，側方縮流部を設け，混合試薬導入穴を円弧状に配置した構造が大きな特徴である．この手のひらサイズの4液多孔デバイスは，わずか1台で10トン／年の目的物を生産することが可能である．

マイクロフローデバイスを医薬品中間体の合成に適用

中外製薬（株）で創製されたGM-611（モチリン受容体アゴニスト）はエリスロマイシンAを原料として合成されるが（図3），その合成プロセスにおいて，マクロライド骨格中の1,2-ジオール（第二級-第三級）（化合物8）を選択的に酸化し，ヒドロキシケトン（化合物9）に誘導しなければならない．炭素－炭素結合の開裂を伴わない方法としてDMSO酸化が知られているが，なかでもトリフルオロ酢酸無水物（TFAA）を活性化剤とするMoffatt-Swern酸化が目的物を与える．しかし，スケールアップ時における選択性の低下は避けられず，不純物量も大きく変動する．そこで，この系にマイクロフローデバイスを適用してみた．

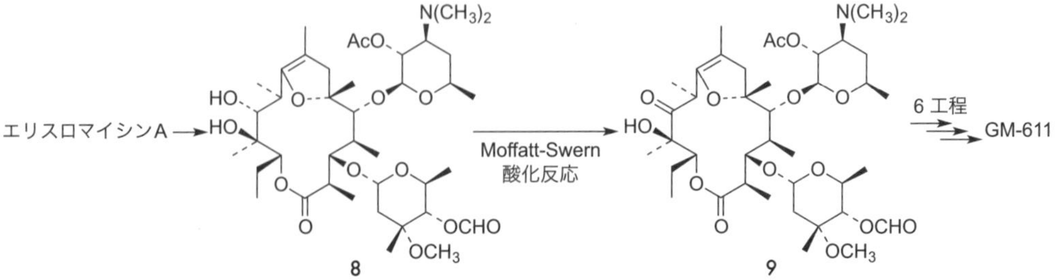

図3 GM-611の合成ルート

表2 エリスロマイシン A 誘導体の Moffatt-Swern 酸化反応

Entry	方法	温度 (℃)	HPLC area%		
			9	10	11
1	マイクロフロー	-20	87	1	5
2	マイクロフロー	0	86	1	3
工業スケール	バッチ($8\,m^3$)	-20	80	3	10

マイクロフロー：R1 = 0.5 秒，R2 = 1.2 秒．

検討結果を表2に示す．マイクロフロープロセスでは，0 ℃付近においてバッチプロセスと比較して収率・選択性の向上が見られた．とくに精製工程で除去が困難であったヒドロキシ基がメチルチオメチル化された不純物 10 および 11 の生成量が大幅に低減されており，化合物 9 の合成におけるマイクロフロープロセスの有効性を実証できた．

◆◆◆

マイクロリアクターを用いた精密滞留時間制御により，不安定中間体を経由する Moffatt-Swern 酸化反応を，従来のバッチプロセスでは実施の難しい温度領域（高温領域）で高収率・高選択的に反応を進行させることを可能にした．また，工業スケールでの製造を可能にする高生産性のマイクロリアクターを開発するとともに，医薬品中間体の製造においてバッチプロセスでは達成できなかった副生成物の大幅な低減が可能となった．このようにマイクロフロープロセスは，革新的な化学品製造法として，従来のバッチプロセスで起こるスケールアップ時の反応選択率の低下や副生成物の増加などの重大な問題を解決する方法の一つになりうると考えられる．そして，医農薬・ファインケミカルズの重要な製造方法として，マイクロフロープロセス技術のさらなる発展が期待される．

POINT

本化合物の場合は副反応のトリフルオロ酢酸エステル化反応の進行が遅いため，ジメチルスルホキシド (DMSO) と基質の存在下に TFAA を添加することが可能である．DMSO と TFAA から生成する不安定中間体 1 が系中のアルコールと速やかに反応するため，-20 ℃のバッチプロセスでも目的物が得られる．

研究開発本部へようこそ！

■ 研究分野	機能化学品，有機合成，均一系，不均一系触媒，医薬品のプロセス開発など．
■ スタッフの人数	有機化学研究所は4グループから構成され，約50名．
■ 研究員の概要	20〜30歳代が半数を占め，グループ間での交流も活発です．サイエンスに関する議論において職制の上下関係は関係なく，各自の専門をベースに疑問・課題解決に向けたディスカッションを行っている．
■ 研究内容	高度な品質制御が必要な医薬品やファインケミカル製品（合成香料，ウレタン原料，二価フェノール誘導体など）の効率的な工業的製造法に関する研究（プロセス化学）と，コスト競争力をもち，省資源・省エネルギー性に優れた革新的な触媒・触媒反応に関する研究（触媒化学：カプロラクタム，ウレタン原料，炭酸エステル誘導体など）．
■ テーマの決め方・研究の進め方	企業の研究であるため，最終的に利益につながることが重要．業務には新たな製品を生みだすだけでなく既存事業のコスト削減も含まれ，事業を取り巻くさまざまな環境変化も考慮してテーマを決めている．テーマにより最終的な出口までの期間は異なるが，半年ごとのマイルストーンを設定し，進捗管理，方針修正を行いながら研究を進めている．
■ ミーティングの内容，回数	グループ内で実施される週一回の週報会，月一回の月報会のほか，研究所内である程度まとまった検討結果に関する合同月報会（月一回）を実施．緊急性の高い事案が生じた場合，関係者が緊急ミーティングを実施する．
■ こんな人にお勧め	モノづくりへの強い執着心があり，有機化学＋αの専門領域拡大に興味がある人．探索研究はすぐに芽がでないことが多いので，粘り強い人にもお勧め．
■ 実験環境	環境，安全面に配慮された実験環境が整備されている．頻繁に使用する分析・評価機器は各実験室に配備され，その他の一般的な分析については同じ敷地内の（株）UBE科学分析センターに依頼し，効率的に実験できるようになっている．
■ 裏話	研究所本館の建物は宇部市に縁の深い建築家 村野藤吾氏の設計によるもので，築60年以上になるが，ポーチや階段踊り場は古臭さを感じさせないデザインである．実験室は使いやすいように改修を行い大事に使用している．
■ 興味のある方へのアドバイス	2017年に創業120周年を迎える宇部興産（株）は石炭事業からスタートし，機械，セメント，化学事業へと拡大して今日に至っている．化学会社でありながら事業分野が多岐にわたっているため，有機化学の研究者の活躍の場について不安があるかもしれないが，新しいモノを生みだし，機能を創出するときに化学反応は必要不可欠．弊社の多岐にわたる事業の拡大に有機化学の研究者が核となって活躍することが期待されている．

【特　徴】
精密有機合成，機能性高分子設計，微粒子制御，生物評価等のコア技術を中心に展開．研究開発費／営業利益率が高く，研究分野を超えた研究員の相互交流が活発．

知の融合が創り出す化学

日産化学工業株式会社

【研究分野】
古くは農薬研究を中心に展開していたが，現在は有機合成力を生かし医薬，電子材料，機能性材料，さらにその境界へと幅広い分野へ研究展開している．

【強　み】
研究組織間の壁が小さく，お互いに顔が見える規模感が機動力の源泉．知識・情報・技術の共有化を積極的に行える風土がある．

【テーマ】
事業部研究テーマは着実に進展させる一方，研究所・研究員間の風通しがよく，ライフサイエンスと機能性材料分野の融合テーマなども積極的に展開している．

農薬を中心とするピラゾール新規合成法の開発
～強い一体感でお互いを支え合う仲間の存在～

当社は多くの自社開発した農薬をもっているが，そのすべてに含窒素ヘテロ環構造を有している（図1）．筆者も入社以来，ヘテロ環化合物の合成とともに研究生活を過ごしてきた．その研究過程で経験した貴重な思い出深い話をさせていただく．

*1 植物におけるカロテノイド生合成過程のプラストキノンの生合成を触媒する酵素（4-ヒドロキシフェニルピルビン酸ジオキシゲナーゼ：HPPD）を阻害し，間接的にカロテノイドの生合成を阻害して枯死させる除草剤．植物固有の生合成経路阻害のため，哺乳動物への安全性がきわめて高い．

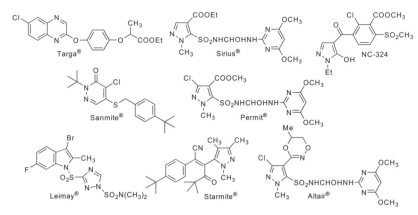

図1　日産化学の自社開発農薬

ベンゾイルピラゾール系除草剤の探索研究に挑む

入社後，筆者はベンゾイルピラゾール系除草剤（HPPD阻害剤）*1 の探索を担当した．この化合物合成には5-ヒドロキシピラゾール（ピラゾリン-5-オン）が必須であり，当時は置換ヒドラジンとアセト酢酸エステルから簡便に得るのがほぼ唯一の方法であった（図2）．一方で置換ヒドラジンは市販試薬が少なく，

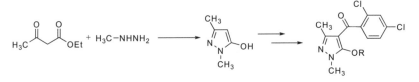

図2　当時唯一のベンゾイルピラゾール合成法

田中規生（たなか　のりお）
日産化学工業株式会社　常務理事　物質科学研究所　副所長．1956年　岩手県生まれ．1981年　千葉大学大学院工学研究科修了．

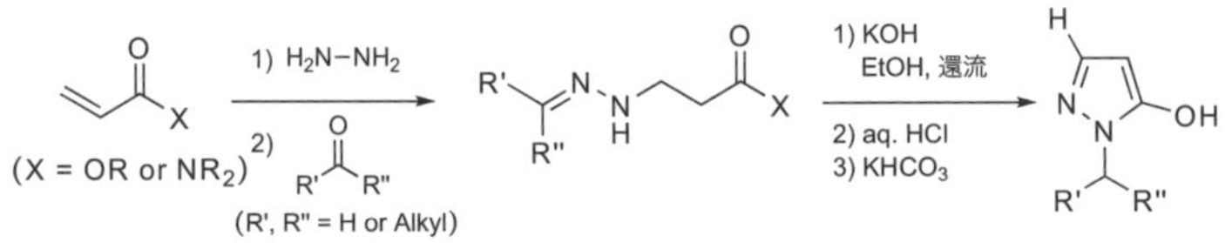

図3 アクリル酸誘導体を原料とする新規ピラゾール合成法

合成可能な化合物も制約されていた．そこで共同研究者らと検討を重ねた結果，無置換ヒドラジンとカルボニル化合物，アクリル酸誘導体という必要最小限のパーツのみからなる簡便な新規合成法を見いだすことができた（図3）．通常，新規合成法は既知の方法より複雑になりがちであるが，発想を切替えて最も単純な系にこだわることで得られた成果であった．この反応の開拓により限定されていた探索合成の幅が格段に広がるとともに，安価な製法により実用性も高まった．新規反応の開発が，その後の研究の展開にいかに重要であるかを知った最初の経験である．

ピラゾールは自在に合成できるようになったものの，水田用除草剤を目指す探索は出口を見いだせない日々が続いた．そんなある日，生物屋から「これはトウモロコシで行けるかも知れない！」という連絡が入った．苦し紛れの思いつきで導入した置換基（-SO_2CH_3）が運命を変えた．今まで，この化合物群はコストが高く，特性的にも日本の水田限定という伝説を捨てた瞬間であった．

その後，数年の探索の結果，トウモロコシに高い選択性を示す，当時あった同系統の先行剤の数十倍の除草活性をもつ NC-324 を発見することができた．

この化合物の合成には比較的合成が難しく高価な多置換安息香酸が必要であった．それを簡便に合成する一つの方法として，Pd 触媒によるカルボニル化反応を検討していた．高価な Pd 触媒を用いて安息香酸のみを合成するのはもったいないと考え，ある日，ピラゾールを共存させて工程の短縮化を試みた．反応処理後に NMR を測定したとき，背筋に鳥肌が立ったのを今でも鮮明に覚えている．生成物は当初目的のピラゾール安息香酸エステルではなく，さらに Fries 転位まで進行した最終目的物であった（図4）†．想定外のブレー

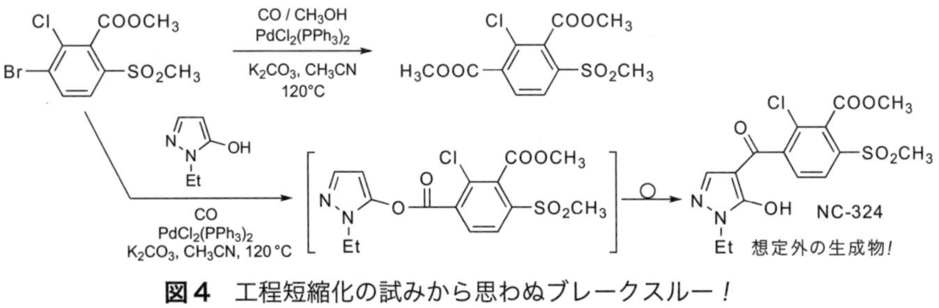

図4 工程短縮化の試みから思わぬブレークスルー！

POINT

農薬はコストも非常に重要である．いかに優れた化合物も安価な合成法なくしてはあり得ない．安価な試剤による合成法開発にこだわることが後の開発にきわめて重要！

成功へのカギ ①

反応は時として予期せぬことが起こり，思い込みによる見落しも多い．この発見の場合，生成物は当初予定の有機層にはまったく存在せず，想定外の生成物 K 塩として水層に存在していた．水層を捨てていたら発見にはつながらなかった．

クスルーにより，ベンゾイルピラゾールの実用化が一気に現実味を帯びてきた．本格開発に向けて探索を強化し，化合物の絞り込み含め，事業部・生物評価・安全性を専門とする研究者たちと熱い議論を交わした．残念ながら本系統の化合物の実用化は実現しなかったが，強い一体感で互いを支え合う仲間の存在が仕事を進めるうえでいかに大事かを知る研究テーマであった．

当社が本化合物開発を諦めた後，続々と他社から多くの特許が出願され，実用化に至った化合物も多い．実に嬉し悲しい話である……．

液相酸化によるピラゾールカルボン酸の合成

ヘテロ環化合物・触媒反応に馴染みを覚えた頃，プロセス開発部門へ異動することになった．そして，当時，最重要テーマであったスルホニルウレア系除草剤のうち，ピラゾールカルボン酸の合成プロセスを担当することになった．この反応はピラゾール環炭素上のメチル基のみを選択的に酸化して，目的のカルボン酸を得ようとするものである．

最初は過マンガン酸カリウムによる反応を試みたが，条件を精査しても収率はせいぜい40％止まり．さまざまな酸化方法を調査・検討し，触媒的酸素酸化に絞り込んで検討を行うことにした．Co-Mn-Brを主成分とする触媒系が良好な結果を与えることは比較的早い段階で発見したものの，高収率で高選択的な反応系を構築することは非常にたいへんであった．今になって思えば簡単なことであるが，使用するオートクレーブの材質が反応に大きな影響を与えることがわかった．その事実を知るのに長時間を要した．反応は酸素-触媒存在下，酢酸溶媒で行うのだが，オートクレーブを腐食性雰囲気にさらしているため，微量の金属成分が溶出する．検討の結果，とくに鉄が反応に対して負の影響を与えることが判明した．その後，従来のステンレスからハステロイ[*2]へ，最終的にはチタン製オートクレーブに切り替えることにより，安定した結果が得られるようになった(図5)．

> **POINT**
> 触媒反応では系内の微量異種金属も反応に大きく影響することがある．検討初期から微量金属等の分析を行い，触媒系への影響の有無を把握しておくことが後戻りしないためにも重要である！

*2　ニッケルを主成分する合金でモリブデンやクロム，鉄などを含有．耐酸化性や耐熱性が高い金属であるため，腐食性環境や高温環境での使用に向く．

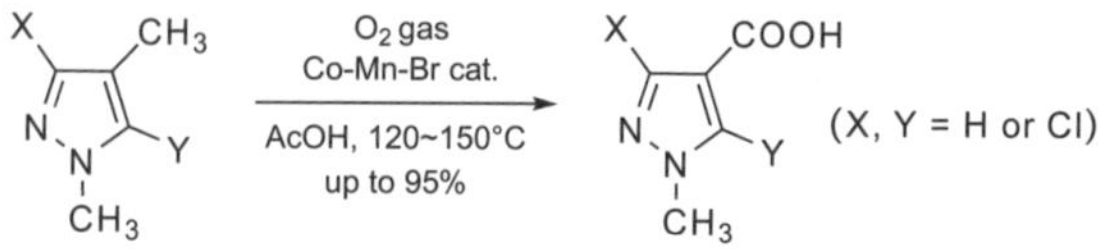

> **POINT**
> フラスコ中の反応がそのまま工業化できるとは限らない．スケールアップの過程で化学工学および関連適用法規の制約により，反応条件の大幅な変更が必要となる．工業化の検討は，これらすべてをクリアするため膨大な作業となる．

図5 ピラゾールの選択的液相酸化反応

反応系が安定したのちに，バッチ式反応で数百もの条件を試して，基本的な条件を設定することができた．ところが酸素-有機溶媒の系で爆発範囲を避ける必要があること，さらに生産性を高める必要から，工業化は連続式反応で行

うことになった．改めて絞り込まれた反応条件の周辺を連続式反応器で数百回も試み，晴れて工場技術課へ技術移転を実現することができた．

余談ではあるが，連続式反応では定常状態になるまで長時間を要する．高温高圧で酢酸を用いて長時間実験を行うわれわれチーム全員の身体には酢酸臭が染みつき，当時，われわれは研究所の嫌われ者集団であった．

裏テーマから生まれた新反応

当時(今でもそうであるが)，当社では主たる業務と並行して裏テーマを行える風土があった．筆者はオートクレーブを用いた触媒反応を担当していた関係で，常に隣で別の反応を試行していた．その過程でピラゾールの N-アルキル化反応，N-アルケニル化反応などの新規触媒反応を見いだすことができた(図6)．

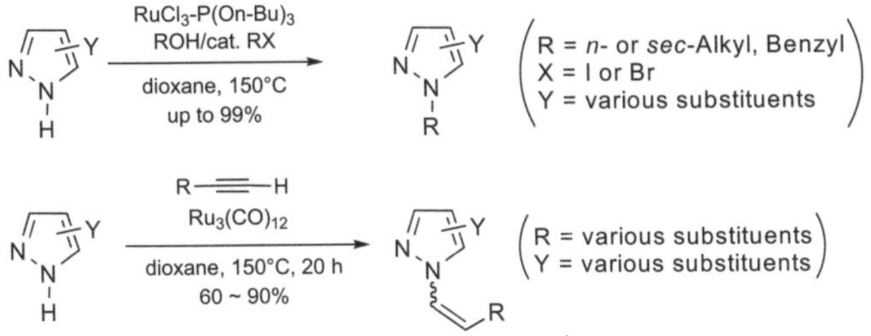

図6 ピラゾールの新規触媒反応

その後もピラゾールを用いた触媒反応の研究を続け，多くの発見をすることができた．当時，遷移金属はホスフィン系配位子が常識であり，そのなかでピラゾールを扱っていた．時がたち，現在は遷移金属とピラゾールを含む，さまざまな含窒素ヘテロ環配位子が開発されている．自由な環境のなかでピラゾールの触媒反応を研究するうちに，知らぬ間にその配位現象による驚きの発見に出会っていたのかもしれない．

常識にこだわらない考え方，それを許す研究環境，仲間の存在に感謝するとともに，だからこそ研究は人間にしかできないと強く感じた時代であった．

◆◆◆

今は自ら実験できない立場となったが，今でも夢・仲間・情熱の三つが自分を支え，その上に達成された創造が自分を成長させてきたと考えている．若い方がたも研究に夢と情熱をもち，またよき仲間を求めて社会に羽ばたき，創造とともに成長して欲しいと心から願っている．

日産化学の研究開発へようこそ！

■ 研究分野	農薬・医薬のライフサイエンス，電子材料などの機能性材料およびその境界分野．
■ スタッフの人数	研究開発人員は 400 名強．全社員の 1/4 が研究に携わっている．
■ 研究員の概要	広範な研究に対応するため，出身学部は化学から生物系までさまざま．自分にないものをもつ者同士が切磋琢磨し，互いを高め合い成長している．
■ 研究内容	有機合成を基盤として農薬・医薬のライフサイエンス，電子材料等の機能性材料研究に注力している．一方，そこで培った生物評価力，材料特性評価技術を有効に活用し，光制御材料や細胞培養材料など，新たな事業分野へ進出するテーマを積極的に展開している．
■ テーマの決め方・研究の進め方	テーマの大きなくくりは事業部企画開発部門と研究所幹部で決定．具体的な詳細テーマや進め方は研究所主体で決定する．研究所で進めて事業化もしくは本格開発に相応しいと判断したテーマを事業部・経営に提案するかたちが基本的．
■ ミーティングの内容，回数	グループのミーティングは日常的．組織単位が大きくなるに従い 1 回／月～数回／年．年に 1 回，全研究員が一堂に会する研究交流会を開催．原則，若手からトップまで全員参加．
■ こんな人にお勧め	若手研究員でも責任ある立場や裁量が与えられる．またどの研究分野でも情報の風通しがよく，全体のなかでの自分の立ち位置や役割が明確にわかる環境がある．仲間とともに切磋琢磨し，大きく成長したい人にはお勧めの企業．
■ 実験環境	安全面含め実験環境は良好．有機合成関係はもちろんのこと，機能性材料分野の評価・解析関係の機器・クリーンルーム，また生物関係の評価設備も非常に充実しており，有機合成との協業が容易に可能．
■ 裏　話	異分野研究者間の協業でボトムアップ的にテーマ化し，事業化した事例も多い．最近では動物薬フルララネルや細胞培養材料など，境界領域での協力がなければ成し得なかった例がある．
■ 興味のある方へのアドバイス	若手でも責任ある立場やテーマが与えられ，互いに風通しのよい環境がある．このような環境の当社ではグループ・仲間での協力が不可欠．気張らずに素直に自分を表現し，互いを尊重しながら積極的にコミュニケーションを取ることが非常に重要．この仲間意識を基本に楽しく研究を行い，成功体験を積み重ねて欲しい．これが，当社が望む人材となること間違いなし！

【特徴】
製品数は少ないながらも，「革新的新薬」を目指す当社の医薬研究理念のもと，世界に先駆けた画期的な製品を創出．

研究・技術開発こそ明日の東レを創る

東レ株式会社
医薬研究所

【研究分野】
高齢化，難治性疾患の克服をキーワードに，重点領域を「神経疾患（痛み，痒みおよび神経変性疾患）」と「腎・自己免疫・がん」と定め，合成医薬と生物医薬の両面から創薬研究を行っている．

【強み】
有機合成化学，生体への深い理解に基づく総合科学としてのメディシナルケミストリー，バイオテクノロジーに加え，異分野との融合を推奨する社風．

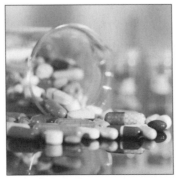

【テーマ】
「革新的新薬」を目指し，重点領域を踏まえ，トップダウン，ボトムアップによる提案を織り交ぜたテーマや社内の他研究所や社外との連携を活かしたテーマに取り組んでいる．

経口薬 ベラプロストナトリウムの開発
～難易度の高い課題にチャレンジ～

1976年にVaneらによって発見されたプロスタグランジンI_2(PGI_2)は，血小板の内皮細胞への粘着，凝集を阻害して血栓形成を抑制するとともに，血管を拡張させることで血液循環を制御している．そのため，PGI_2の投与が末梢循環障害の改善に有効であると期待されたものの，PGI_2は化学的に不安定で，中性水溶液中でも短時間でエノールエーテル部分が加水分解されてしまう．この不安定さが医薬品，とくに経口薬としては致命的な欠点であった(図1)．

そこで，国内外の大学・企業において経口薬を目指した安定なPGI_2誘導体の研究が開始され，東レ（株）基礎研究所においてもPGI_2の構造開示直後より同様の研究を開始した．その際，PGI_2のエノールエーテル構造中の酸素が活性発現に重要との仮説に基づき，ベンゼン構造を組み込んだ*m*-フェニレン

林　亮司(はやし りょうじ)
1989年　東京工業大学大学院総合理工学研究科博士前期課程修了．

図1　PGI_2と関連化合物

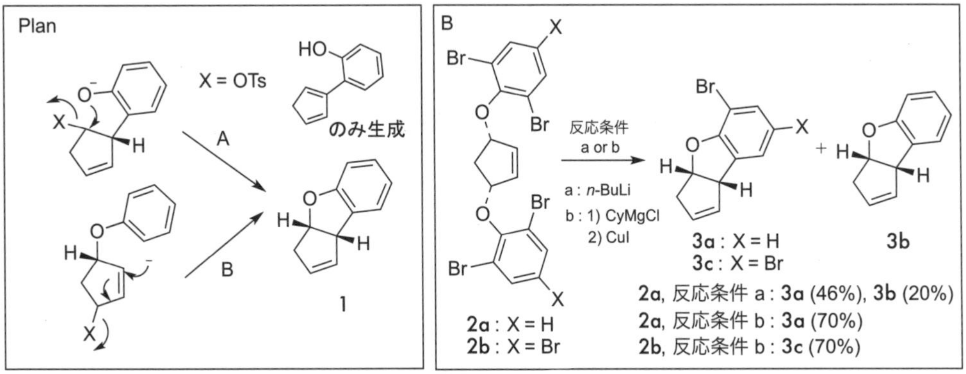

図2 主骨格部分の構築

PGI₂誘導体を創案した．この考えが功を奏し，m-フェニレンPGI₂誘導体であるベラプロストナトリウムが経口投与可能な安定PGI₂誘導体として世界で初めて実用化された．ここでは，主骨格部分の構築を中心に，m-フェニレンPGI₂誘導体の合成研究について述べる．

独自の反応で独自性の高い誘導体を創出

　新規な構造を創案したものの，ジヒドロシクロペンタ[b]ベンゾフラン**1**の合成法は知られておらず，まず，図2の方法A（シクロペンテニルフェノールからの閉環反応）を検討したが，脱離反応の優先などの問題が生じた．

　そこで，方法Bのフェノキシシクロペンテンからの閉環反応を検討したところ，3,5-cis-ビス(2,6-ジブロモフェノキシ)シクロペンテン**2a**をn-ブチルリチウムで処理すると分子内S_N2'反応が進行し，目的のジヒドロ-3H-シクロペンタ[b]ベンゾフラン**3a**が得られた．独自の構造を独自の反応で手にした第一歩であった．

　しかしながら，収率は46％で，副生成物として脱臭素体**3b**が20％得られた．この原因をn-ブチルリチウムと生成物の金属ハロゲン交換反応と考察し，n-ブチルリチウムより反応性の低いGrignard反応剤の利用を考えた．一般にGrignard反応剤のみでは芳香族ブロミドの金属ハロゲン交換はほとんど進行しないとされているが，この場合は酸素への配位効果により，酸素のオルト位臭素が反応しやすいと期待したからである．2,4-ジブロモアニソールを用いたモデル反応で選択的金属ハロゲン交換の良好な結果を得たことから，3,5-cis-ビス(2,6-ジブロモフェノキシ)シクロペンテン**2a**を塩化シクロヘキシルマグネシウム，続いて触媒量のヨウ化銅で処理したところ，環化反応が進行し，目的のジヒドロ-3H-シクロペンタ[b]ベンゾフラン**3a**が収率よく得られた．ま

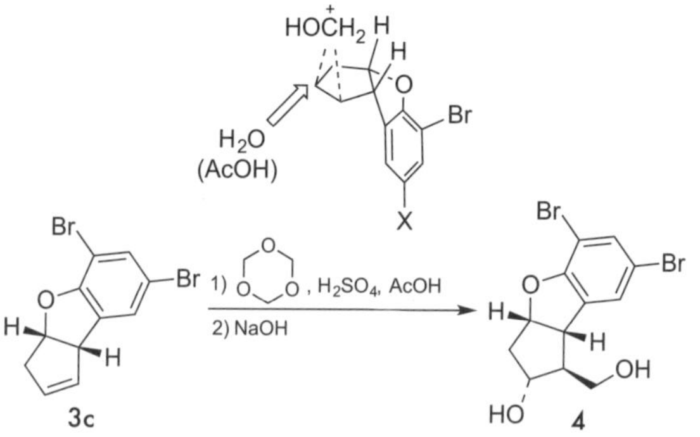

図3 Prins反応による位置・立体選択的なジオール合成

た，3,5-*cis*-ビス(2,4,6-トリブロモフェノキシ)シクロペンテン **2b** を原料に用いた場合も，対応するジヒドロ-3*H*-シクロペンタ[*b*]ベンゾフラン **3c** が収率よく得られた．独自性の高い誘導体創出への期待が大きく高まった瞬間であった．

期待通りに進んだ立体選択的な反応

続く課題は，プロスタグランジンの特徴的な構造である11位へのヒドロキシ基と12位へのω側鎖の立体選択的な導入である．ここで，*m*-フェニレン型という特徴的な構造が効果を発揮すると期待した．すなわち，図3に示す通り*m*-フェニレン構造は屈曲しているため，この分子にカルボカチオンを反応させれば，*exo*側からのカチオンの配位が起こり，続いて*endo*側から水の求核攻撃が起こると考えられる．このような形式の反応としてはPrins反応があり，実際にコーリーラクトンの合成にも応用された報告があった．さらに，*m*-フェニレン誘導体の場合はベンゼン構造が組み込まれている分*endo*面の立体障害が大きく，コーリーラクトンへの適用よりもカチオン配位の立体選択性向上が期待できる．また，続いての求核付加の際も，ベンゼン部分の立体障害を避けるように水が求核付加することで，位置選択性が高まると期待できる．

以上の考えから，ジヒドロシクロペンタ[*b*]ベンゾフランへのPrins反応を試みた．5,7-ジブロモ-3a,8b-*cis*-ジヒドロ-3*H*-シクロペンタ[*b*]ベンゾフラン **3c** を原料としてさまざまな反応条件を検討したところ，酢酸溶媒中，触媒量の硫酸とともにトリオキサンと反応させ，続いてアルカリ加水分解することで，期待通りの立体構造をもつジオール **4** を収率よく単離できた．

以上の検討により，位置・立体選択的な反応を鍵とした，独自性の高い*m*-フェニレンPGI$_2$誘導体主骨格部分の合成法が確立できた．また，プロスタグランジンに特徴的なα側鎖およびω側鎖については，α側鎖は主骨格環化時に用

POINT

m-フェニレン型の骨格は直感的に思いついた構造のなかの一つであったが，デザイン的に多少懸念があった．受容体との相互作用において，余計な立体障害が生じる可能性があるからだ．そのうえ，この化合物は従来の合成法の組合せだけでは素直に合成できそうもなかった．そこで新しい合成法の開発が必須であったが，そのことで泥沼にはまり込む可能性が十分あった．このような研究対象を多くの研究者は避けるものである．しかしながら，少数戦力で世界と戦うには，多くの研究者がチャレンジしそうもないところに活路を見いだすことも一つの考え方であり，そのような考えに賭けたことが成功に導いたともいえる．

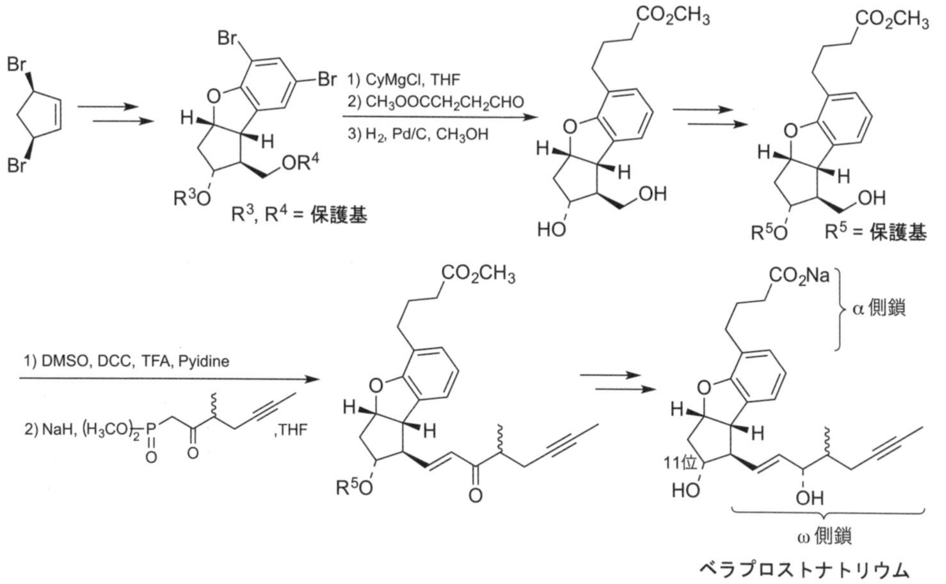

図4 ベラプロストナトリウムの合成

いた選択的な金属ハロゲン交換反応とそれに続くアルデヒドとの反応，ω側鎖については一級ヒドロキシ基のMoffatt酸化とそれに続くHorner-Emmons反応により，収率よい導入を達成した（図4）．詳細は特許および文献を参照されたい．

主骨格部分の構築後，ω側鎖を最適化し，さらにカルボン酸をナトリウム塩として，ベラプロストナトリウムを創出することができた．

◆◆◆

このベラプロストナトリウムは世界初の経口投与可能なPGI_2誘導体であり，本化合物を有効成分とする製剤は，現在「慢性動脈閉塞症に伴う潰瘍，疼痛および冷感」，「原発性肺高血圧症」，「肺動脈性肺高血圧症」に効く薬として使用されている．

独自性の高い構造を創案し，その構造を活かした合成反応を駆使して新薬を見いだしたことは，まさに創薬化学の醍醐味であった．

医薬研究所へようこそ！

■ 研究分野	「革新的新薬」を目指した創薬研究を実行.
■ スタッフの人数	非公表.
■ 研究員の概要	医薬研究所では，有機合成化学・創薬化学・薬理学・分子生物学・薬物動態学・毒性学など，さまざまな専門をもつ研究者が研究に勤しんでいる．合成研究者は，理学・工学・薬学など出身はさまざま．
■ 研究内容	基礎研究から新規事業のシーズを発見することを目的に 1962 年に設立された基礎研究所は，幅広い分野において多くの重要な成果を生みだし，東レの新事業拡大に貢献してきた．その後，基礎研究所は担当事業分野をライフサイエンスに特化し，さらに医薬分野とすることを明確にするために 1999 年に医薬研究所と改称．現在は「革新的新薬」を目指す当社の医薬研究理念のもと，世界に先駆けた画期的な新薬を目指した研究を行っている.
■ テーマの決め方・研究の進め方	研究グループや研究者個人からの提案はもちろん，研究所間連携や社外との連携も活かしたテーマを提案．提案されたテーマは，所内あるいは社内研究所全体でのテーマ検討会などで議論し，ブラッシュアップされる．テーマはマイルストンを設定し，定期的に進捗を確認しながら進めていく.
■ ミーティングの内容，回数	専門分野ごとの技術的なミーティングや同一テーマにかかわる異なる分野の研究者が集うテーマミーティングなどを，研究状況に合わせて定期的に実施．また，有志による自主的な勉強会なども行われている.
■ こんな人にお勧め	東レはグローバルにさまざまな事業を展開している．さらに，異分野・異文化をうまく取り込み，融合によって新たな価値を創造することが東レの研究・技術開発の特長である．興味の対象を限定せず，幅広くチャレンジしたい方にお勧め.
■ 実験環境	医薬研究所は，都内まで公共交通機関で 1 時間程度，江ノ島には数 km という立地．合成実験室は，建物は古いが，ドラフト設備などを順次更新している．研究者一人あたりの実験スペースは大学より広いと思う.
■ 裏　話	医薬研究所本館はウルトラマンの撮影に使われたことで有名．この建物の設計者は近代建築の巨匠ル・コルビュジエに師事した坂倉準三氏で，建設当時は建築雑誌にも掲載された.
■ 興味のある方へのアドバイス	「深は新なり」は，東レの研究者・技術者の DNA ともいうべきキーワードとして語り継がれている．これは，一つのことを深く掘り下げていくと次の新しい何かが見えてくるという考え方．皆さんもご自身の研究を徹底的に深め，新しい発見につなげてほしい．その成功体験が，次の発見にもつながるはず.

【特　徴】
「日本発の世界トップクラスの研究開発型ライフサイエンス企業」として新しい価値の創造に挑戦し，世界の人びとの健康と豊かさに貢献している．

バイオと化学の力で
　　　ものづくり

協和発酵キリン株式会社
研究開発本部

【研究分野】
腎，がん，免疫アレルギー，中枢神経の四つのカテゴリーで未充足な医療ニーズに応える画期的な医薬品を継続的に創製し，いち早く上市することを目指している．

【強　み】
バイオ医薬品で培った研究開発力と製造技術力をもとに抗体医薬，低分子医薬，核酸医薬の革新的な新薬の開発を行っている．

【テーマ】
非公表．

KW-4490 の実用的合成プロセスの開発
～三つの合成ポイントに三つのトピックス～

KW-4490 は，協和発酵キリン(株)で創製されたホスホジエステラーゼ 4 阻害薬である．この KW-4490 が喘息や慢性閉塞性肺疾患の治療薬候補として急浮上したのは，ある年の 9 月であった．臨床試験で必要となる大量の原薬をいち早く供給すべく，われわれプロセスケミストはプロジェクトに加わった．

KW-4490 の構造上の特徴は三つあげられる（図 1）．ベンジル位の第四級炭素に置換したニトリル，電子豊富な四置換ベンゼン環，そしてシクロヘキサン環上のシス／トランス異性である．これらは，本合成における三つのトピックスをそれぞれ提供することとなった．

探索ステージの合成法から新規反応を着想

プロセス研究の第一手は，既存合成法の解析が定石である．探索合成陣はグラムスケールでは十分といえる合成法を確立していた（図 1 上段）．カテコール 1 の選択的臭素化と，それに続くジオキサン形成により四置換ベンゼン 2 とする．次に，ケトン 3 への付加により得られるアルコール 4 を，ニトリル 5 へと変換．最後に，シス／トランス混合物からシス体を分離し，加水分解することで KW-4490 を得る．短工程でシンプルな合成法である．

しかし，キログラムスケールを想定すると，ブロモ体 2 をリチオ体としケトン 3 に付加する工程が問題となった．再現性に乏しく，収率は 20〜50％，得られる 4 は油状のシス／トランス混合物であった．つまり，精製手段として結晶化を利用できず，大量合成に不向きなカラムクロマトグラフィー精製が不可避である．抜本的なルート改良が必要となった．鍵となる「ベンジル位の第四級炭素に置換したニトリル」の合成法を文献調査したが，前例は乏しく，KW-4490 に適用できそうな手法はなかった．探索ステージの合成法を再度見直してみると，アルコール 4 に対するシアノ置換は，高収率かつ再現性に優れた反応であり，ここから新規合成法の着想を得た．

柳沢　新（やなぎさわ あらた）
協和発酵キリン株式会社 購買部 原材料グループ長．1971 年 神奈川県生まれ．1996 年 東京工業大学大学院理工学研究科修了．

安東恭二（あんどう きょうじ）
協和発酵キリン株式会社 研究開発本部 研究機能ユニット 化学研究所 プロセス化学グループ 研究員．1967 年 大阪府生まれ．1988 年 大阪府立工業高等専門学校工業化学科卒業．

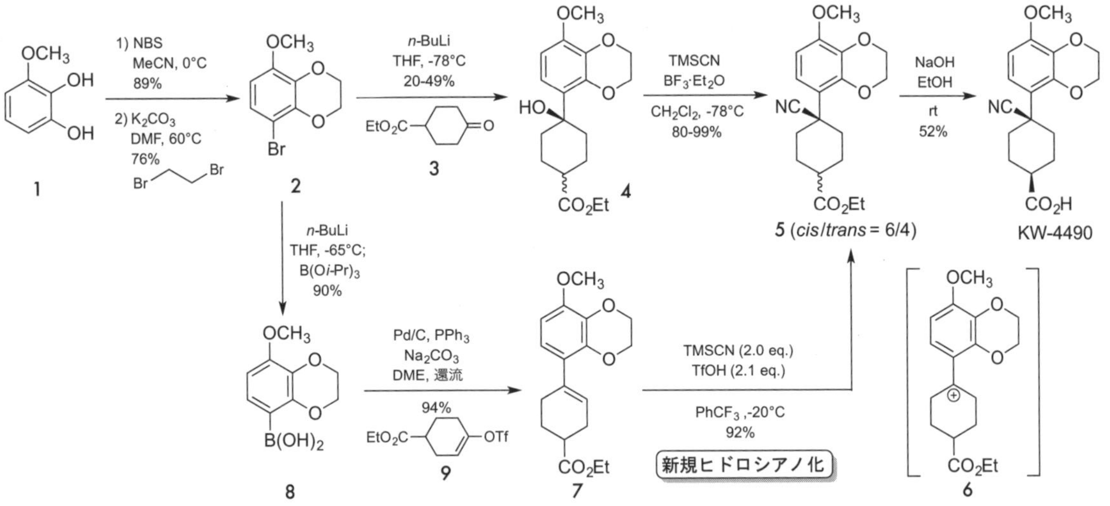

図1 探索ステージのKW-4490合成法と新規ヒドロシアノ化

方向性を決定づけたヒドロシアノ化の開発

アルコール4のシアノ化はベンジルカチオン6を経由しているはずであり，カチオンはヒドロキシ基の脱離以外にも二重結合のプロトン化でも発生しうる．よってシクロヘキセン7からニトリル5へと変換できると予想した．このヒドロシアノ化という反応は調べてみると古くから知られていたが，高温高圧下でシアン化水素と酸あるいは金属触媒を用いる必要があり，ファインケミカルへの適用例はほとんどなかった．われわれには，シクロヘキセン7の電子豊富な二重結合ならば，より温和な条件でプロトン化されてカチオン6を与え，続くシアノ化まで進行するとの期待があった[†]．

早速，7を用いたシアノ化の検討に着手した．7の合成は後述するが，当初は4の分解物として単離されていたものを用いた．シアニド源としてトリメチルシリルシアニドを用い，種々のブレンステッド酸で処理したところ，スルホン酸類とりわけトリフルオロメタンスルホン酸を用いた場合に，所望のニトリル5が生成することが明らかとなった．プロセス研究に着手して1か月，この知見がKW-4490のプロセス研究の方向性を決定づけた．試薬量や温度を検討し，図1の最適条件に至った．溶媒はジクロロメタンなどのハロゲン系が好適であったが，環境に配慮し，揮発性が低く，塩素を含まないトリフルオロトルエンを選択した．スケールアップ時の再現性も良好であった．

思いのほか順調にアルコール4を経由しないニトリル5の合成法が成立したことから，その基質シクロヘキセン7の大量合成に着手した．まず鈴木-宮

成功へのカギ①

合成はよく登山にたとえられるが，鍵中間体はベースキャンプといえる．本例ではシクロヘキセン7がそれだ．さまざまなアプローチが可能で，結晶・高純度化が容易などの利便性に優れている．未踏だった頂上へのルート（ヒドロシアノ化）を早期に開拓したことで，腰を据えてベースキャンプを軸としたプロセス研究に取り組むことができた．

成功へのカギ②

よいベースキャンプ（鍵中間体）は，医薬品ではレギュレーションの観点でも重要だ．臨床試験が始まってから合成ルートを大幅に変更する場合，安全性の観点から新たな不純物を含まないことなどが厳しく求められる．しかし，鍵中間体で高純度化できることを確保しておけば，そのリスクと労力を軽減することができ，ひいては研究の可能性を広げることができる．

浦反応を用いたルートがすぐに成立したが（図1下段），カラムクロマトグラフィー精製と低温反応が避けられず，よりスケーラブルな別法が求められた．

成功に導いた Diels-Alder 反応と動的異性化晶析

標的がシクロヘキセンということで，Diels-Alder 反応を試したくなった．反応条件の過酷さゆえ工業化には敬遠されがちだが，紙に書いたジエン 12 の電子豊富なベンゼン環を眺めていると，反応性的にも選択性的にもおあつらえ向きではないかと思えた（図2）．ジエン 12 は，ケトン 10 から得られるアリルアルコール 11 を，触媒量の弱酸（PPTS）存在下で加熱すると，速やかに生成した．そしてアクリル酸エチルとの Diels-Alder 反応は，100 ℃において，数時間であっさりと完結した．ジエン 12 は若干不安定であったため，二つの反応をワンポットで行ったところ転換率は 94% まで達した．位置異性体 13 が 14% 副生するものの結晶化で除去でき，高純度の 7 が 72% の単離収率で得られた．本反応は 100 kg 以上のスケールでも再現性良く進行し，温和な条件で Diels-Alder 反応を実用化した稀な例となった．

さて，ヒドロシアノ化の工程に立ち戻ろう．ニトリル 5 は約 6/4 のシス／トランス混合物であり，この比率は頑なに一定であった．小さなシアニドイオンがカチオン 6 に接近する際，裏表の環境差がほぼないためと思われる．よって，トランス体をシス体に変換することが求められた．エステルのα位が塩基条件で容易に異性化することがわかったものの，その平衡点は残念ながらシス／トランス＝75/25 であった．やむなく，シス体を結晶で取りだしたあとのトランス体リッチな"ろ液"からシス体を得る手法を検討していたところ，何回目かの実験で，異性化のさなかにシス体が少し析出していることに気がついた．そこで，貧溶媒としてヘキサンを加え，結晶がよりたくさん析出したまま異性化を行ってみた．固唾を飲みながら HPLC のチャートがでてくるのを見守った．シス／トランス比は，初めてのトライにして，なんと 96/4 となっていた．溶媒比率や温度を最適化し，シス／トランス比を 99/1 まで大きく偏らせることができた．この現象は一般に「動的異性化晶析」と呼ばれ，異性化と結晶化が，同時に起こることが必要で，基質の物理化学的性質にも大きく依存することから，非常に幸運でもあった[†]．

最終的な合成プロセスを図2に示す．カテコール 1 から出発し，位置選択的アセチル化によりケトン 10 とする．ビニルマグネシウム試薬の付加で得られる 11 を未精製のままワンポットで脱水−Diels-Alder 反応に供してシクロヘキセン 7 とし，今回新規に確立したヒドロシアノ化反応でニトリルを導入し，動的異性化晶析という思いがけない現象によりシス-5 に収束できた．最終的

成功へのカギ ③

動的異性化晶析を見いだすまでは，不要なトランス体を多く含むろ液をシス体に異性化して回収するという実に面倒くさい方法をとっていた．このプロセスを「もっとシンプルなものに改良してあげたい！」という強い思いが，発見のドライビングフォースになったと思う．

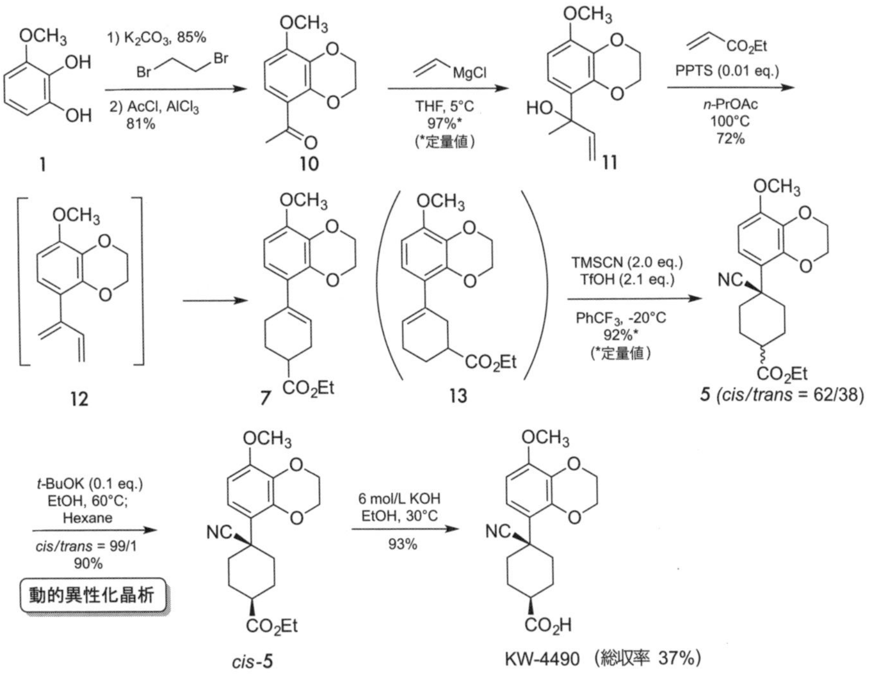

図2 最終的な合成プロセス

にエステルを加水分解し，純度99.9%以上のKW-4490を取得した．この合成法を適用して，最大30 kgを製造した．全7工程のうち4工程がC–C結合生成反応で，総収率は37%である．シンプルな合成素子を利用した直截的な合成法といえると思う．

◆◆◆

KW-4490は分子量317の小さい分子だが，大きな合成的広がりを見せた．最初の臨床試験用の原薬6 kgを製造したのは，プロセス研究に着手してからほぼ1年後の秋だった．タイムリーに原薬を供給することで，開発初期の駆動力となったと思う．また，ケミストリーの観点では，対象化合物の特性を巧く活用することで，新規ヒドロシアノ化の開発や，Diels-Alder反応の工業化，珍しい動的異性化晶析などの見所を盛り込みつつ，全体を通して温和かつ簡便なプロセスに仕上げることができた．

本稿ではおもに，ブレイクスルーの瞬間にフォーカスして紹介したが，本文で「最適化」の一言で済ませたなかにもプロセスケミストの汗と工夫が詰まっている．これから化学者としてキャリアを築いていく皆さんには，ぜひプロセス化学の醍醐味を味わうことも選択肢に入れてもらえればと思う．

化学研究所プロセス化学グループへようこそ！

■ 研究分野	低分子医薬，核酸医薬等の原薬のプロセス開発および初期合成研究支援．
■ スタッフの人数	非公表．
■ 研究員の概要	反応開発，全合成，核酸合成などの種々の有機合成化学分野で研究している化学系，薬学系研究室の出身者が多い．入社後，創薬化学，プロセス化学の双方の経験を積んだ研究員もいる．
■ 研究内容	有機合成化学や分析化学を駆使し，併せてレギュレーションを考慮しながら，低分子医薬（合成化合物，天然物），核酸医薬等の医薬品候補化合物の前臨床試験や臨床試験用の原薬，および上市品原薬の安定安心な供給に向けたプロセス開発研究を行っている．また，メディシナルケミストと早期から密に連携しながら，化合物の探索研究を積極的に支援し，新薬の創製に貢献．
■ テーマの決め方・研究の進め方	試験段階の原薬製造などに関連した研究テーマが多い．スケジュールを意識し，先輩，上司らと議論を交わしながら，研究員の自由な発想を大切にして日々研究を行っている．
■ ミーティングの内容，回数	自身の担当プロジェクト，所属グループ，研究所等でさまざまな規模のミーティングがある．日々の業務に関するもののほか，グループや有志，先輩社員による勉強会などが週～月毎に開催され，活発に議論されている．
■ こんな人にお勧め	自分のもつ有機合成化学の力を最大限に駆使し，また多くの仲間とともに互いの力を磨きあげ，製薬企業のものづくりのプロとして，安全安心な医薬品と笑顔を世界の人びとに届けたい方．
■ 実験環境	白壁が映える研究棟で化合物探索からプロセス開発に関係する多様な研究員が研究している．広い居室ではお互いの顔がよく見え，円滑にコミュニケーションできる．オフィスからは美しい富士山も見える．
■ 裏話	プロセス化学グループが所属する化学研究所には，メディシナルケミスト，ケミカルバイオロジスト，データサイエンティストなどの多様な研究者が共存していて，スペシャルな知識・経験が交わる環境である．
■ 興味のある方へのアドバイス	医薬品を患者さんに届けるまでには長い研究期間が必要であり，また多くのハードルを越えなければならない．まず大学での研究を通じて，困難を乗り越える突破力を養い，一方で研究の楽しさも知って欲しい．さらに，研究での高い専門性に加え，多くのことに関心をもち，広い視野で物事を考えられる力も大切．また，会社という大きなチームで仲間とともに研究を進めるうえで，熱意と誠実さも欠くことはできないと考えている．

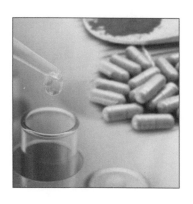

【特 徴】
有機合成と微生物を用いたバイオ反応の融合を武器に,医薬品のラボにおける合成ルート開発から実機生産に向けたスケールアップ技術の確立まで対応できる,スペシャリスト集団.

創意と情熱に満ちた研究開発型企業

株式会社カネカ
QOL事業部

【研究分野】
有機合成反応,および微生物由来の酵素を用いた反応を駆使した合成ルートの開発,化学工学の理論に基づく各種製造条件の設定など,医薬品製造にかかわるプロセス開発研究.

【強 み】
合成ルート構築や品質制御,コストダウン,スケールアップ技術に至るまで,モノづくりに関連するあらゆる課題をスピーディーに解決する.

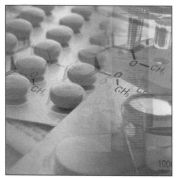

【テーマ】
医薬品原薬,および医薬品中間体(GMP上の重要中間体,出発原料含む)に関する,ルート構築と製造プロセスの開発.

抗C型肝炎薬鍵中間体のプロセス開発
～いかに迅速かつ満足に顧客への製品供給を果たすか～

医薬品の製造工程では，最終製品(原薬)に混入する不純物を制御することは非常に重要である．一般的に原薬となる化合物は，多段階の反応を経て製造されるが，各工程で副生する多くの不純物を最終工程のみで精製して，原薬の品質を制御することは難しい．したがって，製造工程の中間体(および原料)において不純物の規格を設け，その規格を満たすものを使用することによって原薬に混入する不純物を制御している．したがって，中間体での不純物管理は原薬の品質を確保する意味で非常に重要で，そのプロセス開発では，設定された不純物規格値を安定的に満たす製法開発が最重要課題である．

近年われわれは，抗C型肝炎薬(テラプレビル)を開発している新薬メーカーへの供給目的で，その鍵中間体(化合物1)の製法を開発した(図1)．C型肝炎

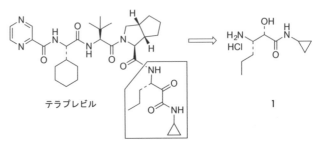

図1　テラプレビルとその鍵中間体(化合物1)の構造

岸本成己(きしもと なるみ)
株式会社カネカ QOL事業部 技術統括部 研究開発グループ 医薬品開発チーム 主任．1974年 兵庫県生まれ．1999年 信州大学大学院工学系研究科修了．

の患者数は，WHOの推計によると世界中に1億3000万～1億5000万人といわれており，最近は経口抗ウィルス薬の開発が盛んに行われている．そのなかでも本薬剤(テラプレビル)は，当時，新規な作用機序をもつプロテアーゼインヒビタータイプの抗C型肝炎ウィルス薬の第一号として注目を浴びていた．

われわれは化合物1のプロセス開発を進めるなかで，不純物制御に向けた検討を実施し，製造工程で副生する不純物量を極力抑えられる製法を開発したので，その内容を以下に紹介する．

初期段階のプロセス開発研究

顧客である新薬メーカーから化合物1の供給に関して短期間での納入を求められていた. われわれは急きょ, 製法を確立するために, 当社が保有する技術（WO987687, WO0053575：化合物2→4の光学活性アミノアルコール合成に関する特許）を活用できる下記のルートの開発を進めることを決定した（図2）.

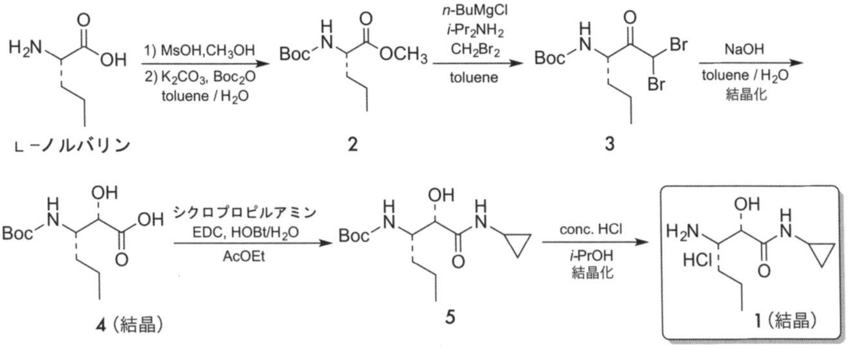

図2 化合物1の製造ルート（初期製法）

本製法は, まず原料（L-ノルバリン）の保護体（化合物2）からジブロモメタンによる増炭反応で化合物3を製造する. ついでアルカリ加水分解により立体制御されたN-保護アミノ酸（化合物4）を製造し, さらにアミド化, 脱保護によって化合物1を得る.

われわれはこの製法の検討を急いで進め, ラボでの基礎処方を確立した. 引き続き, ラボ（グラムスケール）で設定した処方の妥当性を検証する目的で, パイロット設備（数キロスケール）での実験を実施した. その結果, アルカリ加水分解工程（化合物3→4）において, 反応液中のエナンチオマー副生量がラボで1～2%であるのに対し, パイロットでは5%まで増加する問題に直面した. 実機生産が直前に迫っていたため, その増加の原因を急きょ究明することにした.

加水分解工程（化合物3→4）は, 化合物3の溶液をNaOH水溶液に0～10℃で添加し同温度で反応させる. ラボとパイロットのデータを詳細に比較すると, 化合物3を添加する際の内温上昇がラボでは「1℃」であるのに対し, パイロットでは「4℃」と大きいことがわかった. この上昇温度差に着目し検討を進めた.

ラボでは反応液量に対して十分量の冷却媒体を用意でき, 除熱も容易である

POINT

不純物は, 反応で副生量を抑制するか, あるいは抽出や精製操作で除去するか, どちらかで制御する必要がある. 不純物の構造や副生機構に加え, 製法構築のなかで取得した数多くのデータを吟味し, どのように制御するのが効果的かを見極め, 不純物制御法を確立する.

が，パイロットや実機では一般的にラボと比較して除熱律速になりやすい．上記パイロット実験では，ラボと同様の2時間添加を実施したが，ラボと比較して+3℃の温度上昇を招き，エナンチオマー増加につながったと推察した．改めてラボで内温上昇が4℃となる添加速度（数分）で化合物3を添加した結果，予想通り5％までエナンチオマーが増加した．こうしてパイロット実験が再現された．実機生産に向けては，発熱量の測定結果と使用反応缶の除熱能力から添加時間をシミュレートし，内温上昇を1℃に制御できる添加時間を設定（約20時間）したうえで対応した結果，ラボと同等の品質に制御できた．

上述のように化合物1の初期の製法開発はスピード重視とともに，当社技術を活用できるプロセス開発を優先させた．ところが，前述の加水分解工程での長時間添加による生産性の低さに加え，高価原料を用いる処方のため，必ずしも競争力の高い処方ではないことから，新たな方法に取り組むことを決定した．

新法の開発に挑む

まず新法の出発原料として，容易に入手可能な化合物6（市販品）を選定した．新法は，化合物6をクロロ化したのち，酵素反応（還元反応）で3位の不斉を誘起する（図3）．続くエポキシ化工程では，塩基にNaOCH₃を用いて環化と2位のエピマー化を系中で進行させ，2,3位を立体制御した化合物9を製造する．続いてRitter型の反応を適用し，アミノアルコール等価体である化合物10を製造し，続く酸触媒を用いた直接アミド化，化合物11の加水分解反応を実施することによって，最終的に化合物1が得られる．

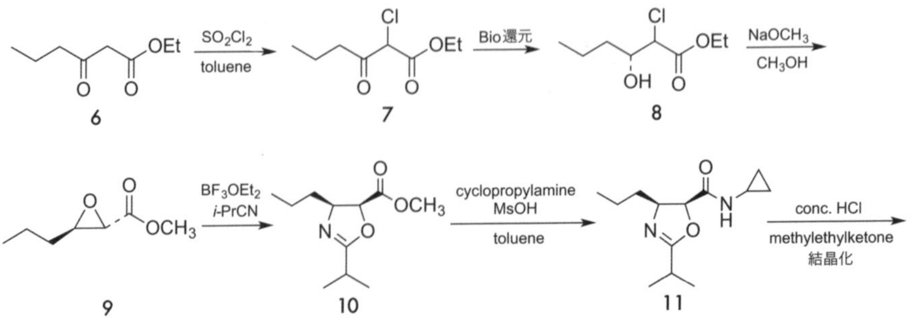

図3 化合物1の製造ルート（新法）

新しい方法で規格に適合しうる化合物1の製造法を確立したが，一方で化合物1の品質規格が厳格化されるという新たな課題にも直面した．顧客から設定された新規格のうち，とくに不純物Aの規格厳格化が最大の課題であった（表1）．以下にこの不純物制御に関する取り組みと成果について紹介する．

表1 不純物Aの新規格と旧規格

項目	新規格	旧規格	従来実績(新法)
不純物A	0.03％以下	0.05％以下	0.03〜0.05％

浮上してきた不純物制御の課題

不純物Aは化合物1を製造する最終工程で副生する．まず，反応および晶析条件の至適化による不純物制御を検討したが，良好な結果は得られなかった．一方，検討の過程で結晶粒径や嵩比重の違いから結晶多形の存在が疑われたため，XRD等で確認した結果，予想通り二種類の多形の存在を確認した．従来取得していた結晶形をI型とすると，もう一方（II型とする）は不純物Aの含有量が低いことがわかった．さらに詳細検討を進めた結果，晶析液中の水分量をコントロールすることにより，I型およびII型の結晶形を制御する技術を確立できた．最終的にII型結晶を安定的に製造することで，不純物Aの混入量を0.01％以下まで低減することに成功した．

なお結晶形が異なると，たとえば化合物の溶解性に差が生じ，顧客が実施する後続工程の反応性や操作性に違いがでる可能性がある．そこで，顧客と協議した結果，I型，II型のどちらの結晶形でも後続工程で使用できることを確認し，品質確保の観点からII型結晶（写真1）で供給することに決定した．

I型結晶(不純物A：0.03〜0.05％)

II型結晶(不純物A：0.01％以下)

写真1 化合物1のI型結晶とII型結晶

われわれは抗C型肝炎薬（テラプレビル）の鍵中間体である，化合物1のプロセス開発において，時間が制約されたなかでの初期の製法開発，続く新法の確立，および厳格化される規格への対応を押し進めてきた．初期の製法では，エナンチオマー増加の原因を突き止め，実機生産ではその対策を講じて対応し，予定通り化合物1を顧客に提供できた．新法に関しては，従来法（初期の製法）との品質同等性確保に加え，厳格化された品質要求に応えるべく，結晶形変更による不純物Aの制御法を確立して実機生産を完遂した．プロセス開発を進めるうえでは，どのような製法であっても不純物制御の課題に直面するが，それらの課題に対してスピーディーに対応し，顧客への製品供給を果たすことが重要である．

今回のテーマは医薬品中間体のプロセス開発に関する内容であるが，近年われわれは，中間体だけでなく，さらに下流化合物である原薬のプロセス開発も進めている．顧客から要求される品質やコストへの対応といった単なる製品提供のビジネスだけでなく，GMP[*1]の対応やスピード，さらには信頼性等もあわせたソリューション提供ビジネスをも意識して日々研究に励んでいる．

*1 GMP（Good Manufacturing Practice）とは，米国食品医薬品局が定めた，製造所における製造および品質の管理基準．原材料の入荷から，製造，製品の出荷に至るすべての工程において，一定の品質を保ちつつ製品を安全につくるよう定められた基準．GMPの三原則は「人為的な誤りを最小限にすること」，「汚染および品質低下を防止すること」，「高い品質を保証するシステムを設計すること」である．

研究開発グループへようこそ！

■ **研究分野**　医薬品原薬・中間体の製造基礎技術，製造ルート開発，工業化に至る研究全般．

■ **スタッフの人数**　約30名．

■ **研究員の概要**　理・工・農・薬学系の大学院で有機合成化学や触媒化学，生化学，微生物学，化学工学等の教育を受けたスペシャリストが，チームを組んでそれぞれの専門性を発揮し，研究課題の解決に取り組んでいる．

■ **研究内容**　医薬品原薬や医薬品中間体の製造法の開発．医薬品としての品質要求を満たし，コスト的にも最も有利な合成ルートを構築し，安全に大量生産が可能な製造処方を確立する．そして実際に，実機での製造に立ち会って，自分たちが開発した方法で製品が生産されるところを自分の目で確認する．そのほかに医薬品を製造するための基礎技術（不斉合成，フロー化学など）の開発も行う．

■ **テーマの決め方・研究の進め方**　さまざまな情報源を駆使して有望医薬品化合物に関する情報を収集しターゲット化合物を決定する．イントラネットを活用し研究者が全員参加できるオンラインブレーンストーミングにより合成アプローチを決めて研究を開始する．最初は1テーマを1～2名で担当し研究が進めば必要に応じて増員される．

■ **ミーティングの内容，回数**　当テーマごとのミーティングや，研究グループ全体の報告会などがそれぞれ月に1回程度ある．そこでは，各テーマの課題解決に向けた活発な議論が行われている．自分の担当テーマ以外の研究に関する議論にも参加して見識を広げることができる．

■ **こんな人にお勧め**　精密有機合成化学が大好きな人．モノづくりに興味がある人．有機合成化学や触媒化学など，モノづくりの学問を通じて得た専門性を活かして社会の役に立ちたいと思っている人．

■ **実験環境**　実験室の環境はほとんど大学と変わりないが，ＨＰＬＣなどの分析機器は大学よりかなり充実している．パイロットプラントという実験目的で用いることができるミニプラントがある．

■ **裏話**　われわれはモノづくりにおいて，自社での生産以外に，国内外の受託製造会社を活用する場合がある．生産立上げ時（おもに初回生産）には，われわれ研究者も生産に立ち会うが，その時に現地のおいしい食べ物を楽しむことができる．

■ **興味のある方へのアドバイス**　われわれの研究は，単にラボでの合成ルート構築だけでなく，実機で製造可能な製法を確立することである．製造処方を構築するなかで，撹拌所要動力の設定や発熱量から試剤の添加時間を推算したりするため，化学工学の知識を身につけておくとよい．また，国内だけでなく，海外の顧客や委託先との協議やメールでのやり取りも多いので，英語によるコミュニケーション能力も身につけておく必要がある．

第2部
[II] ファインケミカル・材料編

「ものづくり」の研究開発の現場

【特　徴】
独創的なものづくりでスペシャリティーケミカルを生みだし，ニッチ分野で世界トップシェアを獲得する製品開発．常に新しい技術に挑戦し，オンリーワンの価値を創造．

独創的なものづくりへの挑戦

株式会社大阪ソーダ

【研究分野】
有機合成，高分子合成，生物化学，電気化学，電極技術，無機化学，ナノ技術などのコア技術を活かしてエネルギー・環境，ヘルスケア分野で新製品の開発．

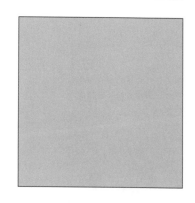

【強　み】
クロール・アルカリとC3ケミストリーを中心に多種多様な技術を融合した開発力．

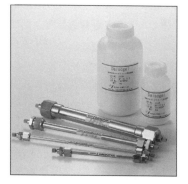

【テーマ】
エネルギー・環境分野では蓄電デバイス部材，LiB用高分子固体電解質等の開発．ヘルスケア分野では医薬品中間体・原薬，医薬品精製材料，バイオ素材等の開発．

光学活性プロパノール誘導体の
工業的製法の開発
~生物化学と有機合成の巧みな連携により実現~

われわれは，1980年代後半，微生物を用いる光学活性プロパノール誘導体〔エピクロロヒドリン(EP)および3-クロロ-1,2-プロパンジオール(CPD)〕の製造法を独自に開発し，1994年世界で初めて本格的生産をスタートさせた．その後，2000年には光学活性 salen-Co(III) 錯体を用いる EP の速度論的光学分割法を企業化し，バイオ・化学両面から光学分割法を基盤技術として確立させ光学活性化合物を国内外に幅広く供給している．本稿では，これら光学活性プロパノール誘導体の工業的製法の開発について記述する．

微生物によるプロパノール誘導体の光学分割

1980年代，多くの化学企業は次世代の成長産業としてバイオ関連産業に注目した．われわれもバイオ技術に注力し，まず活性汚泥中の微生物による有機化合物の代謝分解研究を開始した．当社はラセミ体 EP の主要供給メーカーであり，活性汚泥中には炭素数3 (C3) からなる各種クロロプロパノール誘導体が含まれていることがわかっていた．これら化合物のなかで，ラセミ体 EP の前駆体である 2,3-ジクロロ-1-プロパノール(DCP)が，微生物により完全に分解されずに培養液中に一部残存することを見いだした．当初，その原因がわからなかったが，培養液からこの化合物を抽出単離し，旋光度を測定したところ，光学活性体であることが判明した．その後，ガスクロマトグラフィーで光学純度が測定できるようになり，その測定結果から 100% ee と高純度で，立体構造は (S)-体であることが判明した．光学的に純粋な (S)-DCP の単離は世界で初めてであり，この微生物を *Pseudomonas* sp. OS-K-29 株と命名した．当時は，光学的に純粋な化合物が得られる方法は珍しく，みな驚嘆した．得られた (S)-DCP は容易に (R)-EP へ変換され，その光学純度は 99.5% ee であった．

この技術は，両エナンチオマーのうち一方は資化分解されるが，残存するもう一方は高光学純度で得られる微生物による立体選択的な資化分割法である[*1]．

事業性を高めるため，逆の立体構造をもつ (R)-DCP が必要となった．土壌から微生物を分離するため，DCP を単一炭素源とする培地を用いて微生物の

*1　資化とは，微生物が増殖するためにある有機化合物を炭素源として利用すること．

古川喜朗(ふるかわ よしろう)
株式会社大阪ソーダ取締役，上席執行役員，経営戦略本部長兼R&D本部担当．
1958年　大阪府生まれ．
1987年　大阪大学大学院理学研究科博士課程修了．

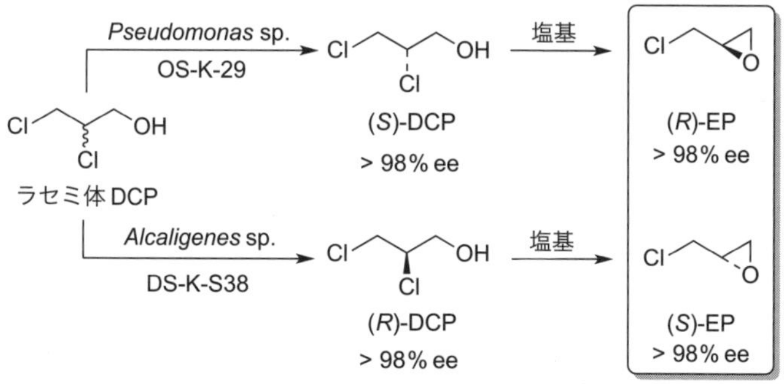

図1 微生物を用いる DCP の立体選択的な資化分割法

スクリーニングを行った．その結果，(R)-DCP を高光学純度で生産する菌株 *Alcaligenes* sp. DS-K-S38 株を分離することができた．このようにしてラセミ体 DCP より，(R) および (S)-DCP を得ることができるようになり，(S) および (R)-EP の生産が可能となった (図1)．

われわれは 1994 年，松山工場に $36\,\mathrm{m}^3$ スケールの培養生産プラントを建設し，世界に先駆けて光学活性 EP の工業化に成功した．

光学活性グリシドール (GL) も光学活性 EP と同様に有用な光学活性 C3 合成ユニットである．そこでわれわれは，GL の前駆体の CPD も同様に微生物で立体選択的な資化分割が可能と考え，探索を開始した．

その結果，目的に適う (R)-CPD 資化性細菌 *Alcaligenes* sp. DS-S-7G 株ならびに (S)-CPD 資化性細菌 *Pseudomonas* sp. DS-K-2D1 株をそれぞれ土壌より分離し，高純度の光学活性 CPD を生産することに成功した (図2)．この方法も同 $36\,\mathrm{m}^3$ 培養プラントで生産を開始した．

> **成功へのカギ①**
>
> 研究生活を続けていれば，チャンスは誰にでも訪れる．そのときチャンスが訪れていることに気づくかどうかが成功のカギ．好奇心や探究心を大事にし，日頃の取り組む姿勢，努力，勉強などを通して，感性を磨くことが重要だと考える．

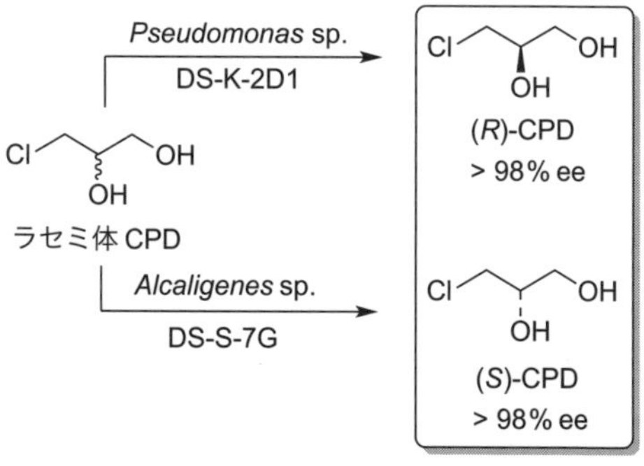

図2 微生物を用いる CPD の立体選択的な資化分割法

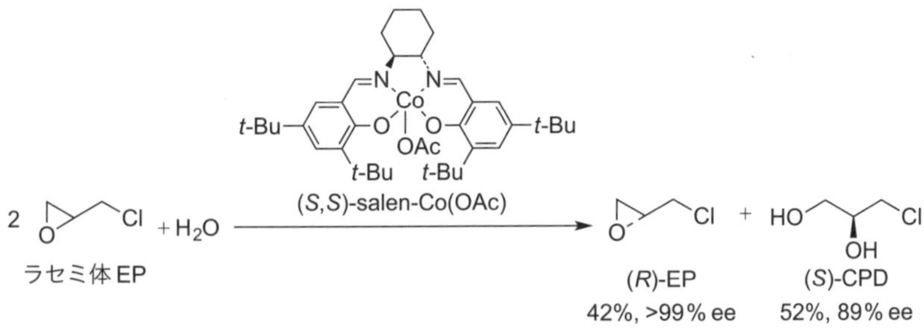

図3 EPの速度論的光学分割（HKR）法

光学活性 salen-Co(III) 錯体を用いるエポキシ化合物の光学分割

　筆者は入社5年後，幸いにも留学の機会が得られた．入社当時の研究テーマ（当社で生産している塩素系酸化剤を用いる酸化反応の研究）をさらに実施すべく，留学先を探していた．*J. Am. Chem. Soc.* を見ていたところ，当時イリノイ大学のJacobsen教授が，当時ホットなテーマであった近傍に官能基のないオレフィンの不斉エポキシ化反応に光学活性salen-Mn(III)錯体を用いて成功したという報告にでくわした．その論文では酸化剤として漂白剤（次亜塩素酸ソーダ）も使用できるとの記載があった．ポスドクに応募したところ，受け入れていただき，1992年イリノイ大学に留学した．日本人としては初めてのポスドクであった．さらに翌年にはJacobsen教授がハーバード大学へ移ることになり，筆者も同行し，アメリカ中西部と東部という対照的な場所にある二つの大学で研究できるという幸運にも恵まれた．

　帰国して3年後の1997年，Jacobsen教授は光学活性salen-Co(III)錯体を触媒として用いるエポキシ化合物の速度論的光学分割法〔hydrolytic kinetic resolution (HKR)法〕を見いだした（図3）．

　前述の留学が縁となり，われわれは2000年に本法のライセンスを取得し，微生物法から触媒法に製法を転換して，松山工場において本格的生産をスタートさせた．製法転換のポイントは，大量の水中で行う微生物法に比べ，触媒法は無溶媒で実施でき生産性が高いことである．

微生物による MeCPD の光学分割

　われわれは，微生物法のさらなる展開を継続し，3-クロロ-2-メチル-1,2-プロパンジオール（MeCPD）についても立体選択的に分割できる微生物触媒法[*2]を見いだした（図4）．MeCPDの前駆体の2-メチルエピクロロヒドリン（MeEP）は，HKR法では高選択的な光学分割はできない．光学活性MeCPD

*2 微生物触媒法とは，微生物を酵素（触媒）として用いること

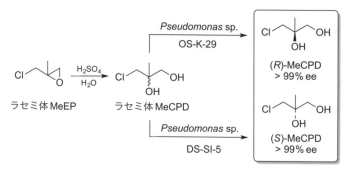

図4 微生物を用いる MeCPD の光学分割法

については，2004年から微生物法により松山工場の 36 m³ 培養プラントで製造を行っている．

◆◆◆

ここで紹介した製造法は，現在，(株)大阪ソーダの100%子会社であるサンヨーファイン(株)に引き継がれ，国内外の製薬メーカーで販売中，あるいは開発中の医薬品の原料として幅広く利用され，医薬品プロセス開発の一翼を担っている．

(株)大阪ソーダが苛性ソーダやラセミ体 EP などバルクケミカル事業を中心とする中，ファインケミカル事業を立ち上げていくという執念のもと，生物化学グループと有機合成グループとが切磋琢磨しながら開発を進めたことがこのキラル事業の成功につながったと思う．

研究センターへようこそ！

■ 研究分野	有機合成，高分子合成，生物化学，電気化学，無機化学．
■ スタッフの人数	コーポレート研究開発，事業部・グループ会社の研究開発，生産技術開発を合わせて約100名程度．
■ 研究員の概要	研究員の8割以上が修士以上，博士号取得者は全体の1割程度．年齢構成は20歳代が最も多く全体の4割程度，ついで30歳代が多い．女性は全体の1割強で近年増加傾向にある．
■ 研究内容	熱・光硬化性樹脂や特殊ゴムなどの各種ポリマー材料の開発，医薬品中間体・原薬のプロセス開発，医薬品精製向け液体クロマトグラフィー用シリカゲルの開発，電気分解用や鋼板めっき用電極の開発，発酵・酵素法による有用物質の生産研究，ナノ化・ナノ分散技術の開発．
■ テーマの決め方・研究の進め方	営業部門が探索するニーズ型テーマを中心に開発テーマを設定．シーズ的なテーマは1～2割として長期的に取り組む．それぞれのテーマにゲートを設定して半年に1回経営層も入った会議により，テーマの継続を決定．上市が近いものはプロジェクト化して製販研が一体となって事業化を加速させる体制とする．
■ ミーティングの内容，回数	階層ごとにミーティングを設定．テーマに関する顧客情報を交換する会は週1回．テーマの技術進捗管理は月1回以上，製販研のミーティングは月1回以上実施．
■ こんな人にお勧め	ラボでの初期検討からスケールアップ検討を経て工業化や顧客へのヒアリングまで携わり，世の中に新しい価値を提供したい人，ヤル気のある人にお勧め．
■ 実験環境	有機合成はドラフト，生物実験は安全キャビネットを使用．プロセス開発用に30～1000L程度の反応槽を使用．使用化学品に対応した吸排気や封じ込め設備．
■ 裏話	大阪を拠点として西日本を中心に事業展開をしているため，社内には関西人が多いが意外と地味で真面目なコツコツ型人間が多い．
■ 興味のある方へのアドバイス	企業に何を求めるかよりは自分がそこで何ができるか？何がしたいのかをよく考えて選ぶこと．それが合致することが自分の力を最も発揮できる場所になり，さらに力を伸ばす道になると思う．

【特　徴】
医薬・飼料用アミノ酸，先端医薬関連素材（ペプチド，オリゴ核酸，タンパク質，細胞用培地），電子材料をはじめ，香粧品，食品添加用素材まで，高付加価値商品の創出とともに，次世代市場へのソリューションを提供している．

Eat Well, Live Well

味の素株式会社

【研究分野】
当研究所では，アミノ酸をベースとした発酵や化学技術を活用し，動物栄養，化成品，電子材料，香粧品，医薬品，再生医療用培地など幅広い研究分野をもつ．

【強　み】
微生物の力を活用する「バイオ・テクノロジー」，有用物質を生産する「ファイン・ケミカル」，生理機能などを評価する「機能性評価技術」が私たちの基盤技術．

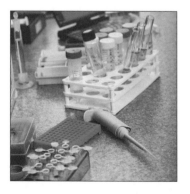

【テーマ】
多岐にわたる研究テーマのうち，今回執筆した研究部署ではそれぞれ，「半導体パッケージ基板用絶縁フィルムの開発」，「新規液相合成技術AJIPHASE®を用いたペプチド，オリゴ核酸の合成技術開発」を実施している．

半導体パッケージ用層間絶縁フィルムの開発
～新しい顧客ニーズに応えて実現～

　筆者が入社した1992年，味の素（株）では事業の多角化を推進しており，配属された研究グループは「新規電子材料配合品の開発」を行うところであった．当社では，アミノ酸の化学合成を研究してきた歴史から，その技術をベースにエポキシ樹脂用硬化剤，難燃剤，分散剤といった素材をケミカル製品としてもっていた．当時，本事業を主導されていた部長は，単素材ビジネスでは大きな利益を得ることは難しいと考え，潜在性硬化剤の開発とともに高付加価値な一液性接着剤を開発，さらなる成長領域に展開できる配合品の開発を目指していた．そのなかで，多くの電子機器中に搭載されているプリント配線板と呼ばれる銅の配線と絶縁層で構成された基板をターゲットとし，最外層の耐熱絶縁材である感光性ソルダーレジストを開発テーマに定めていた．

失敗続きで顧客起点の重要さを痛感

　約2年間の研究開発で，先行する企業の特許にも抵触せずに，一部の性能で秀でた材料を開発でき，基板製造会社に売り込むまでになった．しかし，評価すらしてもらえない状況であった．感光性ソルダーレジストのプロセスが，塗工，乾燥，露光，炭酸ナトリウム水溶液現像，熱硬化と複雑かつ厳密な管理を必要とするため，先行企業と苦労して立ち上げたプロセスを，多少性能がよく安いくらいで簡単に置き換えられるものではなかった．そこで，われわれは厳密な濃度管理が必要な炭酸ナトリウム水溶液での現像工程を，真水で現像することで顧客を呼び込むことができるのではないかと考え，水現像型ソルダーレジストの開発を試みた．これも大外れで真水は各地で現像性が変わるうえに，微生物で処理できない廃液を発生してしまうことから，まったく顧客ニーズに合っていないものであった．この失敗続きで，顧客起点（顧客ニーズをもとにして商品を開発し提供する）の重要さを痛感したのである．

　一方，プリント配線板の製造に変化が起こり始めていた．従来の多層プリント配線板は，図1のように内外の配線を貫通穴により接続してきたが，その空間から配線領域が限られ，機械的ドリルによる穴の小径化にも限界が見られ

中村茂雄（なかむら しげお）
味の素株式会社 バイオ・ファイン研究所 素材開発研究室室長．1967年 兵庫県生まれ．1992年 東京工業大学大学院化学環境工学専攻修了．

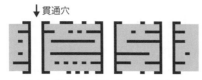
図1　従来の多層プリント配線板

るようになり，電子機器の小型化，軽量化に必要な高密度配線の形成が困難になっていた．高密度化に応えるものとして，1991年頃からコア基板上に絶縁層と導体層を層間の接続を行いながら交互に積み上げていくビルドアップ法によるプリント配線板が注目され始めた．この方法では層間を接続するビア（非貫通穴）の位置は層ごとに設定でき，配線可能な領域が増え自由度が増す（図2）．この絶縁層には当初感光性樹脂が使用されていたが，ソルダーレジスト同様に工程管理が厳密であること，感光性とアルカリ現像性を付与する樹脂の硬化物は絶縁信頼性などの特性において必ずしも満足できるものではなかった．

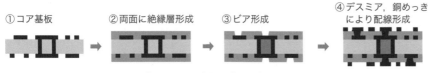
図2　ビルドアップ法の多層プリント配線板

光明が見えた一つの方法

これに対し熱硬化性樹脂の場合は，レーザーでビアを形成できる．われわれは，炭酸ガスレーザー加工技術の進歩，樹脂選択の自由度が大きいことに着目し，熱硬化性樹脂を使用してより高密度配線が可能な絶縁層上に銅めっきで回路形成する工法に絞って取り組むことにした．

まずインキ（液状）タイプを開発，少量ながらも1996年にはパソコンやハンディカムコーダー用のプリント配線板に採用されるようなった．顧客とともに立ち上げた工法であったが，「インキではコア基板の片側ずつしか絶縁層を形成できない」「有機溶剤による悪臭がある」「微細な回路間に気泡が残りやすく乾燥時にゴミが付着しやすい」「埋め込む導体段差に追従して表面平坦性が悪化する」など，多くの課題を残した．これらの課題はインキ自体の宿命であったため，われわれはいち早くフィルム化に取り組むことにした．われわれといっても開発を行うのは筆者一人というスタートであった．

成功へのカギ ①

顧客ニーズを基本に，競合メーカーが着手しなかった困難なテーマにいち早く挑戦し，既存の常識（室温保管が必要など）に囚われることなく性能を重視した材料開発を実施．一方で，当社にない必要な技術は外部との連携でスピードアップを図れた（フィルム化，真空ラミネートなど）．

こうしてできた半導体パッケージ用層間絶縁フィルム

　材料物性的には，先行開発したインキと同等以上を必須とし，高密度・小型化の要求が強かった半導体パッケージ基板用途の使用にも耐えるよう，より高い耐熱性，絶縁信頼性を目標とした．半導体が搭載された基板を半導体パッケージ基板といい，1996年にアメリカ半導体大手がセラミックからプラスチックパッケージに全面的に切り替えていた．従来のセラミックパッケージは配線の微細化に限界がある，製造コストが高い，重いなどの課題があったが，これらを解決するプラスチックパッケージはパソコンの低価格化とともに広く普及していくこととなる．以下に樹脂組成物の開発ポイントを示す．

　① 低分子樹脂／フィルム形成能を付与する高分子樹脂／無機フィラー等の最適配合による，未硬化状態でのハンドリング性，ラミネート時の高い樹脂フローの実現．

　適切な高分子樹脂を含有しないインキを支持体である平滑なポリエチレンテレフタレート（PET）フィルム上に塗工，乾燥すると，塗液がはじいてフィルム状にならなかったり，フィルム状になってもパリパリで取り扱えるものではなかった．また，開発当初は溶融粘度計をもっておらず，100℃のホットプレート上にフィルムを置き，樹脂組成物を軍手とビニール手袋をした指で触って樹脂フローを確認していた．従来にないものを開発する場合，すべての評価法，分析機器がそろっていることはないので，試行錯誤しながら自身で見いだすことが重要となる．

　② フィルム化に適した樹脂組成物溶液の粘度，溶剤組成と乾燥後の残留溶剤量の最適化．

　当初は関係会社の塗工設備でフィルム化を検討したが，クリーン度，膜厚精度など顧客評価に耐えうるものではなかった．そこで，電子材料分野で実績のある塗工会社に委託することにした．これによってスピード開発が実現できた．

　③ 銅めっき形成可能で，永久絶縁膜として優れた物性の達成．

　エポキシ樹脂にフェノール系硬化剤を主成分とし，高分子樹脂，デスミア成分，難燃剤，無機フィラー等を組み合わせて処方検討を行った．熱硬化した樹脂上に直接銅めっきを形成するには，デスミアと呼ぶ化学的粗化により樹脂層表面に緻密かつ微小な凹凸を形成するよう樹脂設計することがポイントで，ゴム成分を配合するほか，架橋度の粗密を制御している．フェノール系硬化剤は，高耐熱，高絶縁性であることから選択したが，室温でも徐々に硬化反応が進行するため，冷蔵2か月，冷凍1年のシェルフライフを設定した．当時のプリント配線板用材料は，室温での冷暗所保存が一般的で，冷蔵・冷凍で保管する

ことは顧客に大きな負担を強いることになったが，どうしても必要な材料であれば多少の無理は聞いてもらえるものだとわかった．

昼夜問わず没頭した数百種類もの処方検討から樹脂組成物を最適化し，ABF (Ajinomoto Build-up Film：PET 支持フィルム／樹脂組成物／保護フィルムからなる 3 層構成のロール状フィルム) 初版はこうして完成した．

同時に進めたフィルム積層法の開発

一方，フィルム状絶縁材をコア基板に積層することは新しいプロセスとなるため，材料開発とともにラミネート装置，積層条件の検討などプロセスの構築も同時に進めていった．当時の真空ラミネータ装置としては，大きな真空チャンバーにロール状フィルムごとにセットしゴム付ロールで樹脂をはり合わせる連続ロール式と，基板の両面にあらかじめカットされたシート状フィルムをセットし面状ラバーシートで樹脂を積層するバッチ式が知られていた．最初にテストした連続ロール式では，真空度が悪く回路間に気泡が残り，積層された樹脂の表面平坦性も悪いことから絶望的であった．一方，バッチ式は真空度が高く，樹脂表面の平坦性も比較的良好であった．テスト基板の貫通穴にまで樹脂が充填された結果に驚く顧客の反応は，確かな手応えを感じた瞬間であった．その後，さらに平坦性に優れる工法として，ラバーシートでの真空積層後に金属板による熱プレスで平坦化する 2 段式真空ラミネータ＆プレスを装置メーカーとともに開発を進め，フィルム積層法の主流にすることができた．

1997 年味の素ファインテクノ社より上市した ABF は，その信頼性，利便性，将来性が評価され，1999 年に大手半導体メーカーに採用されてから 17 年以上使用され続けている．ABF は日本発の業界標準材料として，パソコンの普及，進歩に貢献してきた材料であり，2011 年に日本化学会・化学技術賞，2012 年にはポーター賞を獲得している．

この成功は，モノづくりにこだわる顧客とともに苦労しながら，外部企業とも連携して，優れた材料と効率的な製造プロセスをいち早く立ち上げ，Win-Win を達成できたことにあると考えている．パッケージ基板製造の顧客とアメリカ出張に同行し，そこで顧客の専務から「ABF のおかげでわれわれの成功がある」と感謝の言葉をいただいた時は，涙がでるほど嬉しかった．その言葉がまた聞きたくて，今も新しい顧客ニーズに応える材料開発を目指している．

> **POINT**
> 一般にイノベーションを起こすには，①技術（今までできなかったことを新技術でブレークできるか？），②市場（利益のでる製品として市場に受け入れられるか？），③ビジネスモデル（利益のでるビジネスとして継続できるか？）の三つのブレークスルーが必要とされている．ABF の成功は，顧客，協業メーカー含め全社が Win-Win となる高付加価値の成長領域であった点が大きなポイントと考えられる．

ペプチド・オリゴ核酸の新たな液相合成法（AJIPHASE®）の開発
～あくなき挑戦が夢を現実に～

「アミノ酸に替わってペプチドをやるので何とかしろ」，それが筆者に与えられた使命であった．アミノ酸，核酸を柱として取り扱う当社は，それらの誘導体の精密有機合成を手掛け，原薬，医薬中間体の受託製造の事業も営んでいた．筆者もその事業領域で研究開発を担当していた一人の研究員であり，複素環合成の研究を行っていた矢先に突然の使命が上司から告げられた．最新の有機合成の知識を学びながら，研究を行っていたため，脱水縮合だけのペプチドにケミストリーとしての妙味があるのだろうか，と当時反発したのを覚えている．しかし，自分自身の視野の狭さと，ペプチド分野の奥深さを思い知り，ペプチド化学の虜になるには，さほど時間はかからなかった．

有機合成の工業化スケールでの実現を志向するプロセスケミストとして，ペプチド合成実験をしているとすぐに「スケールアップできるのだろうか，もっと効率的な製法を考えなければ事業化できない」と直感的に感じた．そこから，AJIPHASE®法（ペプチド・オリゴ核酸の新規な効率的液相合成法）というペプチド合成はもちろんのこと，オリゴ核酸にわたるまでの効率的製法を生みだすことに成功し，当該技術を軸とした事業を確立することができた．ここでは，その AJIPHASE® 技術の開発について述べる．

AJIPHASE® 技術に辿りつくまで

近年，ペプチドやオリゴ核酸のような中分子化合物による創薬研究にも注目が集められ，それらの合成法の重要性が高まっている．ペプチドやオリゴ核酸の合成は固相法と液相法に大別され[*1]，いずれも旧来より固相法を中心として開発されてきた．

ペプチドの固相合成法はポリスチレンなどの固相担体に，基質や試剤などの溶液を加えて反応させ，担体上にペプチド鎖を伸長し，後処理において過剰な原料や試薬などの不要物は洗い流すという簡便なものである．この簡便さが固相法の長所であり，自動合成により短時間で目的のペプチドを得ることができる．しかしながら，原料や試剤，溶媒が大量に必要であり，経済性に課題があっ

高橋大輔(たかはしだいすけ)
味の素株式会社 バイオ・ファイン研究所 素材開発研究室 主席研究員．1972年 茨城県生まれ．

*1 固相法はポリスチレン担体などを用い，原料・試剤の溶液を加えて反応させる．反応後の後処理は溶媒ですすぎ洗い流すという簡便さが長所．しかし，原料・試剤や溶媒が大量に必要．液相法は反応を均一溶液中で行うため，反応性が高く，大過剰の原料，試剤を必要としない．その反面，後処理が煩雑であり，プロセス設定が容易でない．固相法と液相法には一長一短がある．

た．その一方で，対局する液相法は反応を均一溶液中で行うため，反応性が高く，大過剰の原料および試剤を必要としない．しかし，反応後に不要な残原料や試薬を除去するための煩雑な後処理が必要になる．したがって，プロセスの設定は容易ではなく，時間と熟練が求められるという短所をもち併せている．このように，固相法と液相法には一長一短があるも，より簡便に短時間で調製できることから，今日ではペプチド合成には固相法がおもに使われている．

　世界の競合がせめぎ合うペプチド受託製造業界に参入するために，主流の固相法ではなく，液相法でペプチド合成することを選択し開発を進めた．筆者らは伝統的な液相法でターゲットのペプチドを合成していたが，すぐに液相合成特有の課題に直面した．そのペプチドは，親水性のArg残基が連続する配列であったが，このペプチドとの出合いが開発のターニングポイントであった．ペプチド鎖を液相法で伸長合成したところ，縮合反応の後処理の抽出洗浄で，2〜3残基の中間体ペプチドではほとんど目的物を水層へロスしてしまった．続く4残基目になると抽出溶媒にも溶解しなくなり，後処理ができずに合成を断念せざるをえなかった．これはまさにペプチド液相合成の難しさを表す好例である．ペプチドは一残基伸長するごとに溶解度などの物理的性質が変わるため，各伸長中間体の「顔色」をうかがいながら，適切な後処理方法を用いてペプチド鎖を伸長することになる．したがって，プロセス開発に時間と労力を要するのである．

　そこで，筆者は各中間体ペプチドの「顔色」をうかがうことなく，容易に液相でペプチド合成できる方法論の確立を目指した．ペプチド伸長中間体ごとに有機溶媒への溶解度が変化するため，水層へロスしたり，抽出有機溶媒に溶解しなくなったりしないように，「脂溶性を高め抽出有機溶媒中に留まらせる」ことを狙った．C末端の保護基上にC18長鎖脂肪鎖を導入することで脂溶性を高めていった．C18長鎖脂肪鎖を3本導入すると，抽出溶媒である酢酸エチルや極性有機溶媒に対してほとんど溶解せず，ハロゲン化炭化水素にしか溶解性を示さないことを観察した．このことより，抽出法から沈殿法へと発想を転換させ，長鎖脂肪族基を導入したアンカー支持体とすることで簡便な沈殿法にアプローチできることに気づいた．通常のペプチド合成で用いるC末端のベンジル基やt-Bu基などを用いた場合，CH_3OHやCH_3CNには可溶であり，ヘキサンなどを用いても残原料などを選択的に除去することは不可能である．しかし，C末端に長鎖脂肪族をもつアンカー支持体を用いることで，残原料や試薬などは極性有機溶媒を用いる沈殿化によって母液へ淘汰できると考えた（図1）．実際にアンカー支持体を用いて，Arg残基が多いペプチドを合成してみたところ，反応と沈殿化を繰り返すだけで，ロスなく定量的にペプチド鎖が伸

POINT

これまでやってきたことを捨て，新しいフィールドに入っていくのは誰にとっても不安に思うこと．しかし，新しいことを始めないと個人・組織の「成長」は限定的になってしまう．「新たな知識を増やすことができる」「これまで培ったことを新たな領域で応用してやる」などの発想転換がスムーズにできるようになることが大切．

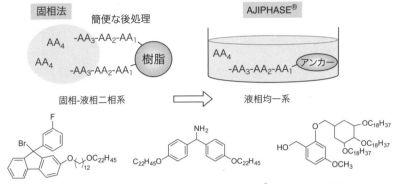

図1 各種ペプチドに対応した AJIPHASE® アンカー支持体

長でき，予想通り残原料や試剤は母液へ除去されることを見いだした．これまで苦労していたペプチド液相合成であったが，簡便かつ迅速に合成することに成功した．この時に得られた沈殿した白い粉体が，筆者には光り輝いて見えたのを今でも鮮明に覚えている．

C末端にポリエチレングリコール（polyethylene glycol：PEG）や可溶性ポリマーなどさまざまな支持体を用いる合成法はこれまでにいくつか報告されていたが，いずれも実用面での標的にはならなかった．筆者らは工業化志向を強めて，さらに効率のよいペプチド合成を考えた結果，多様に存在するペプチド配列に対応可能な各種アンカー支持体の開発に成功した．

さらなる進化を目指して

筆者らはこれだけでは満足せず，さらなる効率化を求めて課題にチャレンジした．アンカー支持体に伸長されるペプチド中間体を各工程で単離している

> **成功へのカギ①**
>
> 同様のコンセプトの先行文献や，競合法の論文，特許情報を見つけた際，開発を諦めずに，ペプチド合成の課題を捉えて固有のアンカー化合物の開発に特化したこと．そして，工業スケールを見据え，単離省略法やワンポット法などより効率的な手法開発に特化したことが成功へのポイントであった．

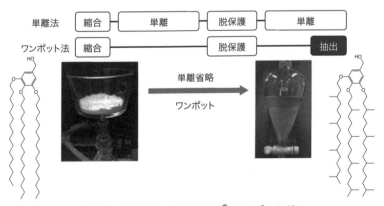

図2 単離法と AJIPHASE® ワンポット法

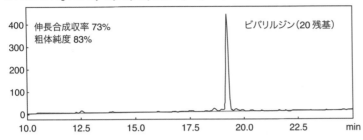

図3 AJIPHASE® ワンポット法で合成したペプチドのHPLC分析チャート

と，ラボでは問題がないものの，スケールが大きくなると沈殿単離操作に長時間を要していた．そこで，「単離をすべてなくしたワンポットでペプチド合成できないか？」という大きな夢に挑んだ（図2）．そして，種々の検討によって，大きなブレークスルーを生みだすことができた．それは連続的なワンポット法に必須であった，「抽出洗浄のみでの後処理」の達成である．すなわち，(1) 分岐鎖アンカーを用いて著しく溶解度を向上させたこと，(2) アミノ酸一残基伸長ごとに副生するFmoc基の残骸や，試薬，残原料を除去するため，メルカプトプロピオン酸/DBUという新規な脱Fmoc化システムを開発できたことである．これら二つの達成により新規な方法論を設定でき，20残基のペプチドの単離工程39回を省略でき，ワンポットによるペプチド合成を可能にした．得られたペプチドの純度は83％，収率73％であり（図3），夢であったワンポットペプチド合成法を確立できた瞬間であった．

さらにトライ＆エラーを繰り返し，当該のAJIPHASE®技術をペプチドからオリゴ核酸に応用させることにも成功した．オリゴ核酸の一種であるモルフォリノ核酸では，固相法を凌駕する品質とコストで製造プロセスを構築でき，今日では世界で最も大量スケールで安定的な連続生産ができている．

このように長鎖脂肪族をもつアンカー支持体を用いて，ペプチド・オリゴ核酸の液相合成を可能にし，効率的かつ実用的なプロセスの開発に成功した．筆者らはまだ次の「夢」に向かって挑戦し続けている．

バイオ・ファイン研究所へようこそ！

■ 研究分野	AJIPHASE® 事業の関連領域ではペプチド・オリゴ核酸の効率的合成プロセスの開発をおもに研究している．電子材料事業においては，次世代半導体パッケージ基板用層間絶縁フィルムを中心とした機能材料の研究開発を行っている．
■ スタッフの人数	AJIPHASE® 事業関連として，2 拠点で約 30 名．研究から開発，少量の試作を実施している．電子材料事業では，次世代材料研究と製品化研究開発で約 40 名．
■ 研究員の概要	有機合成化学系，高分子化学系，無機化学系の修士または博士課程修了者を中心に，製造現場での経験豊富な研究員から，派遣社員までさまざまな人材から構成．
■ 研究内容	AJIPHASE® 事業関連では，効率的な新規合成法の基礎研究から，プロセス開発，工業化対応など広範囲な研究開発を担う．電子材料事業では，次世代に要求される各種物性を達成すべく，さまざまな原料を組み合わせた処方検討を物性評価，信頼性評価等を実施し，開発した新材料の顧客評価を見ながら仕上げていく．同時に，新たな製造プロセスの開発にも取り組んでいる．
■ テーマの決め方・研究の進め方	顧客ニーズを基本に，最先端の研究情報からの立案や，事業部からの要請，既存テーマの課題解決策，研究員の発想など，さまざまな場面からテーマは発案され，優先順位を議論して研究テーマを決める．研究テーマは，定常的に内部・外部分析とともに PDCA を行い，進捗の確認とテーマの方向性の修正を行っている．
■ ミーティングの内容，回数	週 1 回以上，頻繁，メンバーによるが随時実施．月 1 回は，事業部からの参加者もある月報会を実施．
■ こんな人にお勧め	化学の基礎知識（有機合成，高分子，無機，分析などいずれでも）をもつ，自身の頭でよく考え，現状に満足しない，新しいことへのチャレンジ意識が高い人．
■ 実験環境	有機合成はすべて一人一台割り当てられているドラフトにて実施．実験台は一人一台割り当てられており，最先端の機器や分析装置を使用できる．電子材料では，研究所に隣接する味の素ファインテクノ（株）の設備を使用した実験・評価も頻繁に実施．
■ 裏話	とくになし．
■ 興味のある方へのアドバイス	お客様の多くは海外の製薬会社で，関連会社も海外にある．英語力，コミュニケーション能力，外への好奇心はあるに越したことはないので，今のうちにスキルアップを心がけるべき． 大学での研究は，大学でしかできない貴重なものなので，現在の研究におおいに没頭し，自身の頭でよく考える癖をつける．電子材料のお客様は，アメリカを中心としたエンドユーザー，日本，韓国，台湾，中国などアジアのパッケージサプライヤーなどが世界中にいるので，リベラルアーツ（基本的考え方の差異を生む宗教や歴史など）や英語など幅広く教養を身につけられることは有意義だと思う．

【特 徴】
研究・開発を通して，社会やお客様のニーズにお応えできる最良のソリューションを創造し，グローバルに提供できる「『ベストソリューション』実現企業」を目指している．

化学をベースに
化学を超える

株式会社ダイセル

【研究分野】
セルロース化学，有機合成化学，高分子化学，火薬工学を対象とする事業領域研究や，電子材料，メディカル・ヘルスケア，ナノ無機材料など新事業研究も幅広く行っている．

【強 み】
セルロース化学，有機合成化学，高分子化学，火薬工学技術など，これまで培ってきた独自技術やノウハウをベースにしながらも，既存領域にこだわらず幅広く取り組むことができる．

【テーマ】
新規事業創出を目指し，機能性フィルム，口腔内崩壊錠プレミックス添加剤，爆轟法ナノダイヤモンド，半導体接合用銀ペーストの開発など，数多くのテーマを手がけている．

半導体レジスト材料
セルグラフィー®の開発と工業化
~関連部門と連携した技術的取り組み~

大野 充(おおの みつる)
株式会社ダイセル 研究開発本部 コーポレート研究センター 上席技師. 1964年生まれ. 1992年 大阪大学大学院工学研究科博士後期課程修了.

西村 政通(にしむら まさみち)
株式会社ダイセル 有機合成カンパニー研究開発センター 主席研究員. 1967年大阪府生まれ. 1993年 大阪府立大学大学院工学研究科博士前期課程修了.

　(株)ダイセルの有機合成事業では，酢酸を中心とする汎用製品から，電子材料向けの高機能製品，高品質で高い安全性を備えた化粧品原料や，発酵技術・抽出技術を駆使した天然物由来のコスメ・ヘルスケア素材など，幅広い製品群をグローバルに展開している．電子材料事業においては，脂環式エポキシ樹脂を使用した封止材から高機能シリコーン封止材や光学部品用接着剤，電子材料向け機能性ポリマー／モノマーなど，当社独自の技術から生まれた電子材料向けの高機能材料を提供している．半導体レジスト材料は，この電子材料向け高機能材料に分類される製品である．

　当社の半導体レジスト材料開発の特徴は，ArFレジスト[*1]に求められる性能を具現化するために，ベースポリマーに必要な機能を化学構造に翻訳し，その原料として特徴あるモノマーを設計・開発できることにある[*2]．われわれは，こういった新規モノマーをキーマテリアルとして用い，そこへ当社の重合技術，品質管理技術を適用することにより，高性能，高品質なポリマーを迅速かつ安定的に市場に提供し，市場の高度要求に応えることができると考えた[*3]．本稿では，この着想を実現すべく，(メタ)アクリル酸エステル系機能性モノマー(レジストモノマー®)，それらを共重合したレジスト用ポリマー(セルグラフィー®)を開発し，工業化した事例を紹介する．

キーマテリアルとなるモノマーの開発

　当社では，第二次長期計画において，有機機能品事業を注力事業の一つに位置づけ，その展開に取り組んだ．コーポレート部門で，2000年から開発に取り組んできた半導体レジストポリマーは，2006年に事業カンパニーである有機合成カンパニーへ移管し，より進んだステージでの事業展開に取り組むことにした．大野は，当時筑波研究所から総合研究所へ異動し，事業カンパニーの立場で，この移管業務を担当することとなった[†]．コーポレート部門から引き継いだ複数のモノマー中に，当時立ち上げ期にあったDL25M(特許4740951)，DL25MS(特許5562826)が含まれていた[†]．

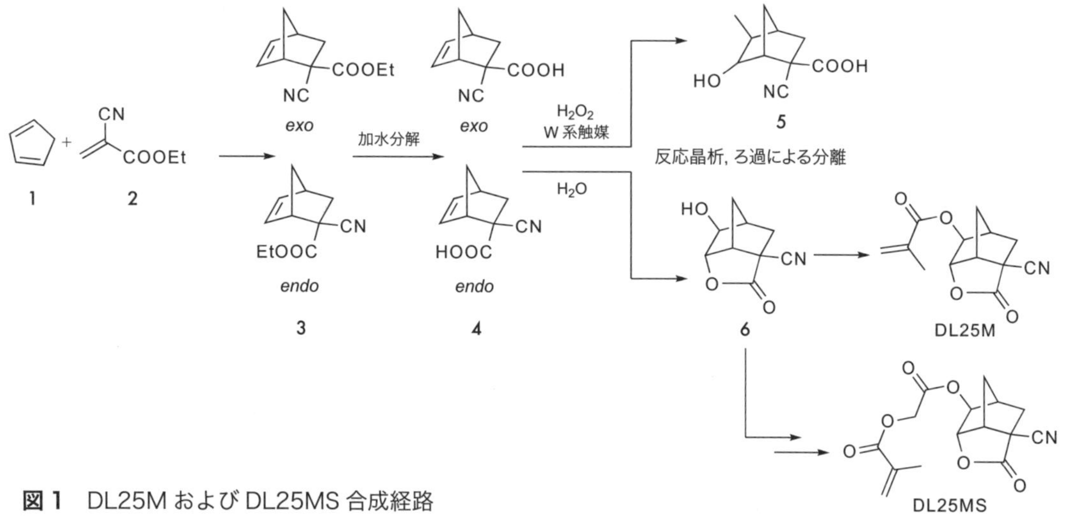

図1 DL25M および DL25MS 合成経路

DL25M および DL25MS の合成経路を図 1 に示した．骨格となるノルボルナンラクトン環を構築するための鍵工程が，ノルボルネンカルボキシレート 4 の酸化的ラクトン化工程である．化合物 4 は，シクロペンタジエン 1 と，α-シアノアクリレート 2 の Diels-Alder 反応により得られる．したがって，endo, exo の両構造異性体が生成する．endo 体が，エポキシ中間体を経由して必要とするノルボルナンラクトン 6 を形成するのに対し，exo-4 は立体的にラクトン環を形成することができず，副生物 5 を与える．通常，シクロペンタジエン 1 とアクリレートの Diels-Alder 反応では，その軌道の相互作用により，endo 体が主生成物となる．しかし，アクリレートとして化合物 2 を用いた場合には，シアノ基とエステル基の性質の近さから，両異性体がほぼ等量の混合物として得られた．このことは，本工程において，副生物が約 50% の収率で得られることを意味する．Diels-Alder 反応の endo/exo 選択性を向上させるためには，いくつかの手法が知られており，それらを参考に，触媒による選択性の向上を試みたものの，本基質では，シアノ基とエステル基の性質の近さから，効果的に選択率を向上させる系を見いだすことができなかった†．

そこで，選択性の向上は断念し，効率的に副生物 5 と，目的物 6 を分離する手法を検討することになった．ここで当社が開発していたタングステン系触媒－過酸化水素系による酸化的ラクトン化の技術（特許 4748848）が威力を発揮した．本系では，安価で工業的に入手容易な触媒，酸化剤を使用していることに加え，溶媒として水のみを用いている．このため，多くの極性基をもつ副生物 5 は水（溶媒）に溶解するのに対し，目的物 6 は水へ溶解することはできず，

*1 本稿では，ArF（フッ化アルゴン）エキシマレーザーを光源とするフォトリソグラフィープロセスに用いられるレジスト材料を指す．ArF レーザーの波長は 193 nm であり，波長が短い光ほど，より微細な加工が可能となる．

*2 最終製品であるポリマーに対する，化合物設計，開発の垂直統合的取り組みといえる．

*3 技術を組み合わせることにより，新たな価値をつくることができる一事例．

成功へのカギ①

異動前は，医農薬中間体の多段階合成を担当していた．ここで培ったスケールアップを含む合成の経験，社内外関連部署との連携，そして何よりも多数のお客様の開発部門とのやり取りの体験により，違和感なく新テーマに取り組むことができた．何事も経験，そしてそれを活かすことは大事である．

成功へのカギ②

企業での開発は，リレーに似た部分があると感じる．本テーマも，事業化前夜からテーマに取り組んできた研究員がおり，事業化が実現した．事業化の後も，事業を展開するため，開発は続く．

POINT
原理原則や，機構から考察することは，企業の研究開発においても重要である．

POINT
事業化，工業化するためには，安全に安定した品質で，必要な時に必要な量を供給できる体制を構築しなければならない．

反応晶析により反応粗液から容易に単離できる．

このようにして，ArFレジスト用のポリマーに構造的な特徴をもたせるためのモノマーユニットDL25M，DL25MSを工業的に供給できる体制が整えられた†．

さらに困難をきわめたポリマー開発

最先端の半導体製造においては，波長が193 nmであるArFレーザーを露光光源とするArFリソグラフィーが用いられる．そこで使用するレジストの主要な材料であるポリマーには，さまざまな性能が要求される（図2）．まず露光光源の波長である193 nmに対して透明であることが要求される．さらにエッチング耐性が必要であるため，これらのポリマーには多環式脂肪族基をもつ（メタ）アクリル系ポリマーがおもに用いられている．また，これらのポリマーは，基板であるシリコンウェハと密着しやすいようにラクトン基や，光照射により発生した酸と反応して疎水性から親水性へ極性を変換してアルカリ現像液に溶解するように酸脱離基などの官能基を導入した（メタ）アクリルモノマーを共重合する．たとえば，ラクトンモノマーとしては，前項で紹介し当社で開発した新規モノマーであるDL25M，DL25MSを用いることでレジストとしての性能を向上させることができた．

レジスト用ポリマーは，どのモノマーを組み合せるか，また共重合組成や分子量，分子量分布をどうするかなどその構造は，レジスト性能と密接に関連している．ArFレジスト用のポリマーは複数のモノマーを共重合するが，これ

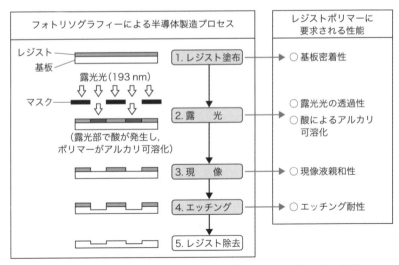

図2 半導体製造プロセスとレジストポリマーに要求される性能

らのモノマーは反応性が異なる．そのため，原料モノマーをすべて反応器に仕込んで重合する方法（一括重合）では，モノマーの消費速度が異なることに起因して，重合初期と後期で得られるポリマーの共重合組成が変化する．それによりレジスト性能が悪化する．一方，原料モノマーを溶解した溶液を，反応器で加熱した溶媒中に滴下して重合する方法（滴下重合）では，滴下直後にモノマーが反応するので重合が進行しても逐次生成するポリマーの共重合組成の変化が小さく，より均一な共重合組成のポリマーが得られた（特許 3421328）．

半導体製造における回路の線幅は年々微細化され，ArF レジストに含まれる不純物が性能に与える影響が大きくなっている．そのため，レジストの原料であるポリマーに含まれる不純物を減らすことが重要である．不純物には，たとえば残存する原料モノマーや製造プロセスで使用される溶媒，金属，また溶媒に不溶であるパーティクルなどがある．なかでも金属の低減は非常に難しい課題であった．ArF レジスト用のポリマーでは，金属含有量が ppb オーダーでの管理が要求される．ppb とは，50 m の公式プール 100 杯分に 1 円玉が 1 個あるかないか程度の少量であり，定量することも難しく，その測定方法を確立する必要があった．社内の評価解析部門の協力を得て，元素分析装置の一種である ICP-MS（誘導結合プラズマ質量分析計）で測定できるようになった†．次に，製品中の金属量を ppb オーダーに低減する必要があった．ポリマー製造中に金属が混入する原因としては，原料からのもち込み，製造設備や環境からの混入が考えられ，一つひとつ原因を確認し問題を解決していった．また，製造工程中に低減する方法についても検討した．このような取り組みを地道に続けることにより，製品中の金属含量の ppb オーダーでの管理が可能となった．

このように関連部門と連携した技術的取り組みを行うことにより，市場に受け入れられ，評価される ArF レジスト材料を提供できるようになった．当社では，マーケティング部門のさらなる尽力を加え，この高分子材料を主要なレジストメーカーへ販売することが可能となった．このように，国内外の電子デバイスメーカーに材料を供給するという事業形態により，幅広く社会へ貢献している．

当社は 2017 年 4 月，新事業創出のための研究開発・量産化検討をさらに加速させることを目的に，「総合研究所」と「姫路技術本社」を再配置し，新サイト「イノベーション・パーク」として集約する．この新サイトは，長期ビジョン Grand Vision 2020 で策定する，世界に誇れるベストソリューション実現企業を目指す技術革新を図る場となる．

成功へのカギ③

個人で対応できる範囲は限られており，部門を越えて連携することで，問題解決を図ることは重要である．

イノベーション・パークへようこそ！

■ 研究分野	セルロース化学，有機化学，高分子化学，火薬工学など事業研究中心．
■ スタッフの人数	イノベーション・パーク在籍者，300数十名．各工場の研究部門含め全社で約500名．
■ 研究員の概要	有機化学，高分子化学，触媒化学，化学工学，バイオを専門とする．化学系はほぼ修士号をもち，博士学位取得者は約1割．男女比は約85/15で，女性管理職増加傾向．キャリア採用，留学生採用も増えている．
■ 研究内容	「有機合成技術」，「セルロース化学」，「高分子化学」，「火薬工学技術」を基盤技術として，新素材，電子材料，機能フィルム，メディカル・ヘルスケア，環境・エネルギーなど多彩な分野で「新たな意義のある価値を創造」し，「ベストソリューション」を提供して社会に貢献することを目指し研究開発を推進．各事業カンパニーは，独自の企画・研究開発部門をもち，それぞれ事業戦略にそった研究開発を進めている．
■ テーマの決め方・研究の進め方	長期ビジョン【Grand Vision 2020】や，各部門の中期計画を踏まえ，企画開発部門，マーケティング部門と情報を交換し，討議しながらテーマを決める．期初に達成課題，項目とレベルを定め，上司や同僚と相談をしながら研究を進める．自部門のみで解決できない課題は部門間の垣根なく積極的に他部門と協業できるのが強み．
■ ミーティングの内容，回数	研究開発部門で月に一度，研究開発本部長（常務）へ直接報告する機会がある．その他，部門ごとに月報会などそれぞれ独自に設定している場合が多い．他部門や事業場をまたがる打合せは，その都度必要に応じ実施．
■ こんな人にお勧め	・モノづくりへのこだわりをもち，人とのコミュニケーションを大切にする人． ・相手の立場や視点に立った考え方ができる人． ・課題に対し情熱と愛着をもち最後まで責任をもってやり抜く人．
■ 実験環境	実験設備は，各種反応装置，分析・評価機器のみならず，量産化検討ベンチ設備もある．本書が出版される頃，研究・技術開発部門はイノベーション・パークへの集約と，実験室再配置によりさらに効率的で安全な実験環境が実現している．
■ 裏話	議論，討論の場での雰囲気は非常にオープン．「私がやる！協力する！明るくやる！」の自主行動宣言どおり，意思をもつ人が自由に意見を述べ，互いに得意とする技術をもち寄り，喧々諤々の議論を通して物事を進めていく風土がある．
■ 興味のある方へのアドバイス	自分とダイセルを結びつける"何か"（製品，先輩，風土，…）を感じてほしい．相性のよい会社は，見学にいくと"ピピピッ"とくるものが必ずある．自分がやりたい製品，分野があるか，が最も重要な選択肢．いろいろな方の話を聞き，会社の雰囲気やカラー（特色）などを掴むとよい．

【特　徴】
触媒技術をキーテクノロジーとする香料，機能性素材の製造法の開発．

技術立脚の精神に則り
　　社会に貢献する

高砂香料工業株式会社
研究開発本部

【研究分野】
有機合成化学，触媒化学．

【強　み】
BINAP および SEGPHOS を用いた不斉遷移金属触媒と不斉合成．

【テーマ】
香料および機能性素材合成のプロセス開発，また，それを実現するための触媒開発．

シトラールの不斉水素化反応 新触媒の発見と開発

～非常識な反応に挑む～

高砂香料工業の主力製品であるl-メントールの新規な合成方法，そのなかでも最も重要な工程となるシトラールの不斉水素化反応の新触媒の発見と開発について述べる．

現在，高砂香料工業ではハッカの主要成分であるl-メントールをミルセンから製造しており，その製造量は年間約2000トン以上にも及ぶ．しかしながら，将来の増産，価格競争に備え，2007年からより効率的な合成法を検討することになった．弊社ではシトロネラールから誘導される製品を多数製造しているため，新法においても(R)-シトロネラールを経由する合成ルートが望まれた．したがって，新法開発の鍵は，(R)-シトロネラールの安価で簡便な合成法の開発であった．

シトラールの直接的不斉水素化反応——非常識な反応の発見

われわれは(R)-シトロネラールの合成法として，ネラールまたはゲラニアールどちらかの不斉水素化を不均一系触媒と不斉配位子で行おうと考えた．このような例はいくつか知られている．1970年代から酒石酸で修飾したNi触媒や，シンコナアルカロイドで修飾したPt触媒，Pd触媒による不斉水素化が行われている．

不斉水素化を検討する前に，ネラールまたはゲラニアールの位置選択的な不均一系水素化触媒を探索した．図1に示したように，シトラール（ネラールとゲラニアールの混合物）は太い矢印以外にも2か所が水素化される構造であるため，まずここでの位置選択性がよくなければならない．Pd/C等のパラジウ

堀 容嗣（ほり ようじ）
東京農業大学生物産業学部教授．1955年 大分県生まれ．1988年 京都大学大学院工学研究科博士課程修了．

山田伸也（やまだ しんや）
高砂香料株式会社 先端領域創成研究所第一部 専任研究員．1970年 岩手県生まれ．1995年 東北大学大学院農学研究科博士前期課程修了．

図1 シトラールの構造

ム触媒が非常に高い選択性でシトロネラールを与えることがわかったので，次に不斉源を探し始めた．

不斉源は天然に潤沢に存在するものから調達しようと考えた．初めに，不斉源として酒石酸やシンコナアルカロイドを用いてネラールの不斉水素化を行ってみたが，得られたシトロネラールの光学純度は最高 6.8% ee と惨憺たる結果であった．

次に種類の多いアミノ酸に着目し，入手可能なアミノ酸を手当たり次第に試してみたところ，不思議な現象を見いだした．不斉源として L-フェニルアラニンを添加すると，ゲラニアールからは (R)-シトロネラールが 47% ee と中程度の光学収率で得られた．一方，ネラールからは 11% ee の (S)-体が低い光学収率で得られた．普通の均一系触媒であれば触媒がネラールとゲラニアールを認識し，逆の立体のものがほぼ同じ不斉収率で生成するのが一般的であるが，この場合その予想とは非常に異なる値であった．さらに L-トレオニンを用いた場合，光学純度は低いものの (S)-シトロネラールしか生成しなかった．

新しい "Dual Catalyst System" 概念の発見

これらの実験結果を詳細に解析したところ，反応途中でネラールとゲラニアール間での異性化平衡があることを見いだした．つまり異性化反応によって，どちらかの異性体の比率が高まり，その異性体が水素化されることによって光学純度の偏りが生じると考えた．

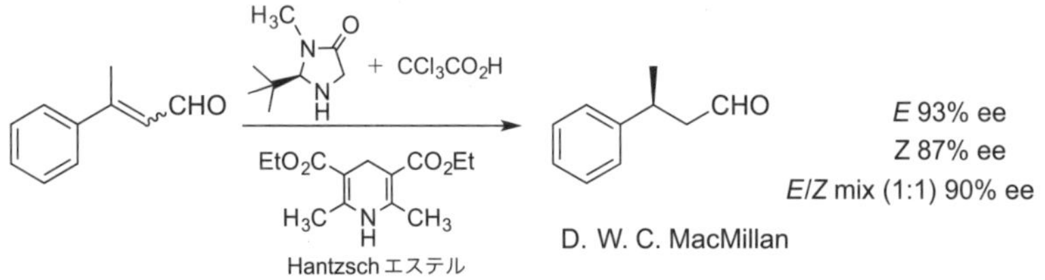

図2 MacMillan らによる不斉有機触媒を用いた新規反応

偶然にも，この時点から遡ること 3 年ほど前の論文に，今回の反応のヒントがあった．図2に示したように，MacMillan と List らが不斉有機触媒を用いた Hantzsch エステルによる水素移動反応を行い，β-メチルシンナミルアルデヒドから対応する 3-フェニルブチルアルデヒドを高い光学純度で得ていた．この論文に基づいて，市販の不斉有機触媒を購入し，シトラールの不斉水素化を試みた．そのなかで，2-(ジアリールメチル)ピロリジン類はかなり高い光学純度でシトロネラールを与えた．図3に示したように，2-(R)-ジフェニルメチ

> **成功へのカギ①**
>
> 数多くの実験，さらには緻密なデータの解析，毎日のディスカッションが非常に重要．ネガティブなデータでも捨てず原因を徹底的に検証する．そうすることで新しい発見が生まれる．

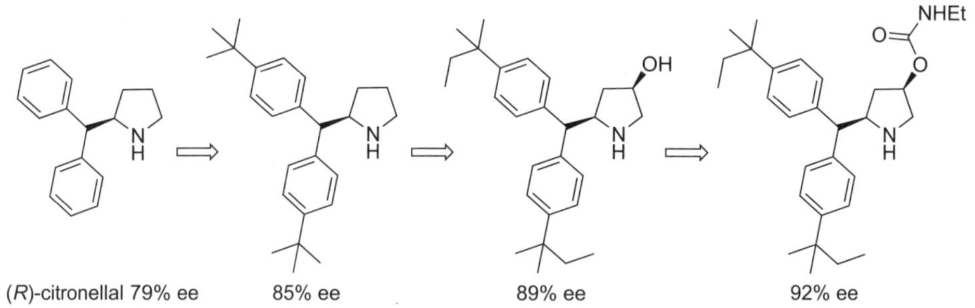

(R)-citronellal 79% ee   85% ee   89% ee   92% ee

図3 不斉有機触媒の改良により高い光学純度を達成

ルピロリジンを用いたシトラール（$E/Z = 1/1$）の不斉水素化において，(R)-シトロネラールが79% eeという高い値で得られた．反応は，この2-(R)-ジフェニルメチルピロリジンとPd/BaSO$_4$を触媒として用い，大気圧の水素雰囲気下で進行した．その後，不斉有機触媒を設計・合成し，90% ee以上の光学純度を達成した．

この不斉アミン触媒は，シトラールの異性化ならびに水素化の方向の立体制御を行っている．同時に，Pd/BaSO$_4$は水素化を受けもっている．予想される反応機構を図4に示した．反応は，シトラールが不斉アミンと反応しイミニウムイオンを形成するところから始まる．イミニウムイオンはエナミンを介してゲラニル型に落ち着く．ついで，その中間体の下側（Si面）から選択的に

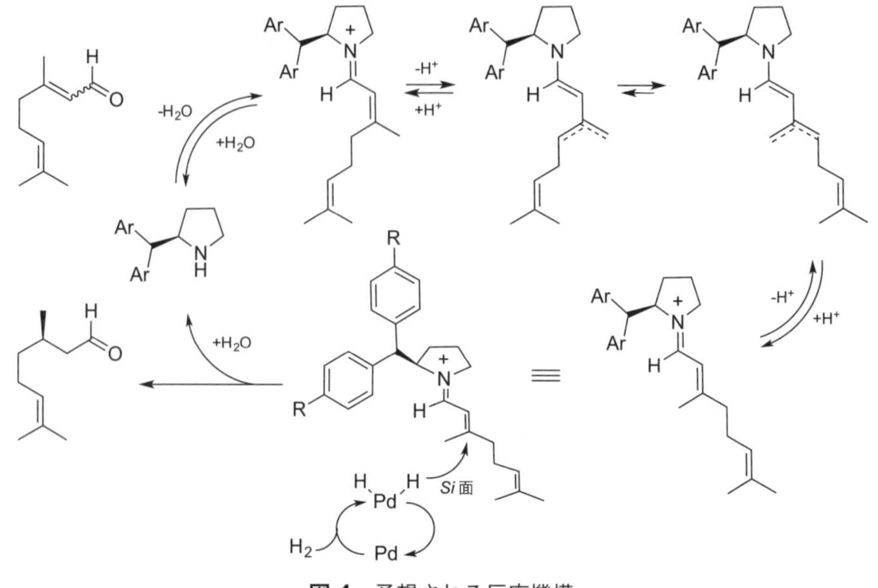

図4 予想される反応機構

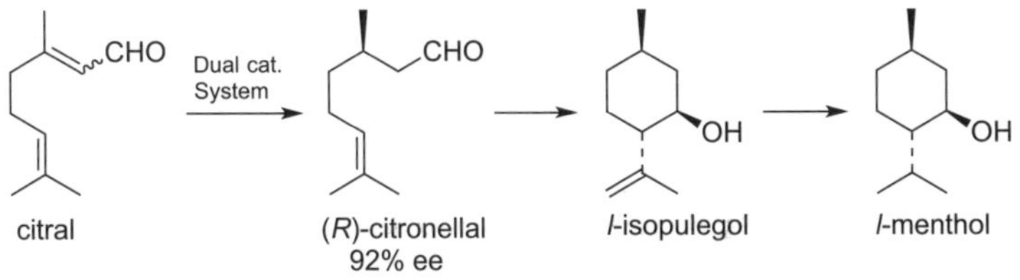

図5 新たに開発した光学活性メントールの最短ルート

水素化が進行すると考えられる.

　本反応では,不斉有機触媒と固体触媒との共同の作業が非常にうまく機能しており,われわれはこの触媒系を"Dual Catalyst System"と名づけた.今回発見した新規の触媒システムによって,光学活性メントールを得る最短ルートを開発できた(図5).

◆◆◆

　シトラールから,1段階で光学活性シトロネラールを合成できる"Dual Catalyst System"(不斉アミン触媒とパラジウム触媒)を発見した.これにより,最短のメントール合成法が構築できた.実験開始当初,われわれはこのような非常識な不斉水素化反応が起こるとは思ってもいなかったが,緻密な実験結果の分析から,偶然にもユニークな反応を見つけることができた.まさにセレンディピティである.

先端領域創成研究所へようこそ！

■ 研究分野	有機合成化学，触媒化学．
■ スタッフの人数	非公表．
■ 研究員の概要	大学院修士課程および博士課程修了者が多い．
■ 研究内容	香料合成のプロセス開発．香料，医薬品および機能性材料を合成するための触媒開発．
■ テーマの決め方・研究の進め方	おもに顧客案件の香料合成，プロセス開発のテーマを設定する．また、これと同時に将来に備えた萌芽研究のテーマも設定している．それぞれグループを組織して研究を進める．
■ ミーティングの内容，回数	グループミーティング週1回．全体の報告会を月1回（他部署も参加）．
■ こんな人にお勧め	自分の専門分野にこだわらず，新しいことにチャレンジしていける人．
■ 実験環境	基本的に実験は各自のドラフトで行う．分析機器としては，GC，HPLC，MSおよびNMRを使用．
■ 裏　話	香料会社はよい香りの化合物ばかりを扱うイメージがあるが，時には臭い化合物を扱うことも．
■ 興味のある方へのアドバイス	今回，弊社の合成部門を紹介させていただいたが，フレーバーやフレグランスに興味がある方は応募してみては．

【特　徴】
日本最大の化学工場である南陽工場（山口県周南市，敷地面積300万m^2）に立地．
東ソーグループの有機系製品の開発拠点．

明日のしあわせを化学する

東ソー株式会社
有機材料研究所

【研究分野】
有機合成化学，有機化成品，有機系機能材料．

【強　み】
工場内に研究所があるため，ラボ実験成果を迅速にプラント試作できる環境が強み．

【テーマ】
有機化成品開発（アミン誘導体，有機ハロゲン誘導体）．
有機系機能材料開発（環境薬剤，有機ＥＬ材料，導電性高分子）．

効率的クロスカップリング反応技術の開発と工業化

～塩化物原料の有効な活性化を目指して～

クロスカップリング反応は，炭素–炭素結合形成反応としてきわめて重要であり，産業界でも有機ファイン製品の合成手法として急速に普及している．また最近では，炭素–ヘテロ元素(窒素，酸素等)結合形成反応の進歩も目覚しく，クロスカップリング反応は，機能材料の開発(分子設計)に不可欠な合成技術となっている．図1には，クロスカップリング反応により製造されている製品例をまとめた．農薬(BASF)，医薬(Merck)，液晶材料(JNC)，有機EL材料(東ソー)，レジストモノマー(東ソー)など，利用分野は広範囲に及んでいる．

クロスカップリング反応は，通常，パラジウム触媒を用いて実施されるが，工業化に際しては，①塩化物原料が不活性，②触媒が高価(希少金属問題)，③製品中からの触媒の完全除去が困難などの課題が指摘されている．

とくに産業界では，安価な塩化物原料の活性化が重要な技術課題となっている．本稿では，各種金属触媒における塩化物原料の活性化技術の進展について，東ソー(株)グループの取り組みを中心に紹介する．

江口久雄(えぐち ひさお)
東ソー株式会社 有機材料研究所長．1960年 大分県生まれ．1988年 九州大学大学院総合理工学研究科修了．

図1 クロスカップリング反応で製造される製品例

有機EL材料合成に活躍するパラジウム触媒法

次世代ディスプレイとして，有機ELディスプレイが注目されている．重要な構成材料である正孔輸送材には，トリアリールアミン類が用いられている．トリアリールアミン類は，従来，アリールハロゲン原料とジアリールアミン化合物とのUllmann反応により合成されてきた．しかしながら，この合成法は，①高温反応条件，②ヨウ化物原料が必須等の課題があり，工業的製造法としては満足できるものではなかった．

1995年，パラジウム触媒を用いるアミノ化反応（Buchwald-Hartwig反応）が発表され，注目を集めた．しかしながら，このアミノ化反応では，トリアリールアミン類の合成は困難であった．東ソー（株）は，Buchwald-Hartwig反応の改良検討を実施し，Pd/P(t-Bu)$_3$触媒を用いると，トリアリールアミン類が高収率で得られることを見いだした（表1）．Pd/P(t-Bu)$_3$触媒を用いるアミノ化法は，温和な反応条件下，非常に少ない触媒量で，塩化物原料においても高収率で反応が進行する特徴をもつ．Pd/P(t-Bu)$_3$触媒を用いるアミノ化法は，「東ソーアミノ化法」と総称され，有機EL材料の合成技術として広く普及している．

有機EL材料は高純度が要求されるため，クロスカップリング反応を利用した場合には，触媒成分（とくにホスフィン配位子）の残存が大きな課題となる．P(t-Bu)$_3$配位子は，反応後の後処理操作（酸素処理＋製品洗浄）により製品中

成功へのカギ ①

東ソー（株）は世界で初めてPd/P(t-Bu)$_3$触媒の優れた反応性を見いだし，工業化した．当時は芳香族系ホスフィン配位子の利用研究が主流であったが，あえて脂肪族系ホスフィン配位子に挑戦したことが成功のポイントとなった．

表1 トリアリールアミノ化反応の触媒スクリーニング結果（東ソー）

X	ホスフィン（配位子円錐角）	条件	時間(h)	収率(%)	備考
Br	P(o-Tol)$_3$ (194)	A	3	5	Buchwald法
Cl	P(o-Tol)$_3$ (194)	B	12	0	Buchwald法
Br	P(t-Bu)$_3$ (182)	A	3	99	東ソーアミノ化法
Cl	P(t-Bu)$_3$ (182)	B	12	98	東ソーアミノ化法
Br	P(Cy)$_3$ (170)	A	3	46	
Br	P(Ph)$_3$ (145)	A	3	19	
Br	P(n-Bu)$_3$ (132)	A	3	0	

条件A：Pd(OAc)$_2$ = 0.025 mol%，ホスフィン = 0.1 mol%．
条件B：Pd(OAc)$_2$ = 0.1 mol%，ホスフィン = 0.4 mol%．

から完全除去できることから，この点も工業化に有利な技術となっている．

医薬品合成に用いられるニッケル触媒法の創出

医薬品用途では，触媒（金属分）の残存が課題となる．表2に，EMEA（欧州医薬品庁）が設定した医薬品中の金属許容濃度をまとめた．クロスカップリング反応に関連する金属分としては，パラジウム，ニッケル，銅，鉄，亜鉛に許容濃度が設定されている．とくにパラジウムは最も許容濃度が厳しく，通常の精製操作では製品中から完全に除去することは容易ではない．

表2 EMEA（欧州医薬品庁）が設定した医薬品中の金属許容濃度

金属	経口ばく露	
	1日最大摂取許容量 (mg/day)	濃度 (ppm)
Pd, Pt, Ir, Rh, Ru, Os	100	10
Ni, Mo, Cr, V	300	30
Cu, Mn	2,500	250
Fe, Zn	13,000	1,300

> **成功へのカギ ②**
>
> 東ソー（株）は多種類のアミン化合物を大量製造している．アミン化合物の取り扱いに関する豊富な経験と知識により，$NiCl_2$(tmeda)錯体の有効性を見いだすことができた．

こうした背景から，医薬品用途で多用される鈴木-宮浦カップリング反応において，パラジウム代替触媒のニーズが急速に高まっている．

東ソー（株）では，ニッケル触媒による鈴木-宮浦カップリング反応について，系統的な検討を実施し，$NiCl_2$(tmeda) + PPh_3 触媒が塩化物原料に対して良好な反応成績を与えることを見いだした（図2）．$NiCl_2$(tmeda)錯体は，空気中でも安定に取り扱うことができ，反応後の酸洗浄操作により，製品中から完全に除去できる性質をもつ．$NiCl_2$(tmeda) + PPh_3 触媒を用いる鈴木-宮浦カップリング反応は，①塩化物原料の活性化，②触媒（金属分）残存問題を同時に解決できるため，工業化技術としての利用価値が高い．

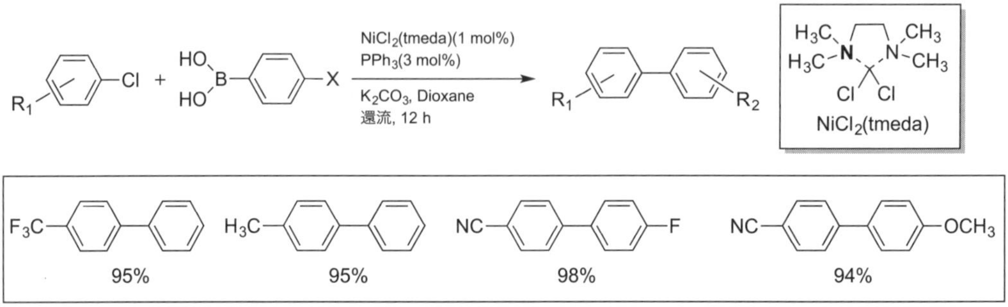

図2 $NiCl_2$(tmeda) + PPh_3 触媒を用いる鈴木-宮浦カップリング反応例（東ソー）

鉄触媒を用いるクロスカップリング反応の開発

産業界では，希少金属問題がクローズアップされている．クロスカップリング反応で多用されているパラジウム触媒は，非常に高価な希少金属であり，代替触媒のニーズは大きい．鉄は最も存在量の多い遷移金属であり，究極の安価触媒として，近年大きな注目を集めている．また，表2で述べたように，医薬品中の金属許容濃度も非常に緩く，高い安全性も大きな魅力である．

東ソー（株）は，レジスト用モノマー（PTBS）の製造法として，鉄触媒を用いるクロスカップリング反応を開発し，2000年に工業化した（図3）．これは，鉄触媒を用いるクロスカップリング反応の世界初の工業化例である．ビニル化剤には，安価な塩化ビニルを採用しており，きわめて経済的な製法となっている．

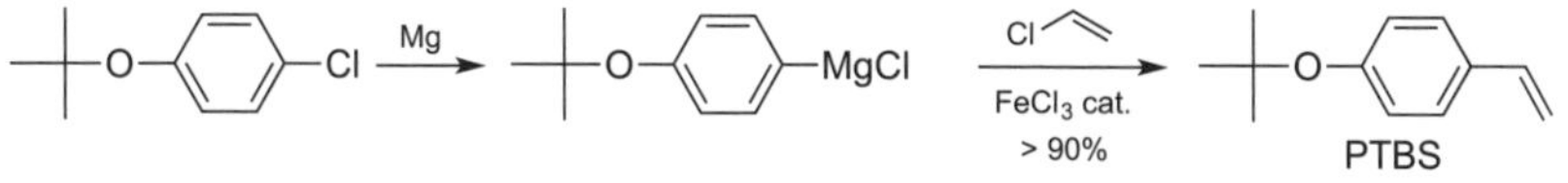

図3 Fe系触媒を用いるレジストモノマーの工業化例（東ソー）

東ソー（株）では，鉄触媒を用いるクロスカップリング反応開発に力を入れており，最近では非対称ビアリール合成への利用展開にも成功している．たとえば，中村正治先生（京都大学）との共同研究では，FeF_3-SIPr触媒を用いることにより，塩化物原料を用いた場合にも非対称ビアリール化合物が収率よく得られることを見いだした（図4）．

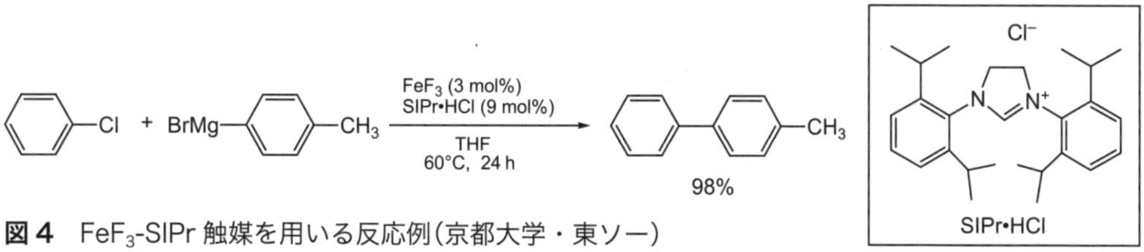

図4 FeF_3-SIPr触媒を用いる反応例（京都大学・東ソー）

◆◆◆

東ソーグループは，クロスカップリング反応の原料となる有機ハロゲン化合物と有機金属化合物の国内トップメーカーである．こうした背景から，長年，クロスカップリング反応の工業化検討に取り組んできた．とくに塩化物原料の活性化に有効な「効率的クロスカップリング反応技術」を数多く開発してきており，その取り組みは，「2011年度有機合成化学協会賞（技術的）」の受賞につながった．

成功へのカギ ③

東ソー（株）は塩化ビニル製造の国内トップメーカーである．塩化ビニルの新規用途開発を指向する強い熱意が，レジストモノマーの工業化（鉄触媒クロスカップリング反応の開発）につながった．

有機材料研究所へようこそ！

■ 研究分野	有機合成化学，有機化成品，有機系機能材料．
■ スタッフの人数	研究所長（1名），研究リーダー（5名）．
■ 研究員の概要	・研究所員は約60名（有機合成，材料化学を専門とする研究者集団） ・組織は研究リーダーを中心とした5グループ制
■ 研究内容	・有機化成品開発（アミン誘導体，有機ハロゲン誘導体） ・有機系機能材料開発（環境薬剤，有機EL材料，導電性高分子）
■ テーマの決め方・研究の進め方	・全社テーマ公募を通じて，毎年，研究テーマの見直し（入れ替え）を実施 ・事業部と連携して，早期の製品開発（上市）を目指す
■ ミーティングの内容，回数	グループ会議（1回/週），研究所テーマ報告会（1回/月），全社成果報告会（1回/年）．
■ こんな人にお勧め	研究員が直接，世界中の顧客に出向いて，技術（製品）紹介する機会が多い職場．好奇心の強い，タフな人材を求めている．
■ 実験環境	2019年に，新研究棟が完成予定．ラボ実験棟に加えて，ベンチ実験棟（スケールアップ実験用）も整備される計画．
■ 裏話	鈴木 章先生（2010年ノーベル化学賞受賞）に，研究所の技術アドバイザーをお願いしている．若手研究員も鈴木先生とディスカッションする機会があり，刺激を受けている．
■ 興味のある方へのアドバイス	グローバルな時代となり，勝ち残ることができるのは，「ユニークな製品（人材）」だけである．差別化技能を身につけた「ユニークな人材」を目指してほしい．

【特徴】
天然物合成,反応開発,機能性材料開発,計算化学など,全国から集まった多種多様な専門力をもつ研究者が協力して基礎的研究から実用化研究までを進める.

Value from Innovation

富士フイルム株式会社

【研究分野】
機能性色素,液晶,フォトポリマー,有機エレクトロニクス材料,機能性ポリマー等の機能性化合物の開発とそのための合成プロセス開発など.

【強み】
関連製品の幅が広く,また基礎から製品化までをカバーすることが,「広い経験を通した成長機会」,「適材適所の人材活用」という意味で,人材成長,育成面の強みとなっている.

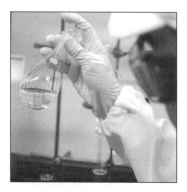

【テーマ】
フラットパネル材料,印刷材料,半導体材料,医薬品など,当社の主要事業分野において,商品の競争力の源泉となる独自の高機能化合物をデザイン&製造化して製品に導入する.

色素中間体
ベンゾインドレニンのワンポット合成
~可逆反応と不可逆反応の組合せの妙技~

ベンゾインドレニンは，きわめて簡単な構造であるが，「有機合成法の開発」が鍵となった事例として紹介したい．厳しいコスト要請がなければ，生まれなかった合成法と考えている．

光ディスク用色素などとして広く用いられるシアニン系赤外色素の吸収特性をコントロールするために，インドレニン誘導体が合成中間体として用いられる．このインドレニン誘導体は，対応するアニリン誘導体を原料としてフェニルヒドラジン誘導体を経てFischerインドール合成(3,3-シグマトロピー反応)によって合成される(図1).

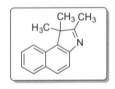

図1 インドール合成の反応機構

山川一義(やまかわ かつよし)
富士フイルム株式会社 R&D 統括本部．1959年 山形県生まれ．1983年 東北大学大学院理学研究科前期課程修了．

ベンゾインドレニンは，原料が2-ナフチルアミンであり，発がん性のため入手できず，安価に合成できる新規合成法が必要であった．われわれは，安価に入手可能な2-ナフトールを原料とする合成法を検討した(図2).

2-ナフトールを原料とする合成法の開発

2-ナフトールのヒドロキシ基を脱離基に変換し，ヒドラジンと金属触媒を用いて2-ナフチルヒドラジンを得て，3-メチル-2-ブタノンと酸触媒で反応すると，いわゆるFischerインドール合成でベンゾインドレニンは合成できる(3工程)．

しかし，ヒドラジン/金属触媒の混合物は爆発性があり，スケールアップす

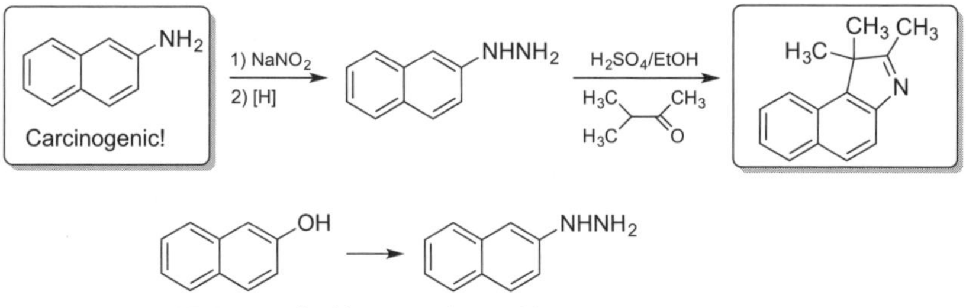

色素中間体ベンゾインドレニンのワンポット合成

図2 発がん性のない出発原料 2-ナフトールの利用

ることは難しい．さらに厳しいコスト要請を受けて，少ない工程数で安価に製造できる新たなルート探索を以下のような作業仮説を立てて開始した．

作業仮説①：2-ナフトールにはケト型が存在するため，ヒドラジンの求核置換反応により，2-ナフチルヒドラジンが直接合成できるのではないか？ ヒドロキシ基を脱離基に変換する工程が省略できないか？

検証①：早速実験したところ，酸触媒存在下，加熱することで，ナフチルヒドラジンがごく微量生成することを確認した（図3）．ケト型の寄与があり，プロトン化されて反応が進行したものと推定される．収率が低く実用化は難しいと思われたが，興味深いことに，Fischer インドール合成の反応条件で反応が加速された！

> **成功へのカギ①**
>
> 痕跡ではあるがナフチルヒドラジンが直接得られたという結果から，収率が低い反応として切り捨てるのではなく，酸触媒存在下では，ヒドラジンとナフトールとナフチルヒドラジンにも平衡があることを示しており，平衡をずらすことが可能であると着想したこと．

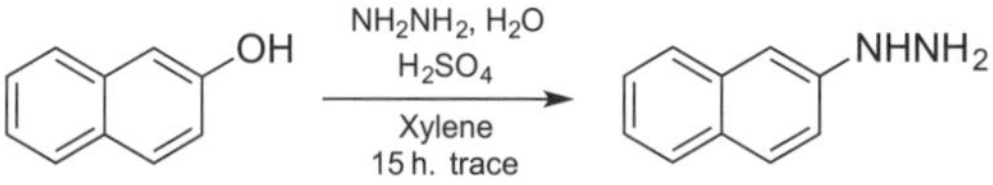

図3 酸触媒を用いる 2-ナフトールとヒドラジンとの反応

作業仮説②：ヒドラジンと 3-メチル-2-ブタノンは，平衡混合物として存在することが知られている．ここに 2-ナフトールと酸を加えたら？（図4）

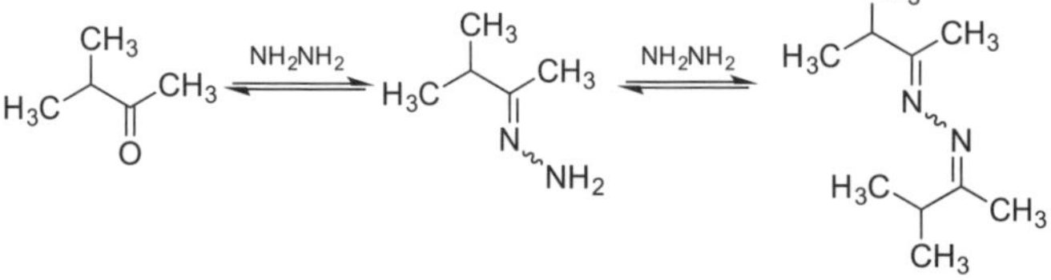

図4 ヒドラジンと 3-メチル-2-ブタノンとの平衡混合物

「平衡がずれながら」不可逆の 3,3-シグマトロピー反応（Fischer インドール合成）が進行し，目的物とするベンゾインドレニンに反応が収束するのではないか？

検証②：早速実験開始．ワンポットですべての原料を加熱し，生成する水をディーンスターク装置を用いて除去することで，目的とするベンゾインドレニンが得られた．UV 吸収のある生成物は，2-ナフトールと目的物のみであり，非常にきれいな反応が進行することを見いだした！（図 5）

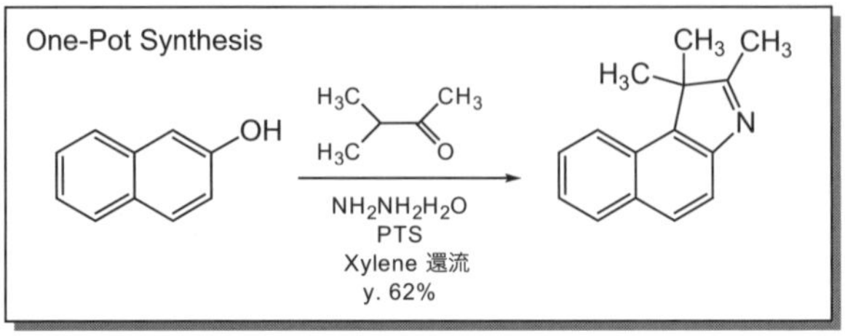

図 5 ベンゾインドレニンのワンポット合成

　可逆反応と不可逆反応を組み合わせることで目的物がワンポットで得られるという事実は，非常に面白い発見と考えている．製造法特許も成立した(図 6)．

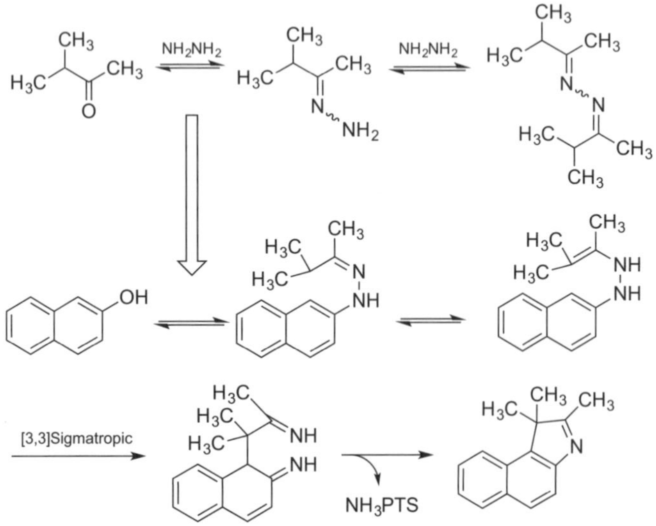

図 6 推定反応機構

プロト処方作成：酸性の化合物（2-ナフトール）と塩基性の化合物（ベンゾインドレニン）は，抽出分液操作で容易に分離でき，カラム精製なしに目的物を結晶で単離することができた．モル比の最適化により，3-メチル-2-ブタノン基準で，ワンポットでベンゾインドレニンが収率 62％で合成できた．

実用化に向けて──大学と企業の研究はどう違うか

　旧三協化学(現富士フイルムファインケミカル)の山中保和氏により,処方改良,製造化が進められ,1バッチ500 kg規模で安定に安価に生産が行われている.ここでは詳細を割愛させていただくが,旧三協化学の研究陣,とくに山中保和氏のプロセス研究のレベルの高さに感服している.

　ところで,大学と企業の研究の違いとは何だろうか.筆者が考える,類似点と相違点を次にあげておく.結論からいうと,企業研究とは実用化されて初めて評価されるということ,であろう.

【類似点】
1. 自由な発想で,合成法研究,新ルート探索ができる
2. 作業仮説,仮説検証の繰り返し(実験してみる)
3. きわめてシンプルな方法が最後に残る(Simple is best)

【相違点】
1. 研究で終わらずに,実用化されることで評価される(厳しいコスト要請)
2. 実用化までに複数の研究技術者によるチェック・改良が行われる
3. 環境影響,素材安全性,プロセス安全性(爆発性)などのクリアが必要
4. 新しい反応に関する基本特許・知財権の確保が重要(新規性,進歩性)
5. コストが推定できる製造処方は,企業秘密・ノウハウとして秘匿される

　コロンブスの卵のような話ではあるが,自由な発想で,作業仮説,検証を繰り返すことで,新しい反応に到達することができた.新規な反応を発見し,さらにそれを実用段階まで進展させることは企業研究者の一番の醍醐味かもしれない.大学では味わうことのできない感動であり,一度経験するとやめられなくなる.作業仮説通りに反応が進行した時のワクワク感(成功体験)が次の難題に立ち向かうためのドライビングフォースにもなりうる.

　20年以上前,筆者が30歳代後半のときに体験した研究事例であるが,昨日のことのように鮮明に思いだされる.

　可逆反応(平衡)と不可逆反応を組み合わせるという着想は,大学院時代に経験した成功体験がまさしく「生きた知恵」になったと思う.

　当時,ジアゾメタン(1,3-双極子)とオレフィンの分子内反応が,反応機構の詳細な研究により,不可逆反応ではなく可逆反応であるということを見いだし,目的の反応を進行させるためには,加熱ではなく冷却($-20\,^\circ\mathrm{C}$)により平衡をずらすことが有効であるという体験をした.反応機構を推定しながら,実験を繰り返し行うことで得られる「活きた知恵」は何物にも代えがたい強い武器になる.

有機合成化学研究所へようこそ！

■ 研究分野	高機能性分子・ポリマー（電子材料用，印刷材料用など）とその合成プロセス．
■ スタッフの人数	非公表．
■ 研究員の概要	全国の有機化学系研究室から入社するため，天然物合成，反応開発，材料開発など，多様な研究経歴をもつ研究者が所属している．
■ 研究内容	フラットパネル材料，印刷材料，半導体材料，医薬品など，当社の主要事業分野において，商品の競争力の源泉となる独自の高機能化合物をデザイン＆製造化して製品に導入する．また，将来を見据え，環境／エネルギー分野，有機エレクトロニクス分野等において，経産省（NEDO），文科省（JST）などの国家プロジェクトにも参画し，中長期テーマとして進めている．
■ テーマの決め方・研究の進め方	既存事業分野のテーマは事業部からの顧客ニーズとR&Dが保有する技術シーズとのすり合わせで決定する．新規事業分野に関しては，保有シーズの活用が見込める高機能材料領域は高機能材料開発本部，中長期戦略テーマはイノベーション戦略企画室という部門が，それぞれ該当R&D部門との議論を通じてテーマ決定する．
■ ミーティングの内容，回数	研究チームにより異なるが，商品化研究室のメンバーとの日々の議論を通して，開発方針を決定．公式の月例報告では，課題と進度に関し要点をわかりやすく報告することが求められる．
■ こんな人にお勧め	専門領域を深め磨きつつ，周辺技術や市場動向などについても広く関心をもてる好奇心旺盛な人にお勧め．開発した素材が製品に搭載され，その価値を世に問うことは大きなやりがいとなる．
■ 実験環境	居室の隣部屋に実験ドラフトを完備し，合成実験を思う存分楽しめる実験環境が整っている．ドラフトの前で構造式を書いて，議論している研究者も多い．
■ 裏話	当研究所はグループ会社全体の有機材料サポート機能を託されている．合成機能は国内に集約しているが，関連部門はワールドワイド．このため，研究所員はイギリス，オランダ，アメリカなど，グローバルに活躍している．
■ 興味のある方へのアドバイス	当社は創業以来80年以上の歴史を通じて「先進，独自の技術にこだわる企業文化」と「オープン・フェア・クリアな企業風土」を築いてきた．現在は，これらの強みを活かし，"Value from Innovation"のスローガンのもと「明日の可能性を拡げる，人びとの心が躍る新たな価値創出」に挑戦している．有機化学を志す皆さん，私たちと一緒に有機化学・材料のイノベーション創出，有機化学・材料による新たな社会価値創出に向けてぜひチャレンジしてほしい．

【特徴】
地球規模の環境，資源，エネルギー，食糧分野等のいろいろな社会課題に対して，研究開発部門が主導する，材料と物質のイノベーションを通して，ソリューションを提供する．

素材のデパート

三井化学株式会社

【研究分野】
モビリティ（自動車，ロボット分野など），ヘルスケア（目，口，衛生，医療・診断にかかわる分野など），フード＆パッケージング（農薬，食品包装分野など）の3領域を貢献市場分野に設定し，研究開発を重点化している．

【強み】
グループのコア技術とオープンイノベーションによる獲得技術の融合により素材，部材・部品，最終製品およびシステム・サービスの各段階において独自のソリューションが提案できる．

【テーマ】
「軽量化」，「燃費向上」（モビリティ），「オーラルケア」，「ビジョンケア」（ヘルスケア），「食糧増産」，「フードロス低減」（フード＆パッケージング）などに貢献する製品や技術の開発をテーマ化している．

オレフィン重合触媒の開発と展開
~断トツの高活性触媒の発見を目指して~

　企業における研究開発のゴールはビジネス(事業化達成)である．大学や公的研究機関の研究開発が全方位なのに対して企業のそれは方向が明確である．企業ではさまざまな専門や経験をもつ研究者が，このビジネスという具体的なゴールを目指して協働する．

　企業の研究開発は技術に関連した戦略的活動である．テクニカルサービス的なものや生産技術的なものがあり，開発研究があれば探索研究もある．いずれもビジネスを成り立たせるために重要であり，これらが有機的に連携して企業の研究開発力となる．

　企業のこれら多様な研究開発活動のなかで，中長期的な視点に立った探索研究を筆者は「目的基礎研究」と呼んでいる．本稿では，化学企業における目的基礎研究の例としてオレフィン重合触媒の開発と展開について紹介したい．併せて，筆者がこれまでの企業人生で学んだ研究開発の成功確率のあげ方についても触れたい．

人と違うことをするのが研究

藤田照典(ふじた てるのり)
三井化学株式会社 シニア・リサーチ フェロー．1957年　愛媛県生まれ．1988年ルイパスツール大学ストラスブール（フランス）博士課程修了．

　企業の研究者にとって最初の上司（＝最初の評価者）から受ける影響は実に大きい．1982年4月，三井石油化学工業(株)〔現・三井化学(株)〕に職を得て，総合研究所・合成化学研究室(山口県玖珂郡和木町)に配属された．恩師となる佐伯憲治博士が室長であり，最初の上司となった．ドイツで博士号を取得した佐伯室長の口癖は，「研究では人の真似をするのは恥ずかしいことである！」であり，研究テーマや研究アプローチに対して「何が新しいのか？」，「どこが今までと違うのか？」を常に問われた．このプロセスで欧米の基礎研究がなぜ強いのかを体得するとともに，研究者としての立ち位置が定まった．人と違うことをするのが研究である．

　1985～1988年の3年間欧州への研究留学の機会を得た〔ルイパスツール大学ストラスブール（フランス），Lehn教授(1987年ノーベル化学賞受賞)〕．当時は，日本経済の最盛期であり，またソ連(現・ロシア)の国力が低下していた

時期でもあったため，欧米ではソ連の軍事的脅威よりも日本の経済的脅威のほうがより深刻であると捉えられていた．アメリカ人の客員教授から「日本は欧米の基礎研究にタダ乗りして，国民を低賃金で酷使し，不当に安い輸出品攻勢をかけて欧米の産業を破壊している」と批判された．面と向かっていうわかりやすさと「国民を低賃金で酷使している」という偏見には驚いた．「欧米の基礎研究にタダ乗り」は日本にいる時には考えたこともなかった．一方では，留学期間中に聴講した学会，講演会で日本人研究者の多くが「この分野の研究は盛んである．研究例が多い」，と話を始めるのに対して，欧米の研究者は「これは新しい分野である．研究例が少ない」，で発表をスタートさせることが多かったのも事実である．

　欧州研究留学により研究に対する考え方，「人と違うことをするのが研究である」はさらに強固なものとなった．

　留学に関連して，学位について付け加えておきたい．欧米では博士（Dr.）の権威が非常に高い一方で，修士（日本企業の研究開発の主力）は「研究補助者」としか見なされていない．言い換えれば，修士は研究の議論をする相手とは思われていない．グローバル化の進展により，海外企業との共同研究や開発が増えていると思う．企業研究者を目指す学生さんや企業の若手研究者の皆さんには博士号の取得をぜひお勧めしたい（時期は入社前でも後でもどちらでもよい．筆者は後者）．個人の経験ではあるが，博士号をもっていることによるプラスは海外企業との研究開発のみならず会社生活や私生活においても非常に多かったと思う．

目的基礎研究は断トツの目標を設定すべし

　1996年10月，オレフィン重合触媒開発のプロジェクトリーダーに任命された．使命はメタロセン触媒に続く，「新しいオレフィン重合触媒＜ポストメタロセン触媒＞」の開発と展開であった．

　Ziegler（$TiCl_4/R_3Al$，1953年）に始まり，柏（$TiCl_4/R_3Al/MgCl_2$：$MgCl_2$担持型$TiCl_4$触媒，1968年），Kaminsky（メタロセン触媒，1980年）へと続くオレフィン重合触媒の開発と展開の歴史は，「高活性触媒の開発が高性能ポリマー，新機能ポリマー創製のキーになる」ことを示していた．そこで，ポストメタロセン触媒開発の目標を「メタロセン触媒を超える高活性触媒を見つける」の一点に絞った．目的基礎研究ゆえの目先にこだわらない大きな技術目標であった．こんな目標がよく通ったものだと思う．

　プロジェクトリーダーに任命される直近2年間はメタロセン触媒1の開発を行っていた．しかし，メタロセン触媒は所詮他人が見つけたものとの気持ち

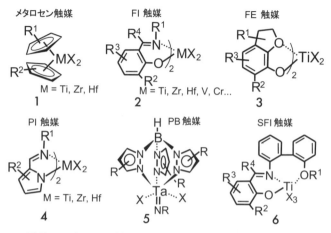

図1 メタロセン触媒と三井化学が開発した新触媒の例

が強く,いずれは新触媒(ポストメタロセン触媒)をやりたいと思っていた.この間,「なぜメタロセン触媒は高活性なのか?」の解析を進め,シクロペンタジエニル(Cp)配位子が電子的にフレキシブルな性質をもつため,との結論を得ていた.この意味でプロジェクト開始の準備は整っていた.

プロジェクトを開始した当時,メタロセン触媒の高活性は,「活性種の配位不飽和度が高い」,「金属-アルキル結合の分極が大きい」,「シス2座が重合に使える」などによると説明されており,Cp配位子の電子的性質に注目した議論はなかった.したがって,「人と違うことができる(⇒別のゴールに到達できる)」と思った.

この配位子の電子的性質に着目した触媒探索から,フェノキシ-イミン錯体触媒〔FI(エフ・アイ)触媒〕2,フェノキシ-エーテル錯体触媒(FE触媒)3,ピロリド-イミン錯体触媒(PI触媒)4,トリスピラゾリルボレート錯体触媒(PB触媒)5などの高いエチレン重合活性を示す触媒が見つかった.これらの新触媒のなかでFI触媒の活性がとくに高く,常温・常圧で触媒回転頻度(TOF)が最大65,000/sec(1秒間にFI触媒1分子が65,000個のエチレンを反応させる)に達した.この活性は初期のメタロセン触媒(Cp_2ZrCl_2/MAO)の300倍と断トツであった.

FI触媒はこの断トツの活性を武器に工業化触媒となった.FI触媒技術をベースとするポリオレフィンマルチブロックコポリマーやPE/極性ポリマー複合材料はすでに工業化されている.また,PE微粒子,超高分子量PE,環状オレフィン共重合体,グラフトポリマーなどの開発が進められている.さらに,FI触媒からエチレンの選択的三量化触媒(1-ヘキセン製造触媒)SFI触媒

```
1. 全社の力を使う（社内の力を使い尽くす）
2. 不足技術やノウハウは外部からもってこられないか検討する
3. 事実とデータで議論する．事実と意見を区別して議論する
4. 有識者のいうことに健全な疑いをもつ（有識者は諸刃の剣）
5. 突破口を新しいサイエンスに求める
6. 実験・分析方法が正しいか（評価になっているか）常に確認する
7. 仮説をもって実験を行う（頭のなかに縦軸／横軸をもって実験を行う）
8. 条件（仕込み比，温度，圧力，反応時間など）を大きく振ったデータを取っておく
9. データは相対比較する（同じ条件で比べる）［研究開発は相対比較．絶対値は危険］
10. 前向き，肯定的な人と議論する（後ろ向き，否定的な人と議論しない）
11. 「研究開発評論家」に振り回されない（適当にあしらい，本来の研究開発に集中する）
12. 外部（第三者）の客観評価を受ける
13. 社内外に技術を発信する（可能な限り一流の場で！：情報は発信する人に集まる）
```

図2 研究開発の成功確率をあげるために

6が生まれ，この触媒もすでに工業化されている．

目的基礎研究は中長期的な視点に立つ探索研究であるため，目先の小さな目標ではなく，断トツの目標を設定すべきである．世界一を目指すから，日本一になれるのである．断トツを達成すれば結果は後からついてくる．

研究開発の成功確率をあげる

筆者はこれまで約35年間，企業の研究開発に直接的・間接的にかかわってきた．その間，研究者，プロジェクトリーダー，リサーチフェロー，研究所長，研究本部長，関係会社社長などさまざまな立場から研究開発を見てきた．この経験から，研究開発の成功確率をあげるには日頃の心がけのようなものがあると感じている．筆者なりの心がけを図2にまとめた．研究開発を進めるうえで参考になれば幸いである．

企業における研究開発について筆者の経験をベースにまとめた．研究開発活動は「始める／進める／完成させる」の三つのステップに分けることができる．「知識」は研究を始める前提である．研究を進めるためには「論理」が必要であり，完成には「情熱」が不可欠である．「知識」，「論理」，「情熱」の掛け算により価値ある製品や技術が生みだされる．実体験として，ビジネスにつながる価値ある製品や技術の開発は例外なく情熱あふれる研究者が支えていた．研究開発もまた競争である以上，最後は精神力の勝負である．

重合触媒グループへようこそ！

- ■ 研究分野
オレフィンポリマー製造にかかわる重合触媒および触媒製造技術の開発．

- ■ スタッフの人数
約 50 名の小試験実行部隊．

- ■ 研究員の概要
研究者と技術専門職からなる．研究者の多くは有機化学や錯体化学専攻の出身である．他企業や大学スタッフからの即戦力採用者もいる．約 3 割が博士号を保有，入社後に取得する研究者もいる．工業化検討では技術専門職の知識と経験が活かされる．

- ■ 研究内容
貢献市場分野であるモビリティ，ヘルスケア，フード＆パッケージング 3 領域での新製品，新事業の創出を目指している．最重要技術として，不均一系のチーグラー触媒・メタロセン触媒・ポストメタロセン触媒技術（コア技術）を強化・深耕させるとともに，有機合成化学，有機金属化学，錯体触媒化学分野などの最先端技術の獲得にも取り組んでいる．

- ■ テーマの決め方・研究の進め方
テーマの選択は企業の研究開発活動プロセス全体のなかで最も重要なステップであり，将来の技術競争力を決める．テーマは，1. 研究開発戦略との整合性，2. 市場・顧客の特定とビジネスモデルの構築，3. 保有技術の優位性，4. 成功時のインパクトの大きさ，などの切り口から厳選する．テーマの価値は変化しうるため，定期的に見直しを行う．

- ■ ミーティングの内容，回数
技術課題ごとにチーム（〜 10 名）を構成し隔週で実施している．各人が進捗と計画を報告し，チーム員は自由に意見とアイデアをだし，優先順位をつけて実施事項を決定する．「事実とデータに基づく議論」が徹底されている．

- ■ こんな人にお勧め
オレフィンポリマーの多様な製造プロセス技術を保有するため，研究開発アプローチの自由度が大きく，したがって実用化できるチャンスが多い．「自らのアイデアや研究成果で世に貢献したい」という人に勧めたい．

- ■ 実験環境
触媒の研究開発に必要かつ十分な設備を保有していることは当然であるが，雰囲気や文化といった環境もまた大切である．研究開発に対して「志の高さを求める雰囲気」と「ほめる・認める・期待する文化」が存在する．これらは財産である．

- ■ 裏話
三井化学の研究開発には「正しい失敗」を評価する風土がある．「正しい失敗」とは仮説をもった論理的アプローチの結果として「ここには答えがないという発見」である．「正しい失敗」は研究の考え方や進め方に対して指針や情報を与える．

- ■ 興味のある方へのアドバイス
企業における研究開発のゴールはビジネスである．ビジネスにつなげるには市場性やコスト，技術はもちろん，原材料の安定した調達や生産設備の能力，運転性や安全性などさまざまな項目をすべてクリアーする現実解を見つけなければならない．そのためには基礎学力，創造性，経験とともにバランス感覚も重要である．学生時代にはとくに，基礎学力（触媒の研究開発の場合は有機化学や錯体化学，物理化学）と創造性に磨きをかけてほしい．入社後活きる．

【特　徴】
AGC 旭硝子は，AGC グループの中核企業である．建築・自動車・ディスプレイ用ガラス，化学品，電子部材，セラミックス，その他の高機能材料・ソリューションを世界のお客様に提供している．

AGC，いつも世界の大事な一部

AGC 旭硝子

【研究分野】
長年にわたり蓄積・深化させた共通基盤技術をもとに，高度に洗練されたガラス，セラミックス，フッ素・化学関連分野にとどまらず，コーティング，ガラス複合化分野へも注力している．

【強　み】
AGC グループの強みは，100余年にわたり培ってきた"多様性"．ガラス，化学，セラミックスの技術基盤と，建築，自動車，ディスプレイ，電子業界など幅広い市場へのアクセス，グローバルな拠点展開で事業を拡大している．

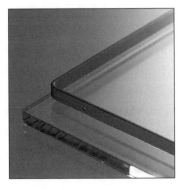

【テーマ】
フッ素がもつさまざまな特徴を活かしながらAGC グループ独自の機能を付加して，従来では実現が困難であった機能をもつ新商品の創出を目指したテーマを設定し，取り組んでいる．

フッ素を含む新たな機能性材料と医薬品の開発
～フッ素を自由に操る技術を求めて～

特異な性質をもつフッ素原子，含フッ素化合物．これらを上手に使いこなすことこそが，これまでにない優れた特性をもつ材料を産みだす源泉になる．本稿では二，三の具体例をあげて，それらの開発の経緯を概説する．

透明性を高めた非晶質ペルフルオロ樹脂（サイトップ）の開発

機能の発現を予測し分子設計を行い，そして元素を思い通りに使いこなして，骨格を形成し，その機能が予想通りに得られるようにする．まさにこのことは，有機合成・材料科学にかかわる者の大きな喜びの一つである．含フッ素化合物はほかの材料とは大きく異なる特徴をもっている．たとえば，ポリ（テトラフルオロエチレン）（PTFE）に代表されるペルフルオロ樹脂は，その耐熱性や耐薬品性などの特性を活かしてさまざまな産業用途に用いられている．これらの樹脂は一般的に結晶性である．

一方，ガラスのような非晶質な特性をフッ素樹脂でも創出できるなら新たな機能を生みだせる可能性は高い．つまり，非結晶で溶媒に可溶なペルフルオロ樹脂が開発できれば，一般的な特性を維持しながら，紫外，可視から近赤外にまで幅広い波長領域で透明になり，従来のフッ素樹脂では適用できなかった光学用途に使用できる可能性がある．光の自由な制御こそ，ガラス製造を生業とするわれわれの使命の一つでもある．

われわれは非晶質を達成する手段として，環化重合により主鎖に環状構造をもたせることを考えた．炭化水素系化合物では，非共役ジエンの環化重合の例は数多くある．しかし，含フッ素系ではその例は少なく，実用に供されている化合物はなかった．試行錯誤の結果，独自に設計したモノマー $CF_2=CFCF_2CF_2OCF=CF_2$（BVE）を非共役ジエンとして用いると，有機過酸化物をラジカル開始剤とした常圧下での環化重合が進行し，高い反応率を達成するとともに，ほぼ100％に近い環化率で溶媒可溶性の高分子量体が得られることを見いだした．

BVE 重合体サイトップ（CYTOP™）は予想の通り，可視光から近赤外線ま

森澤義富（もりざわ よしとみ）
AGC 旭硝子株式会社 技術本部先端技術研究所 特別研究員．1955年 京都府生まれ．1984年 京都大学大学院工学研究科後期博士課程修了．

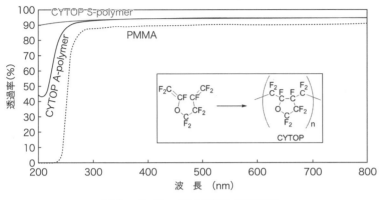

図1 サイトップの構造と光透過性

での波長領域において高い透明性を示した（図1）．この特性は，300 nm 以下の波長で透過率が低下するポリ（メタクリル酸メチル）（PMMA）と比較してもその差は顕著である[*1]．このような特性をもつサイトップは，半導体保護膜，半導体用フォトリソグラフィー用ペリクル膜，低反射コート，光ファイバー，絶縁材料，そして高性能エレクトレット材料など，さまざまな場面で活用されている[†]．

フッ素ガスを用いる直接完全フッ素化プロセス

テトラフルオロエチレン（TFE）のようなペルフルオロオレフィンは，PTFEのみならずテロメリゼーション[*2]などの原料として多用され，さまざまなペルフルオロ化合物へ展開されている．しかしながらその種類は限定されており，しかも，骨格形成反応として工業的に利用できるものにも制限があった．したがって，ペルフルオロ化合物を思いのままに創ることができれば，選択の幅を広げることができ，また機能の多様化につながる可能性がある．われわれは所望の最終骨格を想定して，通常の有機合成の手法で原料を合成しておき，あとから一挙に炭素–水素結合を炭素–フッ素結合に変換することは，この課題に対する有力な解決手段になると考えた[†]．

われわれはまず，工業的なフッ素樹脂のモノマーとして有用なペルフルオロ（プロピルビニルエーテル）（PPVE, $CF_2=CFOCF_2CF_2CF_3$）への適用を考えた．プロピルビニルエーテルを F_2 でフッ素化すれば二重結合がフッ素化されてしまうので，まずこれを保護したかたちのジクロロ体 $CClH_2CClH-O-CH_2CH_2CH_3$ を F_2 と反応させた．反応はしばしば爆発的に進行したが，液相では爆発反応は起こらないことが観測された．つまり爆発は気相で起こっていると考えられたので，液相での反応が好ましいことがわかった．

[*1] S-polymer は末端基が $-CF_3$ であり，A-polymer では $-COOH$ となっている．

成功へのカギ

このモノマーは $CF_2=CFO-$ と $CF_2=CF-$ の2種類の二重結合をもち，前者は単独重合性があるのに対して，後者は単独重合性に乏しい．しかし，環化により分子内で反応することは分子間で反応するよりもエントロピー的に有利であり，これがゲル化の原因となるペンダント基を生成せずに環化をほぼ100％進行させる要因となっている．

[*2] テロメリゼーションとは，連鎖移動剤を多く用いた連鎖反応によるオリゴマー化であり，連鎖移動剤の一部が生成したポリマーの末端基になる反応．

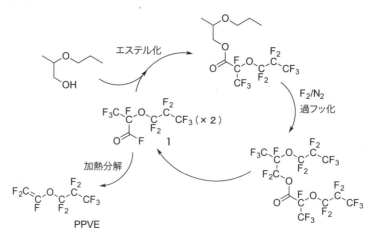

図2 直接フッ素化によるPPVEの合成

成功へのカギ②

実際，1980年代後半になるまでは，炭化水素化合物の炭素−水素結合をフッ素ガス（F_2）によって直接変換して炭素−フッ素結合にする反応の制御は，反応性の非常に高いフッ素ラジカル（F·）が反応に関与することから非常に難しいとされていた．しかしその後，基質とF_2の両方のフィードを厳密にコントロールしながら液相で反応させて反応熱を迅速に除去することにより，その制御が可能であるという報告が相ついだ．

成功へのカギ③

図2の例では，溶媒に保護基として使った化合物1が使える．したがって，本反応はいわゆる反応溶媒は必要ではなく，また保護基1はリサイクルして使うことができる．副生成物は実質的にHFのみとなる（HFもF_2に変換できる）ので，グリーンなプロセスだともいえる．

さまざまな検討の結果，①反応制御のためにフッ素化されない溶媒が必要，②反応基質をこの溶媒に可溶にさせること，③水素原子の数に対して大過剰のF_2を使う必要があること，などが必須条件であるとわかった．最終的に確立したのが図2に示すプロセスである†．

さて，前項で述べたBVE重合体のモノマー合成では，ガス状モノマー・クロロトリフルオロエチレン（CTFE）やTFEを使い，さらに過激な反応条件も必要であった．われわれは原料を適切に設計し，このF_2を用いる直接フッ素化法を用いれば温和な条件で目的のBVEが合成可能であることも明らかにした．

新たな緑内障治療薬タフルプロストの開発

含フッ素化合物の使いみちのもう一つの関心は，生理活性物質に対するものである．フッ素原子をどのように活用するか，そしてその効果を発現させるためにどのような分子骨格を構築し，実現するかということである．

フッ素原子を含む医薬品・農薬は数多く上市されており，存在感もますます大きくなっている．一般に分子にフッ素原子を導入すると，生理活性や薬理活

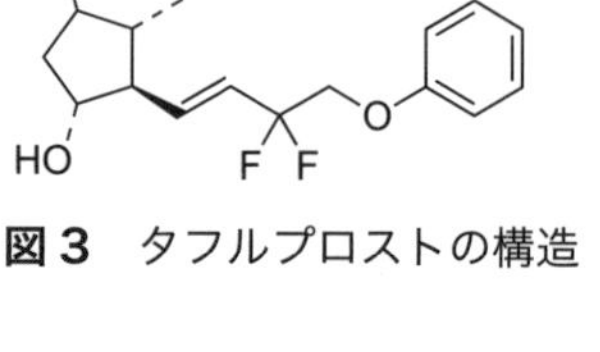

図3 タフルプロストの構造

性に対していくつかの効果発現が期待できるが，われわれの関心の一つは，フッ素原子とタンパク質との相互作用であり，それをどのようにして達成するかであった．

開発当初，われわれは種々の誘導体合成を計画したが，とくにプロスタグランジン PG 骨格のアリル部位である 15 位に着目した．天然体は 15 位にヒドロキシ基が存在するが，従来 PG の構造修飾においてはこのヒドロキシ基は $PGF_{2α}$ の活性発現には必須とされていた．また，生体内ではこのヒドロキシ基は速やかに代謝され，活性がなくなることも知られていた．もし，このヒドロキシ基の代わりにフッ素原子を導入した誘導体が合成できれば，化学的，代謝的な安定性が増すとともに，細胞膜表面にある受容体[*2]への親和性の向上も期待できると考えた．

15 位にフッ素原子を導入した誘導体は in vitro で FP 受容体に高い活性を示し，とくに天然型のヒドロキシ基と同じ配置の誘導体が高い活性を示した．さらに，同じ炭素にフッ素原子 2 個を導入した誘導体は，モノフルオロ体と比較してそれ以上の高い活性を示すことがわかり，最終的に図 3 に示す構造（タフルプロスト）を見いだすに至った．タフルプロストは緑内障治療薬として 2008 年に上市され，現在，世界 60 か国以上で販売されている．

さて，天然の $PGF_{2α}$ のヒドロキシ基と比較した場合の gem-ジフルオリド構造のフッ素原子の役割，すなわちフッ素原子と受容体との相互作用は，脂質二重膜中での分子動力学とフラグメント分子軌道法を用いた計算化学的手法によって明らかにされた．構造最適化したタフルプロストカルボン酸体と FP 受容体との複合構造は，$PGF_{2α}$ と FP 受容体の複合体とよい重なりを示した．フッ素原子とタンパク質の相互作用は最近の話題の一つであるが，本件も直交多極子相互作用（orthogonal multipolar interaction）[*3]の一つの例であると考えられる．このように薬効発現に対してフッ素原子の特徴が十分に発揮され，計算化学的手法ではあるが，その効果を視覚的に示すことができた[†]．

◆◆◆

フッ素原子，含フッ素化合物は特異な性質をもち，大きな魅力に満ちている．われわれは機能創出のために自由に化合物をデザインし，新しい技術によってそれらの目標を達成してきた．「フッ素を自由に操る」にはまだまだ多くの技術開発が必要であろう．それを上手に使いこなすことこそが，優れた機能性材料の創出の重要な鍵であることは間違いない．

[*2] FP 受容体は平滑筋に対する機能の面から収縮性受容体に分類され，プロスタグランジンの一種 $PGF_{2α}$ に特異的である．ブドウ膜強膜流出路からの房水量を増大させ，眼圧下降効果を発現することに関連する．

[*3] 直交多極子相互作用とは，結晶格子やタンパク質−リガンド複合体の安定化に及ぼす多極子の相互作用．Diederich らによって，結晶構造やタンパク質構造のデータマイニングにより見いだされた．C–F…C=O の相互作用では，C–F 結合のフッ素はカルボニル炭素に近づき，F…C=O 角が約 90° となる例が多い．

フッ素原子 2 個は周辺のアミノ酸残基とそれぞれ相互作用をしており，とくに pro-R-F は pro-S-F よりもその作用が強いことが示唆された．同時に相互作用のエネルギー計算から pro-R-F が主導的な役割を担い，pro-S-F が補助的に働くとともに，その作用は相加的であることが推測された．

先端技術研究所・商品開発研究所へようこそ！

■ 研究分野	先端技術研究所，商品開発研究所内の有機材料関連部署では，精密合成技術を駆使したフッ素化学分野の技術開発を行っている．
■ スタッフの人数	人数は非公表．事業部がもつ研究開発部門と密に連携を取りながら，技術開発，商品開発を進めている．
■ 研究員の概要	技術者それぞれが専門性を発揮し，その技術を高めながら，そしてそれらの要素技術を組み合わせることによって基盤技術を構築していく．したがって，さまざまな専門分野の技術者が寄り集まって組織を構成している．
■ 研究内容	精密合成技術を駆使し，これまでの樹脂にはない高耐熱性・耐薬品性・耐候性を付与したフッ素樹脂，塗料用フッ素樹脂，フッ素ゴムなどを開発している．このフッ素化学の技術は燃料電池用フッ素ポリマーなどのエネルギー事業にも活用され，AGCグループ全体のコア技術となっている．さらに，医薬品・農薬分野などライフサイエンス分野へも応用され，研究開発が進められている．
■ テーマの決め方・研究の進め方	市場動向や技術トレンドを多角的に解析し，また各事業部およびそれらの研究開発部門と密接な連携を取りながらテーマ設定を行う．また自主的なテーマ提案とその実行を支援する制度もあり，多方面から研究開発活動を進めている．
■ ミーティングの内容，回数	テーマの進階・開発のステージによって，議論する内容も参加者も異なる．開発の基礎的な段階では，大学の研究室での議論とそれほど異なってはいないが，進捗管理は徹底して行われる．
■ こんな人にお勧め	AGCグループのスピリットは，創業者が唱えた「易きになじまず難きにつく」．これからも新しいことにどんどん挑戦していく．若いうちから一人ひとりが責任ある仕事を担うため，自ら考え，意見・行動し，成長・挑戦できる人を求めている．
■ 実験環境	共通基盤・基礎技術の研究を担う先端技術研究所と商品開発研究所，生産技術部のほか，各事業部内に商品開発・生産技術開発を担う研究開発部門を置いている．
■ 裏　話	フッ素と聞くとフッ素入り歯磨き剤を認識されることが多いが，含フッ素化合物は特異な性質を数多くもっていて，産業用途のみならず，私たちの生活に密接に結びついて身近なところで大活躍している．"A small atom with a big ego"といわれるフッ素．われわれはこのフッ素を思いのままに操り，新しい技術・新しい機能商品を創っていきたいと考えている．
■ 興味のある方へのアドバイス	本文でも述べたように，機能の発現を予測・設計し，予想の通りにその機能が得られることは有機合成・材料科学にかかわる者の大きな喜びの一つである．フッ素原子は，それ自体で価値が賦与できる数少ない元素であり，まだまだ大きな可能性を秘めている．私たちは常に原理原則に立ちもどり，可能性の追求に邁進している．したがって，日々の議論のなかでは，基礎知識・技術への理解と充実が重要になる．

【特　徴】
固体触媒を用いた生産技術開発を専門に行う社内で唯一の研究組織．スケールアップ用設備も所有しており，ラボ検討から実機直前のスケールアップまで一気通貫での検討が可能．

化学の力で
　　未来を今日にする

日本ゼオン株式会社

【研究分野】
固体触媒を活用した生産技術開発全般．基幹原料やファインケミカルの新製造法開発や既存プロセスの改良等，研究分野は多岐にわたる．固体触媒を活用したポリマー水添技術にも対応．

【強　み】
研究チームメンバーの専門分野が，精密合成から触媒化学，反応工学に至るまで幅広い．また，新プロセス実用化の経験者や工場経験者も多く，プロセス開発の要諦に明るい．

【テーマ】
常時10件前後の研究テーマに取り組んでいるが，事業部から独立した研究組織であることから，突発的な案件を担当することも多数あり．突発案件はプロジェクト化されることが多い．

新タイプの疎水性エーテル系溶剤（CPME）の開発

～波乱万丈の開発物語～

　シクロペンチルメチルエーテル（CPME）は日本ゼオン独自の原料と合成技術から生まれたまったく新しいタイプの疎水性エーテル系溶剤である．2005年12月の上市以来，さまざまなお客様に御愛用いただいているが，その開発は波乱に満ちたものであった．本稿では，生産技術にかかわる話題を中心に，開発にまつわるエピソードをいくつか紹介したい．

「サンプルが足りない！」──外部委託によるサンプル供給の時代

　CPMEという化合物自体の設計は，2000年頃にはすでに着想されていた．社内の有機合成の専門家が，「安全に取り扱えて，かつ水との相溶性がないエーテルがつくれないか」と考えたのがきっかけであった．分子設計に関するシミュレーションを行い，ラボで実物を合成．CPMEは目論見通りの物性を示した．

　この化合物を大学やファインケミカルの製造会社に紹介したところ，たいへん好評であった．追加サンプルの要請が後を絶たず，嬉しい悲鳴をあげることになった．当時，サンプルは外部委託でシクロペンタノール（CPL）を原料としてつくっていた（図1）．これは，市場開拓のための採算度外視の製造法であった．そこで，本格的な上市を視野に入れた製造法の検討が始まった．

図1　CPME委託製造時の反応式

三木英了（みき ひであき）
日本ゼオン株式会社 総合開発センター 生産技術研究所 生産技術1チーム チームリーダー．1966年 兵庫県生まれ．1992年 東京工業大学大学院総合理工学研究科修了．

「どうやってつくるか？」──未体験プロセスへの挑戦

　当時日本ゼオンは，ジシクロペンタジエン（DCPD）から，シクロペンテン（CPE）を経由してシクロペンタノン（CPN）を製造する新プロセスを工業化したばかりであった．このプロセスは図2に示すように，四つの工程で構成さ

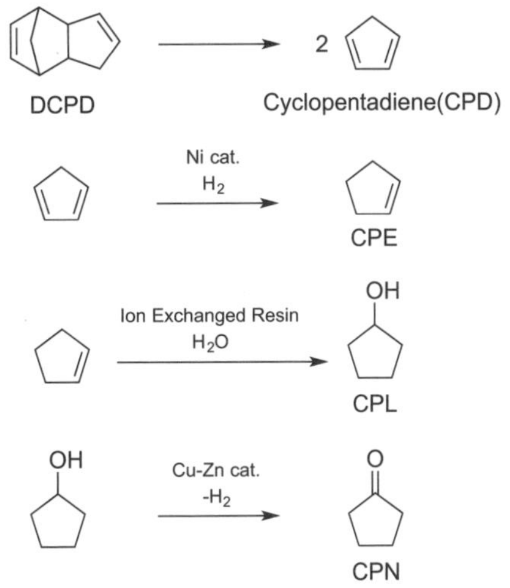

図2 CPNの製造プロセス反応式

れCPEを別どりできる設計になっている．一般的に知られている通り，オレフィンとアルコールは酸触媒存在下で，容易に付加反応を起こしてエーテルとなる．そこで，液相バッチ法や固定床連続法など，さまざまな反応形態で付加反応の検討を行い，その結果，固体酸触媒を使用した固定床連続プロセスを採用することに決定した（図3）．これは，生産効率や，既存精製設備の転用な

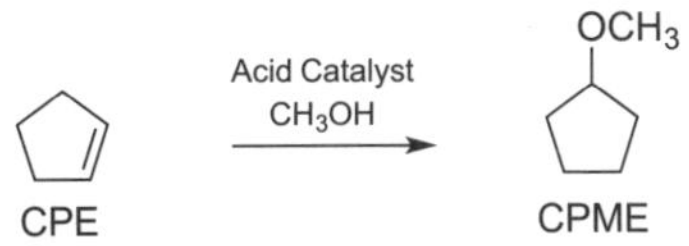

図3 CPMEの新製造法反応式

ど，さまざまな要素を検討したうえでの結論であった．研究所では，工業化に向けた本格的なエンジニアリング検討を2004年に開始した．一般的なファインケミカルの製造では，通常のバッチ反応での製造が想定されており，精製系も目的生成物の物性によって，ある程度パターンが決まっていることから，エンジニアリング検討が複雑になるケースは，それほど多くはない．ところが今回のケースでは，使用予定の触媒を気相反応に使うケースがほとんどなく，触媒充填法や触媒の前処理法など，さまざまな項目について詳細検討を行わなければならなかった（表1）．とくに触媒充填は，長期安定運転を担保するうえできわめて重要な管理項目となることから，実機の反応管と同一サイズの透明塩ビチューブを準備し，再三にわたり充填試験を繰り返し，充填量のバラツキを

表1 プロセス開発におけるおもな検討項目

検討項目	苦労した点
触媒充填法の確立	通常の触媒固定法では，触媒が反応管から抜け落ちてしまうため，特殊な固定法を開発し解決．
精製プロセスの構築	反応器出口の生成物組成が複雑な共沸関係にあることが判明．蒸留前に処理工程を入れることで何とか解決．
触媒の納入形態変更への対応	諸般の事情により，触媒の納入形態が急遽変更に．触媒の充填法，前処理法，触媒寿命等，多数の項目を全面見直しすることに．
触媒寿命の実証	停電等によるトラブルで実験のやり直しが発生．結局目標の寿命が実証できたのは，プラント稼働開始の4か月前．

抑える方法や充填時間の短縮に関する検討を行った．真夏の暑い日に，テスト設備のある建物で，仲間共ども蚊に刺されながら，何度も試験を繰り返した（今となっては良い思い出だが，当時はさすがにきつかった）．

日本ゼオンでは，プラント建設・運転に至るまでにさまざまな審査があり，合格しないと次のステップに進むことができない．設計部門と協力しながら，審査で指摘された項目を着実に解決し，2004年度末に建設工事がようやく始まった．一方，触媒寿命の実証試験は停電等のトラブルで，完了が2005年8月までずれ込んでしまった．まさに，薄氷を踏む思いの日々であった．

「感動の初出荷」──納期内出荷と有機合成化学協会賞受賞

工場建設は2005年10月末に無事完了し，11月より試運転を開始した．12月の初旬にはお客様への出荷が決まっており，計画通りに立ち上げることが必達目標であった．ところが既設設備のポンプがいきなり壊れるというトラブルに見舞われた．これは，プロセス流体の素性が大幅に変わったことにより，蒸留塔内に長年たまっていた汚れがポンプに落下したことが原因であった．故障の原因究明やポンプの修理，蒸留塔の洗浄等の作業を突貫で進め再スタート．製品規格も無事クリアし，何とか製品を納期通りお客様に届けることができた（図4）．

このプロジェクトの成功により，社内で2部門の部門長賞を受賞した．また，製品の新しい特徴と短期間での実用化が評価され，有機合成化学協会賞を受賞することもできた．一連のミッションが終わったあと，京浜地区の関係者で集まり，川崎の中華料理店でドンチャン騒ぎしたのも良い思い出である（出入り禁止にならなくて本当によかった）．また筆者自身は，プロジェクトが成功したら前から欲しかった腕時計を買おうと決め，購入資金を準備していた．もし，

成功へのカギ①
製品の筋のよさ，適切なプロセスの選定と，しっかりした技術のつくりこみが非常にうまくかみあった点につきる．

新タイプの疎水性エーテル系溶剤(CPME)の開発 ◆ 193

図4 CPME製造プラント全景

POINT
製品精製プロセスの構築．製品規格の問題から採用を懸念していたプロセスが見事にはまった．本当にツキに恵まれた．

プラントが立ち上がらなかったら購入を見送るつもりだった．願をかけたようなものだが，何とかプラントは立ち上がり，プロジェクト成功の記念の品として，めでたく購入することができた．その時計は，2回のオーバーホールを経て，いまも時を刻み続けている．

CPME製造プロセスの開発は，われわれにとって非常に大きな成功体験となった．ゼオンにおける固体触媒を用いた連続反応の技術は，技術伝承が長らく途絶えた状態にあった．しかし，CPME製造プロセスやCPN製造プロセスの開発により，固体触媒を用いた連続反応技術が社内のコアテクノロジーのひとつに育ちつつある．水素化ポリマー製造プロセス開発などの案件についても，技術的な相談をもちかけられることが増え，「固体触媒に関する話は，まず生産技術研究所1チームに相談に行け」という認識が社内で定着しつつある．

CPME製造プロセスの開発では，苦労が非常に多かったことは事実である．しかし，そのときの経験が，技術的な知見の蓄積や人材育成も含め，大きな財産になっていまに活きている．この財産を活かし，次の成功に向けて，われわれは現在も日夜開発に取り組んでいる．

生産技術研究所1チームへようこそ！

■ 研究分野	固体触媒を活用した生産技術開発全般．既存プロセスの改善にも取り組む．
■ スタッフの人数	大体10〜20名前後．
■ 研究員の概要	化学系および化学工学系の大学院卒業者で構成．年齢は30〜40歳代が中心．それぞれの専門分野は精密有機合成から触媒化学，反応工学まで幅広い．
■ 研究内容	単一化合物製造用固体触媒の開発と，それらの触媒を活用したプロセス開発を中心に取り組んでいる．またプロセス効率化に向けた新しい分離技術の開発にも取り組んでいる．一方，事業部に属さない研究組織であることから，事業部や工場からあげられた技術課題に対するコンサルティングも併せて実施している．突発プロジェクトへの対応も多々あり．
■ テーマの決め方・研究の進め方	全社から寄せられる関連技術課題と，将来に向けた新しい生産技術開発課題の双方からテーマ候補を選択しテーマ化．正式テーマ化には常務会承認が必要．研究は基本的に担当者が自主的に進め，担当者が困ったときには先輩や上司が相談にのる．先輩がフォローはしてくれるが，自主的に仕事を進められないと結構辛い．
■ ミーティングの内容，回数	基本的には，月1回の報告会議で技術的な議論を行う．ただし，重点テーマやプロジェクト化されたテーマについては，関係者のみで別途ミーティングを行う．また，実験室では研究員同士の意見交換が活発に行われている．
■ こんな人にお勧め	とにかく，化学にかかわる技術の仕事が好きでのめりこめる人．さらに自ら考え，自ら行動できる人．よほどの勘違い者でない限り，少々尖がっていても可．厳しくも温かい先輩たちが適切に指導してくれます．
■ 実験環境	ラボスケールの反応評価用設備や有機合成用設備，触媒試作設備はひと通りそろっている．また，スケールアップ用のベンチスケールおよびパイロットスケールの反応評価装置を所有しており，「試験管からプラントまで」を体感できる．
■ 裏話	ある反応で触媒の耐熱限界を調べようと，ベンチ反応器の熱媒温度を意図的に上げた．内温が急上昇し慌てて緊急停止．反応管から抜いた成形触媒は完全に粉になっていた．この結果を示しながら工場に技術説明したところ，わかりやすいと好評であった（良い子の皆さんは，絶対にマネしないように）．
■ 興味のある方へのアドバイス	自分が開発初期から携わった案件が実用化されるのは，技術者冥利につきるが，そのような機会に恵まれるケースは少ないのが現状である．ただ，研究所では研究テーマを提案することができる（逆に，研究テーマが提案できないようでは，研究員失格）．実用化に結びつくようなテーマを提案するためには，日頃からの情報収集をしっかりしておくと同時に，専門分野にとらわれず，常日頃から幅広く勉強しておかなければならない．しっかり勉強して地力をつけよう．

【特　徴】
1980年に創設された石油化学研究所の時代から一貫して「地球環境に優しい技術の開発」を目指し，独創的な発想で環境に配慮した触媒・プロセス開発，新素材開発を積極的に推進.

化学で未来を創る

旭化成株式会社

【研究分野】
石油化学品・高機能化学品の新規製造プロセス，触媒開発，バイオプロセス開発．革新的な機能素材の開発．

【強　み】
ベンチ・パイロットスケールで検討ができる設備と技術をもち，基礎探索から，実際に試作品を製造しての事業化検討までを一貫して行えること．

【テーマ】
化学品の革新製造プロセス・触媒開発，および革新的な機能素材の開発．

ヘテロポリ酸溶液を用いた相間移動重合反応の発見
~完全無水ではなく微量の水の存在が鍵~

それは何度目かの挑戦であった．「分子量分布の狭いポリオキシテトラメチレングリコール（PTMG）を安価に製造したい」．このPTMGとは，テトラヒドロフラン（THF）を開環重合させた後に，加水分解により両末端をOH基としたポリマージオールで，分子量2000以下の中分子量体は，ポリウレタン弾性糸[*1]の主原料となる．1980年当時，旭化成はポリウレタン弾性糸を繊維事業の主力製品に育てるべく，性能，価格の面で競合相手と激しく競い合っていた．

PTMGの高分子量体が原料に含まれると，低温での弾性回復性が損なわれる．そのため，分子量分布の狭いPTMGの合成法が求められていた．THFの重合は超強酸に属する強酸触媒を用い，無水条件で行うのが常識であった．これまでに，過塩素酸−無水酢酸系触媒が用いられ工業化されてきた（図1）．用いた触媒は加水分解工程で失活し，再使用が不可能になり，廃液処理も必要となるために製造コストがかさんでいた．また，合成されるPTMGの分子量分布が比較的広く，それも問題であった．

*1 ポリウレタン弾性糸は，ストッキング，下着，スポーツウエアなど，伸縮性をもつ繊維に使用されている．

*2 ヘテロポリ酸（HPA）とは，異種の酸素酸が脱水縮合して生成する無機の酸素酸で，12-タングストリン酸（$H_3PW_{12}O_{40}$）がよく知られている．HPAはPを中心イオンとする嵩高いアニオン構造をもち，通常1分子当たり20〜40分子の水を結晶水として保有している．

図1 PTMGの従来製法（二段階法）
過塩素酸−無水酢酸触媒法．

探索研究の開始直後から壁にぶつかる

技術研究所の研究員であった筆者が，この反応に挑戦することになったのは，事業部から再度の要請を受けてのことであった．会社に残るこれまでのレポートには，その難しさが記載されていた．また，PTMG合成法の特許はすでに数多く出願されており，先行特許に抵触しない触媒系を見つけだすのは至難の

外村 正一郎
（とのむら しょういちろう）
神戸大学 監事，元旭化成株式会社 執行役員 富士支社長．1952年 兵庫県生まれ．1981年 大阪大学大学院基礎工学研究科博士課程修了．

業に思われた．「どこから手をつければよいのか」．まずは，これまでに試されたことのない触媒系を探索することにした．当時，筆者の所属した研究室では，ヘテロポリ酸（HPA）触媒を用いて，イソブチレンを水和して，tert-ブチルアルコールを合成する研究をしていた．そのなかで，HPA の触媒としての特異な性能が明らかになりつつあった．こうして，HPA を触媒として，THF を開環重合し PTMG を合成する探索研究がスタートした．

いよいよ実験開始である．THF に未脱水の HPA を HPA/THF ＝ 1/2（重量比）で加えると均一に溶解するが，何時間反応させても重合する気配はない．結晶水の存在は HPA の酸強度を弱めるので当然かもしれない．酸強度を高めるべく 300℃で加熱脱水して HPA を無水にし，THF に加えるとまったく溶解せず，石ころの状態で底に沈殿した．それをむりやり長時間混合していると，HPA 表面には微量の重合物が付着する．分析すると，これは分子量 1 万近い微量の高分子量ポリマーであった．無水条件下では重合するらしい．しかし，温度条件等を変えて検討を重ねたが，目的とする中分子量体は得られなかった．

とにかく，何かヒントがないかと，HPA に関する文献を読みあさった．THF は HPA を溶かす良溶媒だと文献に書かれていた．また，HPA の酸強度は無水でも THF を開環重合するには十分ではない値であった．HPA 触媒を諦めなければならないのか．数多くの文献を読むなかで，HPA と有機基質との相互作用には極微量の水が関与することを示唆する論文の存在が気になった．「水の存在は酸強度を下げ，THF の開環には不利になるのだが…」．

考えるより即実行で新発見

そこで，HPA の結晶水量を 1 分子ずつ，30，29，28 と下げて，HPA/THF ＝ 1/2（重量比）の仕込みで重合を試みた．結晶水 15 以下のところで異変は現れた．今まで均一に溶解していた系が 2 液相に分離したのだ．HPA が高濃度で溶解した下相と HPA が低濃度で溶解した上相の 2 液相に分離していた（下相を触媒相，上相を THF 相と記す）．この 2 液相系で結晶水を 15，14，13 と下げて反応を試みた．そして，結晶水が 7 を下回ったあたりから，猛烈な勢いで重合が進行して，撹拌していた 2 液相の粘度が急激に高まった．今までにない速度で重合が進行していた．さっそく，2 液相系に水を添加して加水分解し，得られたポリマーを分析した．驚くべきことに，分子量 2000 以下の PTMG が得られた．何か新しい事実を発見したに違いないと，興奮に体が震えた．目的とする中分子量 PTMG は水/HPA モル比 2〜4 の範囲で得られることがわかった．完全無水でなく微量の水の存在が鍵であった．しかも，上相の THF 相からはきわめて分子量分布の狭い PTMG が得られ，ポリウレタ

成功へのカギ ①

常識という偏見や思い込みを疑い実地に確かめることが大切．不可能に思えた難題も思いがけない方法で解決できた．それは挑戦を諦めなかったからできたこと．見逃してしまいそうな兆候に気づけたのも，苦闘した日々があったからこそ．

ン弾性糸用には理想的な重合系に思えた．

　反応を詳細に調べた結果，THFの重合は触媒相で進行し，重合物はTHF相に移行することがわかった．一種の相間移動重合である．生産性を高めるには反応場となる触媒相の量を多くする必要があり，HPAとTHFは重量比で1対2程度が好ましかった．そのことから，工業化するにはHPA触媒を完全にリサイクルし，失活させないことが必須条件であった．

だが，苦難の道が続く

　THFは微量の水の存在下，HPA触媒で重合した．そして2液相分離したTHF相に水を加えてポリマー末端をOH基化すると分子量分布の狭い中分子量PTMGが得られた．「しかし，大量にHPAを使用する特殊な反応の全体プロセスはどうすればよいのか」．2液相になっているので，上相であるTHF相からポリマーを回収すればよいだろう．しかし，THF相にも相当量のHPAが溶けており，水と反応させて両末端をOH基化する際にHPAは失活してしまう．失活したHPAを廃棄するのでは採算が合わない．HPAを加熱脱水して再利用するとしても製造コストが高くなる．答えが見つけられなかった．

　「ひょっとして，水を加えて末端をOH基化しなくても，微量の水の存在で，ポリマーの両末端はすでにOH基化しているのではないだろうか」．ありえないような，でもかすかな期待が頭に浮かんだ．それを確かめてみようと思い，解析部門に相談し，反応後に加水分解してないポリマーの末端基の解析を行った．数日後，ポリマーの末端はすでにOH基になっているという結果がNMR分析から得られた．かすかな期待は確信に変わった．加水分解しなくても，一段階反応でPTMGができていたのだ．HPAに配位した水が重合末端をOH基化する働きをもっていたのだ．THFとH_2OからPTMGを一段階合成する反応が確認された瞬間であった（図2）．世界初の一段階合成が実現したことで，プロセスの完成まで一気に進むかに思われた．だが，実際は反応後に上相のTHF相に数重量％溶解しているHPAを分離回収するのが難題であった．最終的に炭化水素を用いたHPA分離回収法にたどりついたが，この開発苦労話は誌面の関係で別の機会に譲る．

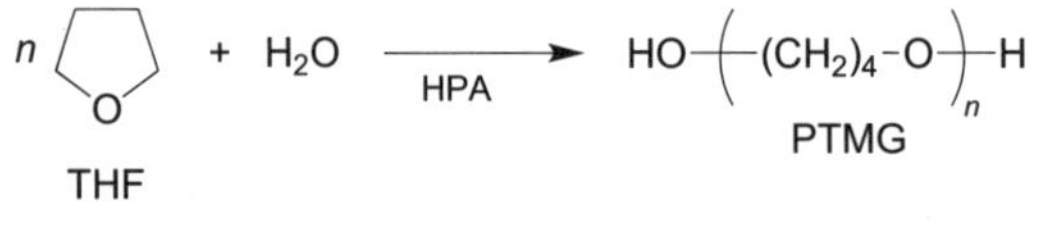

$$n\ \underset{\text{THF}}{\bigcirc\!\!\!\!\!{}_{\text{O}}} + H_2O \xrightarrow{\text{HPA}} HO-\!\!\left[(CH_2)_4-O\right]_n\!\!-H$$
　　　　　　　　　　　　　　　　　　　PTMG

図2 HPA触媒によるPTMGの一段階合成反応

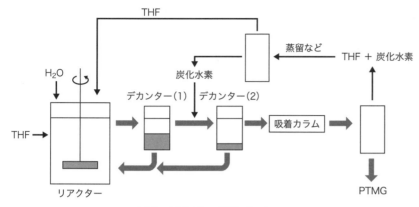

図3 PTMGの製造プロセス

待望の量産工場動きだす

　炭化水素を用いる精製法が見つかり，全体プロセスの見通しが立ってからの動きは速かった．工場建設プロジェクトが立ちあげられ，生産技術部に精鋭メンバーが集められ工場設計が始まった．探索研究に着手してから，あっという間の5年間であった．完成したプロセスフローを図3に示す．工場が完成し試運転が終わり，THFでの実運転がスタートした．見上げるほどに大きなリアクターには結晶水量を調整した大量のHPAとTHFが投入され2液相となっていた．2液相を撹拌混合して，反応で消費されるTHFと水を連続的に加えると，2液相はデカンターへと溢れだし，分離した触媒相はそのままリアクターに戻される．THF相に炭化水素を加えると，触媒相が分離してくるので，この触媒相もそのままリアクターに戻される．PTMGが溶けたTHFと炭化水素の混合溶液を吸着カラムに通して，極微量のHPAを除去し，炭化水素とTHFを回収すると，精製PTMGが得られる．

　1987年の工場稼働から，30年近くが経過した．今でも，HPA触媒は失活することなく働き続けている．触媒寿命は小型リアクターで3000時間まで確認できた．しかし，実際に工場が稼働して何年か経つまでは心のどこかにいつも不安を抱えていた．その後，工場は第二工場，海外工場と増設され，性能の良いポリウレタン弾性糸の生産に貢献している．

POINT

筆者は，量産工場の試運転でPTMGが連続的にでてくるであろうと思い，製品タンクのサイトグラスを，今か今かと覗いていた．ところが，いつまで経ってもPTMGは溜まってない，どうして？しかし，PTMGは溜まっていたのだ．溜まっていることに気づかないほど，あまりにも無色透明であった．

[II] ファインケミカル・材料

化学・プロセス研究所へようこそ！

■ **研究分野**
石油化学品・高機能化学品の新規製造プロセス，触媒開発，バイオプロセス開発．革新的な機能素材の開発．

■ **スタッフの人数**
人員 約 120 名（研究員 約 100 名）．

■ **研究員の概要**
研究員ほぼ全員が化学系で理／工は半々．博士は研究員全体の約 1 割．機能素材開発およびバイオの担当は約 9 割が大学・大学院卒．触媒・プロセス開発は高卒・高専卒が約 1/3 を占める．20 ～ 30 歳代の若手が約 1/3．

■ **研究内容**
触媒・プロセス開発では，2012 年に第 1 回 GSC 奨励賞を受賞した DRC 法 DPC 技術の実証プラント建設を進めているほか，次世代プロセスのベンチ設備事業化検討が進行中．革新素材としては，複屈折ゼロの光学樹脂の事業化検討，燃料電池等に使用する白金触媒を代替する炭素系触媒の開発などを行っている．併せて，次の研究ターゲットとすべきテーマの探索・研究も進めている．

■ **テーマの決め方・研究の進め方**
旭化成の中長期 R&D 戦略に基づいた研究・開発ドメインにおいて，自社の強みを発揮できるテーマや将来に向けて取り組むべきテーマ（オープンイノベーション含む）を設定し，マイルストーンを決めて取り組む．研究員がアイデアを提案，実証してテーマにつなげたボトムアップテーマも多数存在．

■ **ミーティングの内容，回数**
毎週研究チーム単位で，各研究員から前週の成果と当週の実験予定の報告と討議を行うほか，必要に応じて随時，上司・同僚と議論する．また，月 1 回研究室単位での月報検討会を開催し，成果報告と議論を行う．

■ **こんな人にお勧め**
当所の特徴は，基礎探索からベンチ・パイロット，製品試作まで一貫した研究が行えること．研究のステージアップに必要なスキルを身につけ，自分のアイデアの具現化（事業化）を実現したい方にお勧めである．

■ **実験環境**
実験用施設は，多数のドラフトチャンバー，ベンチ設備専用実験棟・屋内設置場所，高圧ガス実験専用棟など．有機化合物や触媒の構造解析・組成分析に必要な機器，機能性素材の評価装置なども所有している．2017 年度，新研究棟が完成し，実験環境はさらに快適になる．

■ **裏 話**
CO_2 とアルコールを反応させてポリカーボネート原料を製造する世界に類を見ない技術（DRC 法 DPC プロセス）は，2001 年に探索研究を開始．大きなブレイクスルーで本来不可能な反応を可能にし，はじめて得られた 1 mL 足らずの透明液体は，研究者の 2 年間の努力とそれを辛抱強く支えた研究所長の信念の賜物．2007 年にパイロット設備を建設．現在，実証プラント建設中．

■ **興味のある方へのアドバイス**
旭化成は，創業当初から実施している「～さん」と呼び合う風通しのよい企業風土が特徴．昔から「野武士集団」とも呼ばれ，各人が切磋琢磨して「昨日まで世界になかったものを」創造し続けている．当所では「実験なくして事業なし！！」を合言葉に研究者はとてもよく実験し，多くの発見，発明をもとに事業化に挑戦している．学生の皆さんは，まず基礎的な実験スキルと考察力，世の中に貢献する志を身につけてほしい．

【特　徴】
三菱ケミカルホールディングスグループにおいて，三菱化学科学技術研究センター（MCRC）のバイオ技術，合成ルート探索力と，エーピーアイ コーポレーション（APIC）のプロセス開発力を組み合わせて，競争力ある製造プロセスの開発を行っている．

KAITEKI 社会の実現を目指して

株式会社エーピーアイ コーポレーション

【研究分野】
APIC では医薬原薬・中間体製造分野，MCRC では三菱ケミカルホールディングスグループ内の非常に多岐にわたる分野（石油化学，機能化学，情報電子，ヘルスケアなど）に取り組んでいる．

【強　み】
長年培った酵素探索技術と合成ルート構築力をベースに，安定，安全，高品質な製造を可能にする，合成ルートの構築力とプロセス開発力が強み．

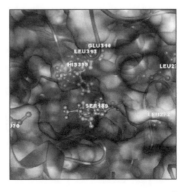

【テーマ】
APIC で取り組む医薬原薬・中間体に対して，独自の技術やアイデアを組み込み，環境負荷と製造コストを低減した画期的なプロセスの開発を目指している．

光学活性非天然アミノ酸の独自プロセスの開発

～酵素反応の選択性を極限まで高める戦略が功を奏する～

上原久俊(うえはら ひさとし)
株式会社三菱化学科学技術研究センター 合成技術研究所 グループリーダー，兼株式会社エーピーアイ コーポレーション ヘルスケア研究所．1974年生まれ．2002年 東北大学大学院理学研究科修了．

出来島康方(できしま やすまさ)
株式会社三菱化学科学技術研究センター バイオ技術研究所 副主任研究員，兼株式会社エーピーアイ コーポレーション ヘルスケア研究所．1976年生まれ．2002年 東京工業大学大学院理工学研究科修了．

三菱ケミカルホールディングスグループの一員であるAPICでは，得意とする酵素反応を組み込んだプロセス構築力を武器に医薬原薬・中間体ビジネスを手掛けている．酵素反応は一般に非常に高い選択性が期待できる一方，プロセスを迅速に確立するには酵素のスクリーニングや改変，さらには基質の選択で最適化を効率的に行う必要がある．また，優れた酵素反応に加えて合成ルート設計がプロセス全体の競争力を決める重要な要素である．

本稿では，バイオ研究者と有機合成研究者のコラボレーションにより，高立体選択的な酵素反応を組み込み，短工程かつ効率的な光学活性非天然アミノ酸の独自プロセスを開発した実例について紹介したい．

セリン誘導体 ACH の合成上の課題

ACH **1** は，小野薬品工業(株)が創製した抗HIV薬 Aplaviroc (現在は開発が中止されている) の中間体で，医薬中間体各社が競って検討した化合物である．連続する二つの不斉中心をもち，この構造を如何に効率的に構築するかが課題となる．われわれは酵素変換反応を用いた動的速度論的分割 (DKR[*1]) でこの課題を解決する戦略を立案した (図1)．すなわち，反応系中で容易にラセミ化するβ-ケトエステル rac-**2** を用い，酵素反応により (R)-**2** のカルボニル基のみを立体選択的に還元し，アミノアルコール **3** へと変換する．原理的には **3** を収率100％で取得することが可能な理想的なプロセスである．

本技術を用いて競争力のあるプロセスを構築するために，①適切な酵素と基質の選択，②酵素反応を含む全プロセスの最適化，の2点が重要である．いずれも酵素反応と化学反応の両面から解析を行う必要があり，われわれは，いくつかのブレークスルーを通して最適なプロセスへと導くことに成功した．

酵素反応の最適化に取り組む

DKR による目的化合物の酵素合成は，ラセミ体の一方〔今回は (R)-**2**〕のみに対して活性をもつこと，カルボニル還元が高立体選択的であること，の2点

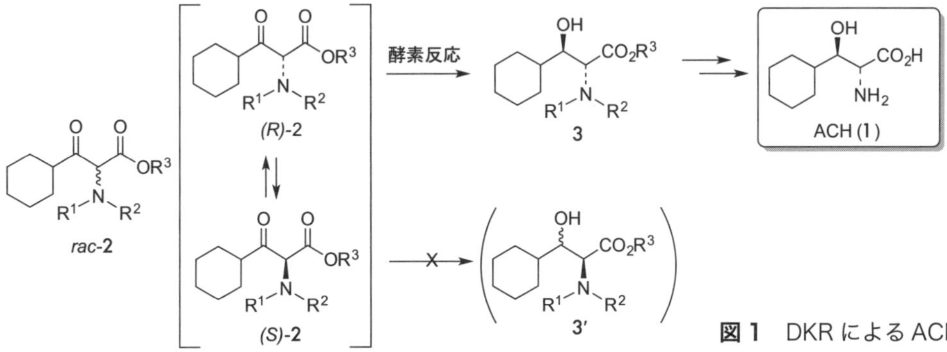

図1 DKRによるACH 1合成ルート

を同時に満たす必要がある．われわれはカルボニル還元酵素を利用したケトンの不斉還元による光学活性アルコールの製造を1990年代後半から取り組んでおり，工業化検討を経験していた．その結果，市販酵素はもちろん，バクテリアから真核生物に至る多くの微生物およびカルボニル還元酵素のライブラリーを保有しており，ターゲットとなる基質を迅速に評価できる体制にあった．

保有する多様な酵素ライブラリーを用い，数種の基質 **2** に対してスクリーニングを行った結果，*Exiguobacterium* 属由来のカルボニル還元酵素と化合物 **2e** の組合せで，中程度の収率ながら，良好なジアステレオ選択性 (de)，およびエナンチオ選択性 (ee) が得られることを見いだした (表1．エントリー5)．ここで収率低下の原因は，アミノケトン **4** の副生によるものであった．本反応に使用したカルボニル還元酵素は，遺伝子組換え技術により組換え大腸菌内で発現させ菌体を培養・回収し使用していたが，大腸菌由来の加水分解酵素によりカルボン酸 **5** となり，自発的な脱炭酸によりアミノケトン **4** が生成していると推定した．そこで，より嵩高いイソプロピルエステルをもつ **2f** に変

*1 DKR (Dynamic Kinetic Resolution, 動的速度論的分割)：通常，ラセミ体 (R体とS体の1:1混合物) の分割により光学活性な化合物を得る場合，目的とは逆の立体をもつ化合物は利用できないため，収率は最大50%となる．一方DKRでは，R体 (もしくはS体) のみと選択的に進行する反応と，ラセミ化反応を同一条件下で行うことで，原料の消費に伴いR体 (もしくはS体) の原料が供給されるため，収率が最大100%まで向上する．

本稿の例では，ラセミ化と酵素的不斉還元を組み合わせているため，基質の不斉点と還元で新たに生じる不斉点の二つの不斉点を制御し，可能な4異性体のうち一種のみを選択的に合成している．

表1 置換基の違いによる収率および光学純度への影響

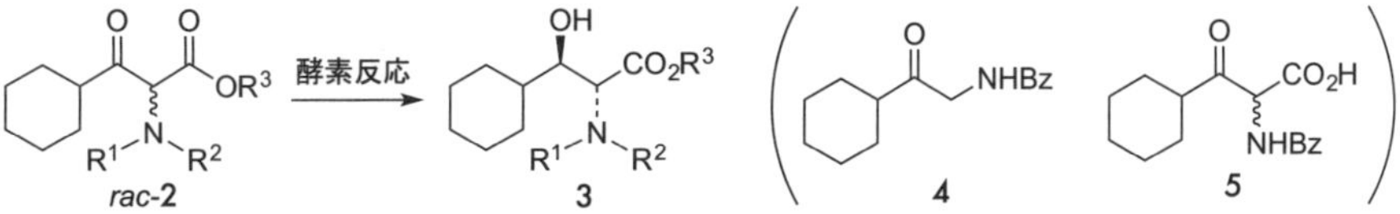

エントリー	基質	R^1	R^2	R^3	収率(%)	de(%)	ee(%)
1	2a	H	H	Me	0	—	—
2	2b	Bn	Bn	Et	0	—	—
3	2c	H	Boc	Et	23	90	—
4	2d	H	Ac	Et	2	26	99
5	2e	H	Bz	Et	53	86	>99
6	2f	H	Bz	^{i}Pr	99	>98	>99

204 ◆ [II] ファインケミカル・材料編

成功へのカギ ①
バイオ研究者と有機合成研究者が，互いの得意分野を理解しつつ切磋琢磨しながら一つのテーマを日々協議するなかで，理想的な合成プロセスの構築に結びつけることができたと考える．

更したところ，副反応が抑えられ，かつジアステレオ選択性が大幅に向上した．直面する課題に対し，単離酵素の利用や宿主となる大腸菌の変更など酵素反応からの解決策だけでなく，基質変更も含めて総合的に議論することで，短期間で最適解に到達できたと考えている[†]．

その後，酵素改変を進めることにより還元酵素の比活性が格段に向上し，組換え大腸菌の使用量削減と生産性向上が達成された．最終的にはほぼ純粋なアミノアルコール 3f を，高収率，高濃度（～100 g/L）で得るプロセスを確立した．

酵素反応に最適な基質の合成──第一世代合成法

酵素反応の基質が 2f に確定したので，次は 2f を如何に効率的に合成するかを検討した．第一世代の合成法を図 2 に示す．

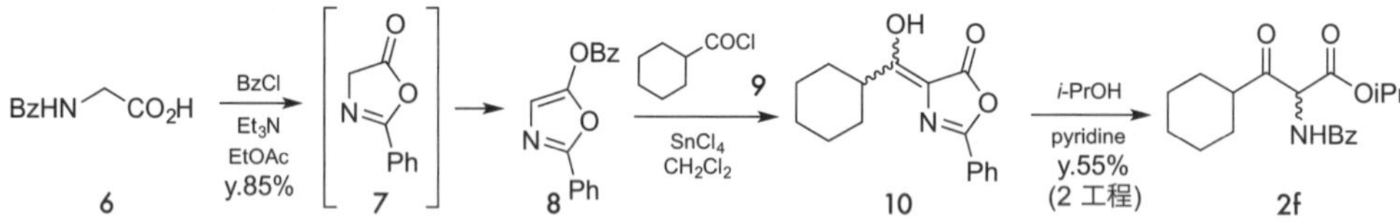

図 2 β-ケトエステル 2f の第一世代合成法

β-ケトエステル 2f がグリシン誘導体であることに着目し，グリシンのアミノ基がベンゾイル基で保護された安価な馬尿酸 6 を原料に選んだ．6 を過剰のベンゾイルクロリドと反応させ，オキサゾロン 7 を経由して一挙にアシルオキサゾール 8 を構築した．さらに塩化スズ共存下，Friedel-Crafts 反応でシクロヘキシルカルボニル基を導入，その後オキサゾロン環を i-PrOH で開環して，目的のケトエステル 2f を合成した．この手法によりエステル基の異なるいろいろな基質を合成し，酵素反応に最適な基質を見いだすことができた．

ワンポットで酵素反応の原料を得る──第二世代合成法

第一世代の合成法は効率的なものだったが，酵素反応の原料合成に 3 工程を要し，また化学量論量の塩化スズを必要とするなどの課題があった．

文献を再度丹念に調査したところ，馬尿酸 6 とプロピオン酸クロリドからアシルオキサゾロン 11 を収率 82% で得ている文献が見つかった．この文献を参考に 6 をピコリン存在下，シクロヘキサンカルボン酸クロリド 9 と反応させたが，期待に反して複雑な混合物を与え，目的の 10 は低収率であった（図 3）．しかし，工程短縮は競争力あるプロセス構築に不可欠であり，さらに検討を行った．その結果，溶媒にアセトニトリルを用いた時にアシル化体 12 が高収率で得られることがわかった．この反応条件下では生成物は不安定であり，平衡で

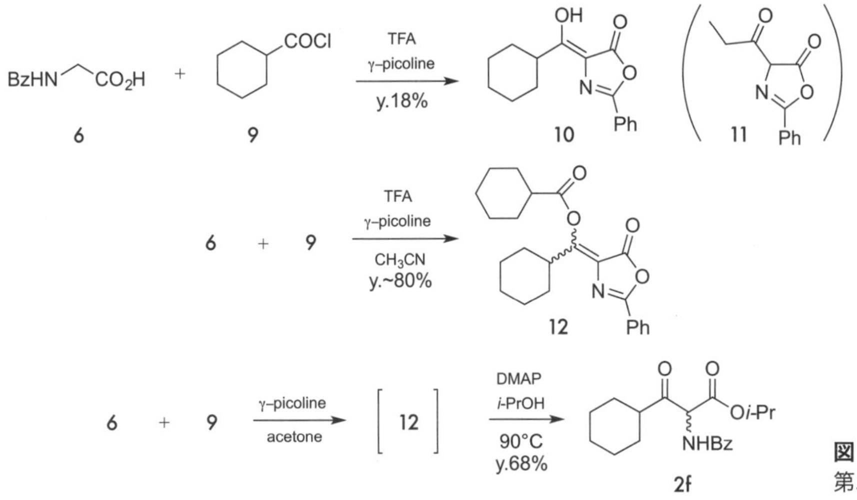

図3 β-ケトエステル 2f の第二世代合成法

生成する 12 が結晶として析出する条件とすることで分解を抑制でき，収率よく目的物が得られたと考えている．種々検討した結果，TFA は不要であること，より安価な溶媒であるアセトンでも同様に反応が進行することを見いだした．

アシルオキサゾロン 12 が 1 工程で得られるようになったが，析出した 12 の回収時にピコリンの強い臭気が問題となった．そこで，12 を単離せず次工程を実施すれば，臭気問題を解決してさらなる効率化も達成できると考えた．条件検討の結果，12 を含む反応懸濁液に i-PrOH と触媒量の DMAP を加えて加熱することで，2f へと誘導した．反応液を酸洗浄してピコリンを除去し，晶析精製により収率 68％で 2f を得た．

POINT

課題に直面した際に，理想とする方向へ諦めずに検討を進めることで，ワンポットで酵素反応の原料 2f を得るシンプルなプロセスに到達することができた．

◆◆◆

高立体選択的な酵素反応を鍵反応として，セリン誘導体 ACH 1 の合成法を確立した（図 4）．豊富な酵素ライブラリーと改変技術により，酵素反応の選択

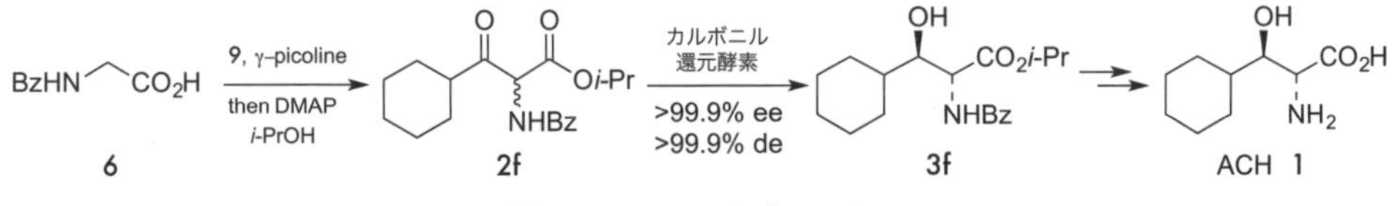

図4 ACH 1 合成ルート

性を極限まで高めることができたことが最も大きなブレークスルーであった．同様に，酵素反応に最適な基質をデザインし，それを安価に供給できたことも，全体の競争力を高めるために不可欠であった．比較的単純な化合物を，世界一シンプルに合成することがわれわれに求められる課題であり，理想とするプロセスに如何に近づけられるかが，プロセス研究の醍醐味であると感じている．

合成技術研究所へようこそ！

■ 研究分野	MCRCの合成技術研究所では，APICからの受託など，三菱ケミカルホールディングスグループ内の多岐にわたる分野に取り組んでいる．
■ スタッフの人数	非公表．
■ 研究員の概要	有機化学をバックグラウンドとした多彩な研究者がいる．学生時代の専門（天然物合成，有機金属化学，物性化学等）をベースに，入社後に習得した技術や知識（評価・分析技術，樹脂物性，光学特性等）を活かして，日々研究に取り組んでいる．女性，博士号保有者とも約3割．
■ 研究内容	合成技術研究所では，有機化学を切り口としてさまざまな分野の研究を行っている．本書の医薬中間体開発では，合成化学者が酵素反応への理解を深め，競争力あるルート探索につなげている．機能性材料開発の場合，必要な樹脂物性，光学特性等を理解したうえで，それを化学構造に落とし込んで分子を設計する必要がある．また，目標とするコスト以下で製造できるプロセスの開発も同時に行っている．
■ テーマの決め方・研究の進め方	既存事業の営業活動からの改善要求や新規ニーズに対し，研究者も含め議論してテーマ化することが多い．また，新規テーマの提案も奨励されており，研究者がテーマを立ち上げることも可能．研究はチームリーダーを中心に，各自が主体性をもって課題解決に取り組むほか，研究所内外の研究者との議論の場を多くもち，さまざまな角度から解決策を考えられるように努めている．
■ ミーティングの内容，回数	数名のチーム内では日常的に議論している．また，テーマごとに月1回程度，事業と研究の関係者が集まり，状況と方向性を確認．一方，研究所単位での月報会もあるので，自分のテーマとつながりが少ない内容も聞き，知識やアイデアを得ることができる．
■ こんな人にお勧め	当社では，さまざまな専門の研究者が，多様な研究を行っている．自分の専門にとらわれず，いろいろな人とつながりながら，新しいものをつくりたいという人にお勧め．
■ 実験環境	一通りの実験機器はそろっており，また，さまざまな分野の専門家が同じ敷地内にいるので，研究を深めることができる．とくに分析・解析の専門家が多数おり，中身を理解しながら進められることが特徴．
■ 裏話	ある材料の次世代品を開発していた時のこと．順調に販売していた現行品が不採用となり，次世代品の開発を1年前倒しし，1年間で開発することに決まった．開発関係者一丸となって取り組み，予定の期間で開発に成功し，再び採用を勝ちとることができた．
■ 興味のある方へのアドバイス	さまざまな専門家と議論しながら，これまでにない新しいモノ，つくり方，仕組みを創出しようと取り組んでいる．自分の専門（有機合成など）に対する深い知識をもったうえで，関連分野の専門家と議論できる知識を身につける前向きさと，自らが世の中を変えていくという積極性のある方を求めている．学生は，まずご自身の研究を徹底的に深掘りし，深い知識と洞察力，工夫する力をつけてほしい．一つの分野でプロフェッショナルになれば，どんな分野でも活躍できると考えている．

【特徴】
「すごい素材」で，人と社会に豊かさと快適さを提供している．たとえば日本触媒の高吸水性樹脂は，世界の紙おむつの約4分の1に使われている．

人の暮らしに新たな価値を提供する革進的な化学会社

株式会社日本触媒

【研究分野】
グループ企業理念「Techno-Amenity」に込めた私たちの想いは，紙おむつを始め，さまざまな製品となって，あなたのそばにいる．家庭用洗剤，燃料電池，液晶テレビ，自動車，健康・医療製品….

【強み】
当社は六つの研究所と一つの技術センターをもち，革新的な化学品を創製する基礎研究から顧客ニーズに迅速に応える応用研究まで，多層的な研究開発を行っている．

【テーマ】
1941年に創業した日本触媒は，触媒技術をコアに化学業界で独自の歩みを進め，基礎化学品から，それらを原料にした高度な機能性化学品へ広がり，環境浄化へも応用している．

光学フィルム用ラクトンポリマーの開発
～挫折のなかで味わった幸運な出会いとブレークスルー～

日本触媒が開発し世に送りだした新規なアクリルポリマーのラクトンポリマー「アクリビュア®」は，液晶テレビやスマートフォンに使用される光学フィルム用材料として需要が拡大している．このラクトンポリマーはα-ヒドロキシメチルアクリレート（RHMA）とメタクリル酸メチル（MMA）を共重合した後，分子内でラクトン環化することで得られる耐熱性の透明アクリルポリマーである（図1）．

中川浩一（なかがわ こういち）
株式会社日本触媒情報・機能性材料研究所 所長．1959年 京都府生まれ．1985年 富山大学大学院工学研究科修士課程修了．

図1 ラクトンポリマーの合成スキーム

上田賢一（うえだ けんいち）
株式会社日本触媒 企画開発本部開発部 グループリーダー．1961年 大阪府生まれ．1986年 大阪大学大学院工学研究科修士課程修了．

日本触媒は，1941年の創業以来，触媒を用いた酸化技術による基礎化学品類とその誘導品の合成をキーテクノロジーの一つとしてきた．とくにアクリル酸とその誘導品，たとえば高吸水性樹脂は当社の主要製品として世界シェアトップの位置を占めるまでになっている．

中川らは1992年，アクリル誘導品として新たなアクリルモノマーの開発を目指し，RHMAの新規合成の研究をスタートした．その後，アクリビュア®のプラント完成まで約14年間を費やした．その間，どんなに挫折を味わってもあきらめずに研究を続けるなかで，幾つかの幸運な出会いと技術のブレークスルーがあった．

$$H_2C=C\overset{H}{\underset{COOR}{}} \xrightarrow{HCHO/t\text{-}Amine} \boxed{触媒分離} \xrightarrow{} \boxed{蒸留精製} \xrightarrow{} H_2C=C\overset{CH_2OH}{\underset{COOR}{}}$$

図2 RHMAの合成スキーム

第一期　RHMA，ラクトンポリマー合成技術の確立（1992～1999年）

（1）RHMAの工業化製法の確立

この反応（図2）は1973年に森田-Baylis-Hillman反応として見いだされ，BASF社でアクリル酸エステルに直接ヒドロキシメチル基を導入する反応として改良検討された．しかし，既知の触媒であるジアザビシクロオクタンを追試してみると，反応速度が低く選択性も非常に悪く，工業的製法として満足できるものではなかった．何とかRHMAを工業化するため1992年より本格検討を開始した．結果として，トリメチルアミンに特定量の水を添加し水層を反応場，油層を生成物の安定場として油/水の不均一系を形成することで，触媒の失活を抑制するとともに反応速度と選択率を著しく向上できることを見いだした．この反応系の発見により，高い生産性・反応収率とともに触媒回収が容易となり，工業化製法として確立した．

（2）ラクトンポリマーの合成法確立

RHMAとMMAの共重合体が分子内で環化反応してラクトン環を形成することは，すでに知られていたが，工業的な実証は成されていなかった．上田らはまず，環化に伴い発生するCH_3OHを定量することで，環化反応の反応速度を測定し解析したその結果，各温度における環化反応は一次反応になることがわかった．アレニウスプロットにより求めた活性化エネルギーによるシミュレーションの結果，無触媒の反応では高温においても環化は不十分であるが，リン酸エステル触媒を用いることで反応を大きく加速でき，200℃以上の高温では，連続的な処理も可能な反応速度となることがわかった（図3）．

> **POINT**
> 森田-Baylis-Hillman反応の課題であった触媒失活を含めた低い反応速度と選択率低下の原因を解析し，反応基質に応じた塩基性度の触媒選択とともに，反応系中に触媒反応場と得られた生成物の安定場を同時に形成させることですべて課題を解決できた．

> **POINT**
> RHMA/MMA共重合体の分子内環化触媒の検討では，さまざまな有機・無機化合物の試験確認を100種類近く行った．そのなかでリン酸エステルは，後述するフィルム端部の発泡抑制のために加える有機酸金属塩の中和によりリン酸エステル金属塩となり，樹脂の成形性や安定性向上のための添加剤としても有効に働くことがわかった．

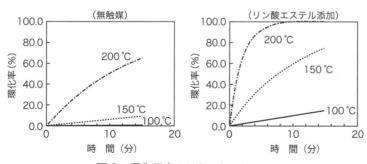

図3 環化反応のシミュレーション

これら環化反応に関する知見をもとに，工業的な製造プロセスを検討した．その結果，RHMAとMMAの共重合を溶媒下で行い，引き続きラクトン化触媒のリン酸エステルとともにポリマー溶液を押出機に注入し，脱溶媒とともに200℃以上でラクトン環化を完結するプロセスを考案できた．

第二期　光学フィルムとの出会い（2000～2004年）

ラクトンポリマーのパイロットスケールでの試作に成功し，高耐熱の透明アクリルポリマーとして本格的な開発活動をスタートした．この時，中川は開発担当，上田は研究担当として，まずは国内外の大手アクリルポリマーメーカーを訪問し，このポリマーの特徴を説明して回った．しかしながら，耐熱性や透明性の物性には魅力を感じてくれるものの，新規モノマーからの立ち上げとなると，躊躇する技術者がほとんどであった．

やはりこのポリマーの特徴を活かせる用途への展開が必要であると考えた中川は，その後，サンプル提供を繰り返しながら，ユーザーでの試作，性能評価を行い，ラクトンポリマーにあったニーズを掴むための開発活動を約4年間続けることになる．

実はこの開発研究は，当時，経営陣も世の中にない新しいポリマーの開発に期待し，今では当社のR&D活動の重要な役割を担っている「重点プロジェクト制度」の第一弾となったのである．結果として，「RHMAプロジェクト」が試験的に発足し，全社からの支援を受けることになる．

用途開発を進めるなかで，このポリマーが押出・延伸することでしなやかで割れにくいフィルムに変身することを見いだした．すべては「新しい製品を生みだしたい」との貪欲な挑戦の賜物であった．フィルム化の可能性がわかったことで，当時，成長軌道にあった液晶表示装置に使う光学フィルムとしての展開ができないかと考え，大手光学フィルムメーカーに技術紹介を行った．結果的に，この時の光学フィルムとの出会いが，このラクトンポリマーの運命を大きく変えることとなる．

早速，この光学フィルムメーカーとの共同開発がスタートし，簡単なラボ試験の後，実機での検証試験を行うことになり，既存の樹脂プラントを利用したサンプル樹脂の提供が始まった．しかし，実機検証で光学フィルム用途における大きな技術課題に直面することになる．それは，微小異物（ポリマーゲル）の発生とフィルム端部の発泡であった．この課題克服に向けた技術的な挑戦について次に述べる．

POINT

この時，試験的に始まった「RHMAプロジェクト」の成功を受けて，今日では全社的な「重点プロジェクト・重点テーマ」制度が整った．選ばれたいくつかの重点研究テーマの開発促進・早期上市に向けて，全社一丸で支援する体制が形づくられることになる．

第三期　光学フィルムに向けた挑戦（2005～2007年）

(1) 微小異物（ポリマーゲル）の根絶

RHMAとMMAの共重合体の分子内環化でポリマーゲルの発生を抑える方法として，重合段階からポリマーの分岐を抑制することが必要である．上田らは，重合開始剤として特殊なt-アミル型過酸化物触媒を用いることで分子からの水素引き抜き反応を抑制できることを見いだし，微小ゲルの発生を根絶することに成功した．

(2) フィルム端部の発泡の抑制

フィルム端部の発泡は，成形体中のCH_3OH量が増加していたことから，ポリマー系中に残存するごくわずかな$-CH_2OH$基や水分とポリマー側鎖のエステル部分とのエステル交換反応によりCH_3OHが発生することが原因とわかった．これは，系中に残存するリン酸エステルが過剰反応を誘発しているために起こる問題であった．最終的に，押出機を用いた脱溶媒工程の後半部分で有機酸金属塩を注入することでラクトン化触媒を失活させる技術を開発し，光学フィルム用ラクトンポリマーの合成法がここに完成したのである．

当社は2005年に，姫路製造所内にモノマーおよびポリマープラント（3000トン/年能力×2基）建設を決断し，ポリマー製造方法の改良に全力で取り組みながら同時並行でプラント建設を進めることになる．

当時，ポリマー研究の責任を担っていた上田にとって，社内外からの要求達成への大きな重圧はあったものの，このような大きなプロジェクトに参画できたことは，非常に有意義で研究者冥利につきる体験であった．

2006年にポリマー第一プラントがモノマープラントとともに完成し，必要物性を確保するための運転条件の最適化検討を繰り返したすえ，製品化を達成．ラクトンポリマーは「アクリビュア®」と命名されて世にでていくことになる．

2007年にはポリマー第二プラントが完成．アクリビュア®は液晶表示装置の市場拡大とともに販売量を増やし，2016年にはポリマー第三プラントが完成し，今では計9000トン/年の製造装置が高稼働で，ラクトンポリマーを生産している．

今回紹介した製造技術は，その技術的価値が日本化学会に認められ，2014年度の化学技術賞に輝いた．

情報・機能性材料研究所へようこそ！

■ 研究分野	光学材料用ポリマー，機能性微粒子，特殊反応性ポリマーなどの情報・機能性材料の開発．
■ スタッフの人数	三つの研究室からなり，所長，室長含め60名強．
■ 研究員の概要	第1研究室：自社開発モノマーをキーマテリアルとして，光学透明材料を中心に研究開発 第2研究室：TVやモバイル等のディスプレイに使用されるレジスト，コーティング材料や機能性色素などの光制御材料の研究開発 第3研究室：（光学）フィルムや実装材料に使用される，粒径，粒度分布を高度に制御した有機粒子，無機粒子，有機無機複合粒子の研究開発
■ 研究内容	ロードマップ，ワーキング活動（WG活動）を通して具体的な研究テーマの創出を行い，各研究テーマについて，事業性評価シート，研究開発テーマポートフォリオ（当社独自の16象限からなるマトリクス上に各研究テーマをマッピング）を作成し，研究テーマの戦略策定と管理のもとに進めている．
■ テーマの決め方・研究の進め方	テーマの位置づけにより異なるが，基本，研究室での週報ミーティングおよび研究所月次検討会にて進捗・今後の進め方について議論する．R&D重点テーマ，全社重点プロジェクトテーマについては2〜3か月に一度，本部単位での拡大会議，とくに全社重点プロジェクトテーマは半年に一度，社長以下経営層への報告を通して，全社加速策，投資判断も合わせて議論．
■ ミーティングの内容，回数	各部署内の月1回のミーティングで，当該部署の全研究の進捗を報告・議論．ほかに，プロジェクトメンバーのミーティングや，複数テーマを設定した所内オープンの月例ミーティングなど，担当者間のコミュニケーションも頻繁．
■ こんな人にお勧め	チャレンジする研究風土の醸成から，現行手掛けていない新しい「研究テーマ」や，従来のWG活動等の範疇にない「テーマ提案のためのWG活動」の具体的提案が行える制度がある．社会に貢献できる研究テーマを自ら創出して進めたい人を歓迎．
■ 実験環境	当社研究所はコーポレート研究所（3研究所），事業部研究所（4研究所）から成り，情報・機能性材料研究所は事業部研究所である．拠点は，吹田と姫路の地区に分かれて活動している．姫路地区は製造所内にあり量産化技術検討を中心に，吹田地区はラボ設備を活用した新規技術開発を中心に進めている．
■ 裏　話	1986年に経済小説の第一人者・高杉良氏が発表し，「ビジネスマン必読のロングセラー」ともいわれる，伝説の経営者を描いた小説『炎の経営者』の主人公・八谷（やたがい）泰造（故人）は，当社の創立者．独自技術の研究と開発にこだわり続けるところは，今も当社のDNAとなっているが，今後はさらなる発展を目指し，自社にはない技術導入のため，オープン・イノベーションも進めている．
■ 興味のある方へのアドバイス	当社は，これまで技術立社として，有機合成，高分子，触媒技術を用いたさまざまな化学製品を市場に送りだし，今後も特徴ある独自の製品を開発し市場投入していく．社会に出て，化学技術で世界にオンリーワン製品を世に送り出したい方をお待ちしている．

【特　徴】
素材開発では，一人の研究員が開発候補素材の探索から上市まで関与することが多く，開発段階に応じて，社内のさまざまな関係部署の多岐にわたる専門領域の研究者と協働で商品開発に取り組んでいる．

"よきモノづくり"を通して，人々に新たな価値を提供する企業

花王株式会社

【研究分野】
対象とする研究領域は広範にわたり，さらに周辺分野へと広がっている．そのなかで，天然素材の探索研究，活性成分の解明，それに基づく高活性エキスの開発，また，活性成分の構造に基づいた機能素材を化学合成的手法で開発を行っている．

【強　み】
研究者一人ひとりが専門領域で能力を発揮する一方，多岐にわたる専門領域の研究者がマトリクス的にかかわり，組織としての総合力で開発研究に取り組む体制で推進するところ．

【テーマ】
清潔・美・健康・環境などに関する分野が研究対象であり，人びとの豊かな生活文化の実現を目指して，研究テーマは多岐にわたる．生理活性素材の開発は1例．

育毛剤 t-フラバノンの開発
～最終工程で待ち受けていた難題～

*1 各種細胞の増殖を制御する分泌タンパクの一つ．毛髪では，薄毛が進行している状態の毛乳頭細胞で産生され，髪の成長に重要な毛母細胞の分裂を抑制することが知られている．

t-フラバノン（t-3,4'-ジメチル-3-ヒドロキシフラバノン **4**）は，西洋オトギリソウエキス中の高い毛母細胞の増殖促進作用をもつ成分アスチルビン **1** をリードに，花王が開発した育毛剤である．薄毛が進行している状態では，毛乳頭細胞で TGF-β[*1] がつくられており，これによって毛母細胞の分裂が抑制され，髪の成長を妨げる．t-フラバノンは，この TGF-β の活性化を抑制することなどがわかっており，育毛活性を示す．

t-フラバノンを開発候補に選ぶ

毛包上皮細胞と真皮線維芽細胞の混合培養系を用いて，国内外から集めた 2000 種以上の天然物から調製したエキスライブラリーを探索した結果，毛包上皮細胞の増殖に高い促進活性をもつ生薬として，西洋オトギリソウエキスが見いだされた．液々分配，多段階の HPLC 分画により，その活性成分は，タキシフォリンのラムノース配糖体アスチルビン **1** であることが判明した．天然物エキスを商品に利用するうえで，活性成分を解明することは，安定した品質の天然物エキスを提供するのに重要なポイントである．しかし，他のオトギリソウエキス配合商品があるなかで，他の商品と差別化していくためには，より明確に効果を訴求していくことが求められる．そこで，活性成分が解明されたことで，医薬部外品の有効成分の開発検討が開始された．

アスチルビンは比較的単純な構造ではあるが，配糖体であり，製造コスト面に大きな課題が予想された．とくに，安価な医薬部外品の商品へ配合するには，許容可能な製造コストの要求が厳しく，到底，開発は不可能であった．そこで，まず，育毛活性を保持しつつ，製造しやすい構造へ変換すべく，周辺化合物の構造活性相関評価が行われた．

その結果，幸運なことに，活性発現に必要な最小構造 **2** を明らかにすることができた．この化合物は，安定性試験の結果，3 位の異性化が生じることがわかった．そこで，3 位にメチル基を導入することで安定化を達成でき，活性と安定性を両立させることができた．ところが，この化合物にはもう一つ，安

藤森健敏（ふじもりたけとし）
花王株式会社 生物科学研究所 第4研究室 室長．1964年 北海道生まれ．1990年東京工業大学大学院総合理工学研究科修了．

全性試験の結果，感作性（アレルギー反応）があることがわかった．そのため周辺化合物を再度探索し，芳香環にメチル基を導入することで，安全性面でも問題がなく，かつ高活性を達成することができた．最終的に t-フラバノンを開発候補に選んだわけである．

t-フラバノンの製造法を大筋で確立

　t-フラバノンの合成は，文献などを参考に，次の二つのプロセスから容易に製造できると考えられた．第一の工程は，2′-ヒドロキシプロピオフェノンとp-トルアルデヒドからピペリジン，酢酸存在下に縮合させ，続く環化反応により，3,4′-ジメチルフラバノンを得るもの．そして，得られた3,4′-ジメチルフラバノンを水酸化カリウム存在下で酸化する第二の工程である．

　第一の工程では，エタノール中でピペリジン，酢酸を用い，還流下で反応させたのち，晶析を行うことで予想通り製造でき，3,4′-ジメチルフラバノンを単離収率89%で得ることができた．

　第二の工程は，反応原料の3,4′-ジメチルフラバノンのほうが目的物 t-フラバノンより反応溶媒に溶けにくく，そのため大量の溶媒，長い反応時間を必要とした．さらに，反応系中で生成された t-フラバノンが異性化および過剰酸化反応などの副反応を受けやすく，サリチル酸や安息香酸，α-メチル桂皮酸などが副生することがわかった．そこで，t-フラバノンの過剰な酸化反応を抑制すべく，酸化反応条件の最適化を検討することにした．

成功へのカギ①

天然物エキスから活性成分が同定でき，さらに開発可能な化学構造に変換できたこと，および製造検討での色の変化が意味することを理解し，その情報を基に最終精製条件を確立できたこと．

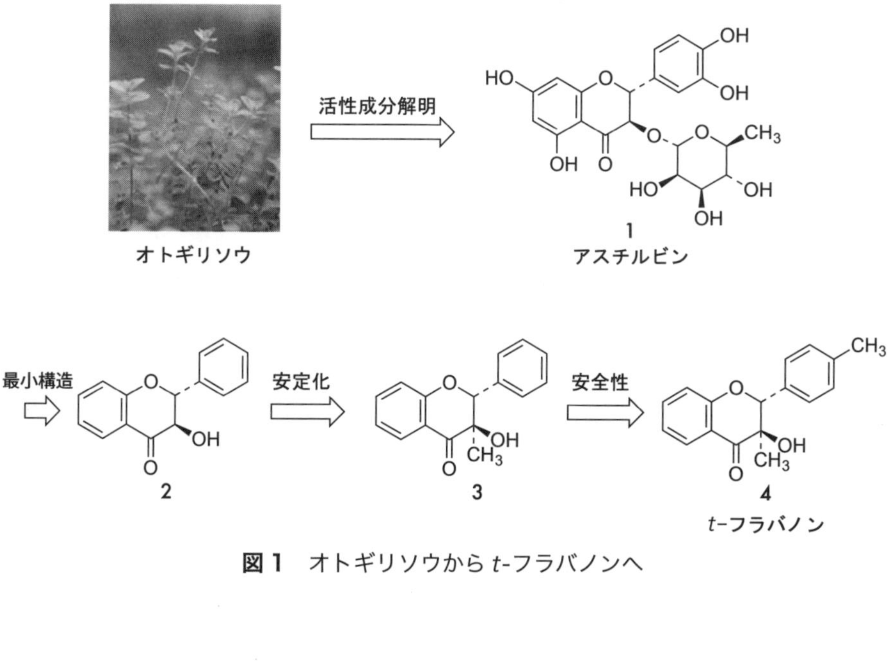

図1 オトギリソウから t-フラバノンへ

酸化剤には，まず，安価な過酸化水素水を過剰量用いる手法が考えられる．しかし，高塩基濃度では，過酸化水素が不安定であり，大過剰量必要であることや過剰酸化反応を避けるため30℃以下で反応を行う必要があり，その場合，24時間以上の長い反応時間が必要であることなど問題点があった．さらに，一般的に過酸化水素を用いる酸化反応を工業的に実施する時は，重金属イオンなどによる過酸化水素の分解を避けるため，グラスライニング製(GL)反応槽が用いられる．しかしながら，本反応は強アルカリ条件下で行う必要があるため，一般的にはSUS反応槽を使用する必要がある．その場合，微量金属の混入によって，過酸化水素の激しい分解が起こる危険性が予想された（実際，テストピース存在下でも試したが，予想通り，発泡，発熱などの問題があることがわかった）．

これら問題点は，比較的安定なt-ブチルヒドロパーオキシドを使用することで解決し，SUS316テストピース存在下でも問題なく酸化反応が進行する条件を見いだすことができた．t-フラバノンが塩基性条件下，t-ブチルヒドロパーオキシドを作用させることで分解するなどのいくつかの問題点もあったが，試薬量など反応条件を最適化することにより，大幅に副生物の生成を抑制できる条件がわかった．

以上の大筋の反応条件が決まった後，反応試剤仕込み方法や後処理方法の最適化を行うことで，ほぼ理想的な反応条件は確立できた．

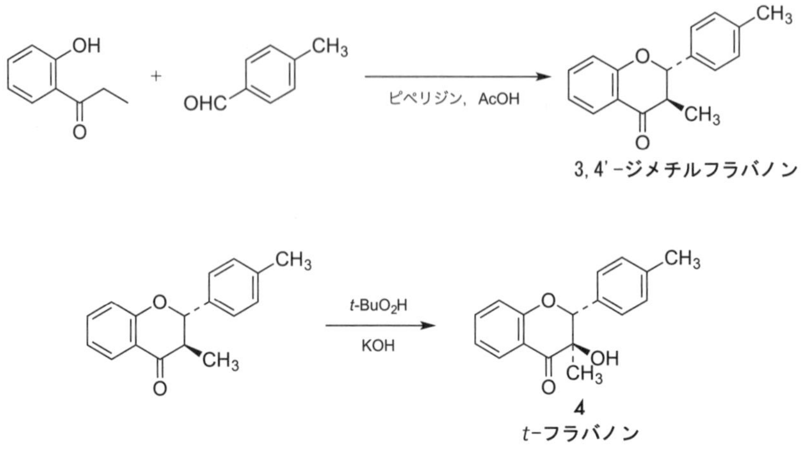

図2 t-フラバノンの合成

最終工程で待ち受けていた最も大きな課題

　最も大きな課題となったのは，最終精製工程である．環化反応後，続く酸化反応で得られる t-フラバノンの純度は約 80% であった．不純物としては，過剰酸化分解物であるサリチル酸，p-トルイル酸などと t-フラバノンの異性体が数%以下含有しており，その他，残りは合成中間体である 3,4'-ジメチルフラバノンが約 15% 前後あった．

　従来，t-フラバノンを純品として得るためにはカラムクロマト精製を行う以外に方法はなかった．蒸留自体は，分子蒸留装置などを利用すれば分解を生じさせることなく蒸留できると考えられるが，融点が 100 ℃以上であることから配管などすべてを高温に加熱する必要があり，この点で異性化が懸念された．そこで，晶析精製が最も適していると判断し，いろいろな晶析条件を検討した．単一および混合溶媒系での晶析を検討した結果，過剰酸化分解物や t-フラバノンの異性体はほぼ除去できたが，3,4'-ジメチルフラバノンがどうしても除去できず，残存してしまうことが判明し，製造上の大きな課題となった．その後，この 3,4'-ジメチルフラバノンは数%程度残存しても安全性に問題のないことを確認できたが，長期保存後も問題のない品質とするために，低減目標値として 0.1% 以下にすることが決められた．

　通常の晶析条件で，いろいろ溶媒を変えるなどして，3,4'-ジメチルフラバノンの除去を試みたが，目標値にはほど遠く，ほとんど除去することはできなかった．理由は，t-フラバノンより，3,4'-ジメチルフラバノンの溶解性が低く，ろ液として除去できないためである．

　手詰まり感を感じていた頃，酸化反応の際に 3,4'-ジメチルフラバノンに塩基を加えるとカルコン構造体に変換され，黄色く着色する様子が観察されていたことを思いだした．カルコン構造体は，アルコール系溶媒に溶解することから，晶析でも同様に塩基を共存させることで，3,4'-ジメチルフラバノンをカルコン構造体として除去できるのではないかと考えた．実際，塩基共存下での晶析を試みたところ，結晶から 3,4'-ジメチルフラバノンが消えた HPLC チャートをようやく得ることができた．この瞬間は，今でも鮮明に覚えている．

カルコン構造体

◆◆◆

　その後，溶媒，溶媒量，塩基およびその量を最適化することによって，3,4'-ジメチルフラバノンがほぼ完全に除去できる条件を手中に収めることで，t-フラバノンの製造条件が確立された．

　本研究は，故西澤主席研究員と一ノ瀬研究員らが中心となり検討した結果，成し遂げられた成果である．

生物科学研究所第4研究室へようこそ！

■ 研究分野	植物・食品の有用成分解明など天然物化学的研究やインシリコ研究などさまざま．
■ スタッフの人数	非公表．
■ 研究員の概要	特定の年代，出身大学にあまり偏りはない．ほとんどの研究員が，大学では有機合成に携わった研究者からなる集団．
■ 研究内容	既存事業分野，新事業分野開拓に貢献する生理活性素材の開発，および生物科学的知見に基づく技術開発を目指し，植物・食品中の有用成分解明など天然物化学的研究やインシリコ技術を活用した素材開発への取組みなどさまざまな研究を担当している．
■ テーマの決め方・研究の進め方	既存事業分野，新事業分野開拓に貢献すると考えられる，有用な機能をもつ素材および技術を，評価系を開発・担当する研究室などとともに，試行錯誤しながら研究テーマを立ちあげていくことが多い．もちろん，事業的に必要な素材・技術開発に取り組む研究もあり，これは初期から商品開発研究所などと共同で研究を進めている．
■ ミーティングの内容，回数	室内全体のミーティングは，室長を交えて，取り組む研究の内容，結果を踏まえた方向性など議論する．研究テーマを進めるうえでの課題や新たに発生する問題点などは，日々，研究室内外の研究員らとも相談しながら，解決していく．
■ こんな人にお勧め	天然物からの有用成分の単離や有機合成に関する知識・技術をもち，商品開発や世の中の動きなどにも興味をもちながら，研究に楽しく取り組める人．素材の探索から開発，商品化まで興味のある人．
■ 実験環境	雰囲気は大学の研究室とあまり変わらないと思う．実験室は大部屋で，広い空間があること，成分分離・分析用 HPLC が多い．
■ 裏　話	担当研究テーマを遂行するうえで必要と判断される機器類は，選定，購入手続きを研究者が担当する（購買部門のサポートあり）．承認を得る手続きが必要だが，高額な機器類も購入できる．
■ 興味のある方へのアドバイス	われわれの仕事は，日常や身の回りで起こる現象の本質を科学的に捉え，そこで得られるヒントから価値提案につなげていくことにある．有機化学の研究員には，素材（天然物エキス，合成化合物）をつくりだすことだけでなく，さまざまな現象を化学的視点，物質挙動の視点をもって本質解明に寄与することが期待されている．このような基盤研究から製品開発に至るまで，化学者としてはもちろん，他分野の方との協働の姿勢も求められる．

【特徴】
当社はフッ化水素酸を自社改良技術で蛍石から製造している数少ない国内企業である．さまざまな独自フッ素化技術を開発し，多くの産業の基礎材料となる無機・有機化学製品や最先端の医農薬品まで開発分野を広げている．

ものづくりで築く よりよい未来

セントラル硝子株式会社

【研究分野】
ファインケミカル（医農薬関連），電子材料（半導体関連），エネルギー材料（電解液関連），環境材料（フルオロカーボン関連），肥料（被服肥料）．キーワードは「エネルギー」，「快適さ」，「健康」，「食料分野」，「環境」，「ガラス化学融合分野」．

【強み】
年次や経験に関係なく，多分野の人間が一緒に話すことができる企業風土がある（技術者間の風通しのよさ）．化学分野とガラス分野との融合など，垣根なく部門を越えて交流し，新たな製品をつくり続けている．

【テーマ】
「リチウムイオン電池用の電解液の開発」，「有機合成と微生物による不斉合成技術を組み合わせた薬品開発」，「パワー半導体やLED用封止材に用いられるハイブリット樹脂」，「次世代エネルギー関連製品の開発」など．

光学活性含フッ素 1-フェニルエチルアミン類の合成
～コスト競争力のあるプロセス開発を目指して～

フッ素原子は，その特異性(擬似効果，ブロック効果，脂溶性増大など)により医薬品に含まれる割合が高い．一方，今日開発される合成医薬品の大半がキラル化合物で占められることから，含フッ素光学活性体の工業的製造技術の開発が強く求められている．なかでも光学活性含フッ素 1-フェニルエチルアミンは重要な部分骨格の一つであり，この構造を含む医薬品が活発に研究されている．

当社のような中間体メーカーは，安価で高品質な製品を短期間で納入することを製薬会社から強く求められている．とくに含フッ素中間体ビジネスには中国企業をはじめとする多くの競合他社が参入しており，彼らに打ち勝つためには競争力あるプロセス開発が必要不可欠となっている．

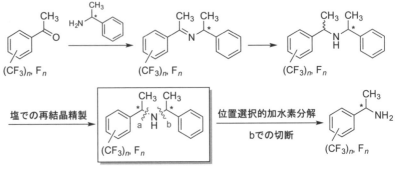

図1 合成戦略

金井正富(かない まさとみ)
セントラル硝子株式会社 化学研究所 化学研究所 副参事．1967年 兵庫県生まれ．2005年 岡山大学大学院自然科学研究科博士課程修了．

コスト削減を目指した合成戦略

実験室では，光学活性 1-フェニルエチルアミンはイミンの不斉水素化や光学活性 1-フェニルエチルアルコールの光延反応を利用した反転アジド化-水素化反応で合成される．しかしながら 99% ee 以上の光学純度を達成することは難しく，最終的には光学分割を利用して光学純度を向上させる必要がある．高価な不斉触媒の使用，多段階合成および光学分割法は，工業化を目指すうえで

コストおよび生産性に課題がある．

そこで当社は，安価な含フッ素アセトフェノンと商業生産されている光学活性1-フェニルエチルアミンとの脱水縮合で得られるイミンを還元することにより，含フッ素ビス(1-フェニルエチル)アミンのジアステレオマー混合物を合成した．これを酸との塩に誘導して再結晶精製することにより，単一のジアステレオマー（＞99：1）が得られるものと考えた．さらに精製した含フッ素ビス(1-フェニルエチル)アミンの位置選択的な加水素分解（a ≪ b）が達成できれば，光学活性含フッ素1-フェニルエチルアミンが合成可能となる（図1）．またこの手法は，原料である含フッ素アセトフェノンを変更するだけでさまざまな含フッ素1-フェニルエチルアミン類の製造を可能とする．

完璧に進んだ高位置選択的加水素分解

含フッ素ビス（1-フェニルエチル）アミンの窒素原子の左右の構造の差異は，ベンゼン環上のトリフルオロメチル基やフッ素原子の有無だけである．とくにフッ素と水素は立体的にも非常に近いといわれており，C–N結合開裂の選択

表1 位置選択的加水素分解（ベンゼン環にCF₃基，F原子をもつ基質）

entry	基　質	変換率	位置選択性
1	o-CF$_3$	25%	＞99：1
2	m-CF$_3$	76%	＞99：1
3	p-CF$_3$	58%	＞99：1
4	3,5-Bis-CF$_3$	＞99%	＞99：1
5	o-CF$_3$ + AcOH (5 eq.)	＞99%	＞99：1
6	m-CF$_3$・phthalic acid	＞99%	＞99：1
7	p-CF$_3$・phthalic acid	＞99%	＞99：1
8	o-CF$_3$・phthalic acid	＞99%	＞99：1
9	m-CF$_3$・phthalic acid	＞99%	＞99：1
10	p-F + AcOH (5 eq.)	＞99%	＞99：1
11	3,5-di-F + AcOH (5 eq.)	＞99%	＞99：1

表2 位置選択的加水素分解(ベンジル位にフルオロメチル基をもつ基質)

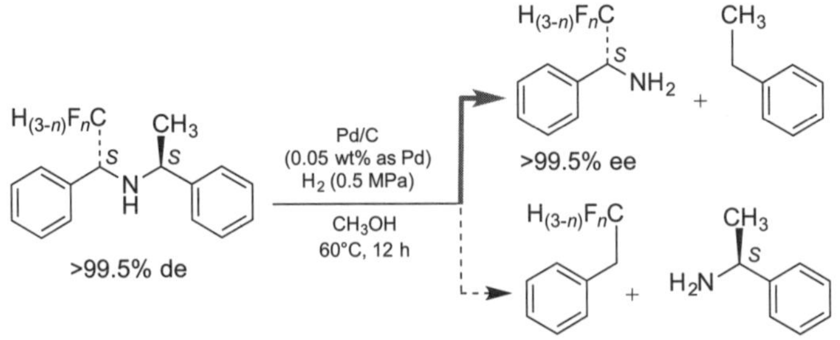

entry	基　質	変換率	位置選択性
1	$CFH_2 \cdot p\text{-}TsOH$	>99%	>97:3
2	$CF_2H \cdot$ phthalic acid	>99%	>99:1
3	$CF_3 \cdot p\text{-}TsOH$	>99%	>99:1

成功へのカギ①

技術的な成功のカギは，ビス（1-フェニルエチル）アミンの高位置選択的加水素分解である．C–N結合開裂が結合位置から最も離れたパラ位でもフッ素原子やトリフルオロメチル基が置換するだけで位置選択性に与える影響が絶大であったことが，このプロセスを完成に導いた．

性が発現するかどうかは学術的にも非常に興味深い．

驚くべきことに，Pd/C触媒による加水素分解反応を実施したところ，完璧に無置換ベンゼン側のC–N結合のみを切断することができた．3,5-Bis-CF$_3$体は中性条件下で反応が完結するが（表1, entry 4），その他の基質では酸の添加効果が確認された．ここで重要なことは，加水素分解条件下でまったくラセミ化が起こらず，基質のジアステレオマー過剰率がそのまま生成物の光学純度に反映されることである．

一方でベンジル位のメチル基にフッ素原子を導入しても同様の位置選択的加水素分解が進行し，高い光学純度の製品を得ることができた(表2)．

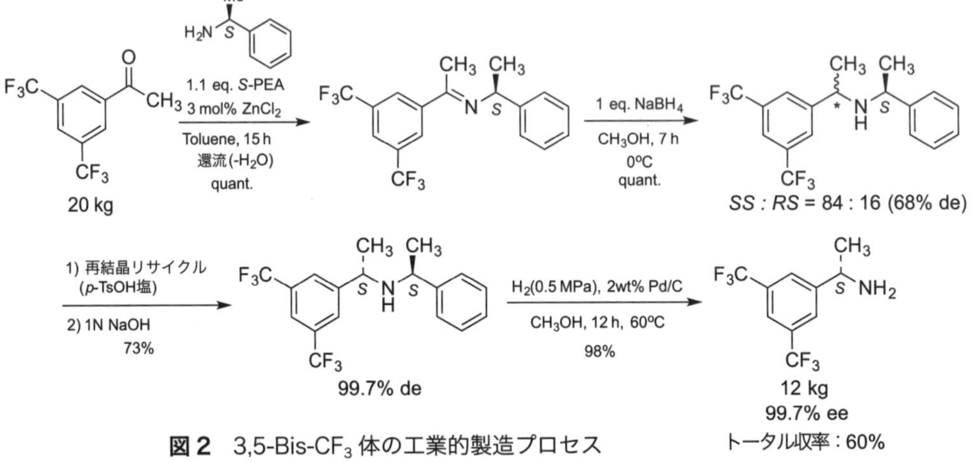

図2 3,5-Bis-CF$_3$体の工業的製造プロセス

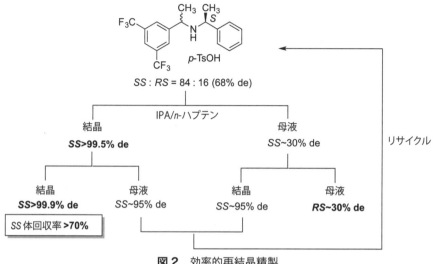

図2 効率的再結晶精製

また，本プロセスの鍵中間体である含フッ素ビス（1-フェニルエチル）アミンはジアステレオマーであり効率的に再結晶精製を行うことができる（図2）。RS 体がリッチとなる2番晶の母液以外はリサイクルが可能で，収率よく目的物の SS 体を回収することができる。

このように，学術的にも非常に興味深い位置選択的加水素分解を利用することで，光学活性含フッ素 1-フェニルエチルアミン類の工業的製造法を確立することができた．

中間体メーカーが市場で生き残っていくためには，必ずしも新規な不斉触媒反応の開発が求められるわけではない．安価な反応資材の選択，廃棄物の削減，反応中間体や溶媒のリサイクル，製造設備の共有化などコスト削減につながるすべての要因を意識したプロセス開発が必要となる．今回の光学活性含フッ素 1-フェニルエチルアミン類の製造プロセスもこれらを意識して開発し，3,5-Bis-CF_3 体においてトータル収率60%を達成することができた．技術は日進月歩であり，今後もよりコスト競争力のあるプロセスを目指して研究開発を継続していくつもりである．

POINT

有機酸の選択により，フッ素原子やトリフルオロメチル基がどのような置換パターンであっても製薬会社の要望に合わせてスクリーニング段階から臨床治験までタイムリーに高純度サンプルを提供できた．再結晶後の有機酸塩をそのまま加水素分解反応に供し反応速度を向上させたことで，高い生産性によるコスト競争力を同時に達成することができた．

化学研究所へようこそ！

■ 研究分野	フッ素化学を駆使した医農薬中間体，電子・機能性材料，エネルギー材料の研究開発．
■ スタッフの人数	非公表．
■ 研究員の概要	薬学，有機化学，無機化学，高分子化学，物質工学，材料工学，分析化学，化学工学出身の修士が多く，博士も一定割合いる．女性研究員の採用も増やしており，外国出身の研究員も活躍している．
■ 研究内容	医農薬中間体・原薬，フォトリソグラフィー用モノマー・ポリマーなど，フッ素の特質を活かした化合物の開発を行っている．また，地球温暖化係数（GWP）の低いフルオロ化合物の開発等「地球環境に優しい製品の開発」に焦点をあてている．独創的な技術により高純度な半導体材料，リチウムイオン電池用電解液等のエネルギーおよび環境関連材料の開発も行っている．新しい時代の市場ニーズにマッチした商品開発に取り組んでいる．
■ テーマの決め方・研究の進め方	研究テーマは会社の経営戦略に沿って決定され，基本的には配属されたチームのテーマを研究していく．テーマ提案にはボトムアップ的，トップダウン的，所内グループ横断的，研究所間協業等のさまざまなシステムがある．採用されるか否かは別として，自己研修制度などを通して若手でもテーマ提案する機会が与えられる．
■ ミーティングの内容，回数	グループ内，所内検討会，本社連絡会議，ワーキンググループ会議など目的に応じて実施．研究所間ワークショップ，自己研修発表会もあり，最終的には研究発表会での発表を目指す．
■ こんな人にお勧め	事業化に向けた各工程が専門職的に細分化されていないため，自分で担当する箇所が多く結果的に事業化の全体感が掴みやすい．工場移管においても多くの化工スキルを身につけることができる．
■ 実験環境	ラボ実験は基本的にドラフト内で実施しており，反応の追跡などに使用するGCなどは1人1台使用でき効率的に実験を進めることができる．研究所内にベンチ設備がありスケールアップ実験も研究者自身で検討．研究所内に知財担当者がおり，すぐに特許出願の相談が可能．
■ 裏話	入社直後のOJTリーダーによる指導に始まり，ものづくり教育，キャリア開発教育を実施しており，e-ラーニング，語学教育，知財教育，国内外留学（短期，長期），MOTなど人材育成プログラムが充実．
■ 興味のある方へのアドバイス	企業では若いうちにいろいろな要素技術をそれぞれ学ぶ．中堅社員になるに従って，どのような技術を組み合わせればビジネスにつながるかの発想力や，この分野のビジネスではどのような技術が競争力の根源になるかを見きわめる能力が求められる．幅広い技術に興味をもつこと，またグローバルの視点は避けて通れない．自身で研究を深く考察することはもちろんだが，大学の先生方，先輩，後輩，同級生，留学生と議論し視野を広げ，あらゆることに挑戦してほしい．

【特　徴】
自社で保有する水力発電のカーボンオフセットされた電力で，水酸化ナトリウム・塩素・水素を製造し，さまざまな無機化学製品やこれらを原料とする有機スペシャリティーケミカル製品を製造販売している.

塩素・塩酸・ジアソーを化学する！

日本軽金属株式会社

【研究分野】
塩素・塩酸・次亜塩素酸ナトリウムやこれらを原料とする高機能性無機化学製品と有機スペシャリティーケミカル製品（電子材料，医農薬の中間体，新規モノマーなど）.

【強　み】
国内で当社グループのみが所有する光塩素化装置と長年培ってきた特色ある酸化・塩素化技術，分離精製技術を組み合わせ，高純度で競争力ある製品をつくりだしている.

【テーマ】
世の中のトレンドをにらみ，マーケットで必要となるものを，コア技術やシーズを利用して，競争力あるテーマを設定する.

新規酸化剤 SHC5 の開発秘話
～新しい酸化プロセス開発に寄与～

　日本軽金属のケミカル部門はアルミニウム製錬に必要な水酸化ナトリウムを自社で製造するために設立された．アルミニウム製錬事業は二度のオイルショックで縮小され，ケミカル部門は無機化学製品・有機化学製品を製造販売する事業へと発展を遂げた．現在では，食塩の電気分解による水酸化ナトリウム・塩素・水素の製造のみならず次亜塩素酸ナトリウム水溶液(以降，ジアソー水溶液)，塩化アルミニウムや硫酸アルミニウム等のアルミニウム塩，そして，塩化ベンゾイルなどに代表される有機塩素化合物製品への展開を行っている．

　なかでも，ジアソー水溶液は水道水の殺菌に使われるなど，生活に必要不可欠な化学製品である．2004年頃から安全性を高めるために水道水の水質基準強化が始まり，日本水道協会でジアソー水溶液に特級グレード規格が設けられたことにあわせ，日本軽金属は2012年に高純度ジアソー水溶液「ニッケイジアソー®S」を上市した．この製造プロセスは，晶析純化を利用したものであり，のちの高純度次亜塩素酸ナトリウム5水和物結晶（以降SHC5）の基礎技術となった．

SHC5 が誕生するまで

　一般的なジアソー水溶液は，化学反応にそれを利用する際に濃度が低く，また保管中に分解してしまうという問題を抱えていた．筆者は学生時代から有機合成にかかわってきたので，その課題を何とか解決できないかと考えていた．皆が高純度ジアソー水溶液の工業化を考えるなか，筆者は「結晶の次亜塩素酸ナトリウム(SHC5)なら，ジアソー水溶液の課題を一挙に解決できる可能性がある」と考え，SHC5を新規酸化剤とする「SHC5プロジェクト」を立ちあげた．これまで次亜塩素酸ナトリウムは無機製品としての位置づけであったので，有機開発メンバーを巻き込んでのSHC5プロジェクトの立ちあげには苦労した．

　SHC5プロジェクトは完遂され，日本軽金属は2013年4月世界に先駆けSHC5を商品名「ニッケイジアソー®5水塩」として販売を開始した（写真1）．今にして思えば，筆者が直感した可能性を信じ，ついてきてくれた参加メン

杉山幸宏(すぎやま ゆきひろ)
日本軽金属株式会社 化成品事業部 市場開発部 部長．
1962年　静岡県生まれ．
1987年　静岡大学大学院工学研究科修士課程修了．

写真1 SHC5（淡黄色針状結晶，$NaOCl \cdot 5H_2O$）

バーの熱意と社外の先生方のご協力がなければ成立しえなかったプロジェクトであった．

販売開始後，このSHC5の有用性を展示会・学会等で紹介したところ2014年プロセス化学会サマーシンポジウムで優秀賞をいただくことになった．これがこれまでにない新規酸化剤SHC5として世間に認められる一歩を踏み出した瞬間であり，この喜びを研究員たちと分かち合ったことは今でも忘れられない．以下にSHC5の開発物語を紹介する．

SHC5の製造プロセスついに完成！

一般のジアソー水溶液は水酸化ナトリウム水溶液に塩素ガスを吹き込んで製造するので，通常は等量のNaClを含んでいる．高純度の次亜塩素酸ナトリウム結晶を得るためには，食塩との共晶を回避する工夫が必要である．日本軽金属は基礎研究に立ち返って$NaOCl$-$NaCl$-H_2O系3成分相図を作成し，分離精製条件を鋭意検討，晶析温度と濃度の理論的考察をもとに$NaOCl \cdot 5H_2O$結晶を食塩と共晶をつくらずに高純度で製造する基本プロセスを見いだした．

SHC5プロジェクトでは，原料中の微量不純物である臭素酸や塩素酸の含有量をコントロールするなど多くの技術的課題があった．SHC5を高純度で取りだす技術の確立は困難をきわめたが，わずか1年あまりで課題を解決し，SHC5製造プロセスは完成した．また，SHC5の開発期間を短縮するため，新規酸化剤としての反応開発，製造設備の建設，安全に利用していただくための物性面での情報収集，そして包装や輸送方法の検討などを並行して進めた．プロジェクトメンバーは多くの課題を短期間で解決し，ここに日本軽金属は世界で初めてSHC5の工業化に成功し，「ニッケイジアソー®5水塩」として売りだすことができた．

際立ったSHC5の特徴

SHC5は融点25〜27℃の淡黄色針状結晶で，長期間安定，高濃度（NaOCl濃度44％），不純物が少ないなどの特徴をもっており，ジアソー水溶液の問

POINT

液体であった次亜塩素酸ナトリウムを精製する工程で，$NaOCl \cdot 5H_2O$として高純度で結晶化させて純度を上げるというアイデアを実現したこと．

表1 SHC5とジアソー水溶液の比較

		SHC5	ジアソー水溶液
	分子式	$NaOCl \cdot 5H_2O$	$NaOCl$
標準品位	NaOCl (wt%)	44.1	13.4
	遊離アルカリ (wt%-NaOH)	0.06	0.8
	食塩 (wt%)	0.12	12.4
	塩素酸ナトリウム (wt%)	0.05	0.9
	臭素酸ナトリウム (wt%)	0.005	0.01
特徴	外観	淡黄色結晶	黄色みを帯びた液体
	融点 (℃)	25〜27	—
	分解率 (7℃, 1年)	1%	17%

題点を改善できた（表1）．その特徴を列挙すると，① SHC5は7℃以下の保管で1年以上安定である．したがって分解性の高いジアソー水溶液では必須であった濃度測定を省くことができ，計量だけで必要量を秤量できる．② SHC5はジアソー水溶液に比べ3〜4倍高濃度であり，反応釜の容積効率を向上させ，排水量を80％削減できる．③ 水酸化ナトリウムの含有量が少なく，水溶液（13%）にした時のpHは11を示す（ジアソー水溶液ではpH 13）．④ 消防法の適応を受けない一般物質として流通が可能，などである．

新規酸化剤として華々しくデビュー

次にこのSHC5を新しい酸化剤として使う道はないかと考えた．そこでまず基礎的な酸化反応例を収集することにした．大学や関係会社の先生方に相談し，専任の若手研究者を配置して研究に着手した．当初は，容積効率があがる程度の特徴しか考えていなかったが，アルコールの酸化，硫黄化合物の酸化における優れた選択性を発見することができた．こうしてSHC5でしか実現できない酸化手法を見いだしたのである†．特許出願，論文投稿を経て，さまざまな学会で成果を発表し，専門家の先生方からSHC5の有用性についてお墨付きをいただいた．まさに新規酸化剤SHC5が誕生した瞬間であった．SHC5への市場の反響は大きく，"CPhI Japan 2013"でSHC5とその反応例を紹介したときは会場に入りきれないほど多くの聴衆が集まった．研究者の方がたからも「SHC5はすごい酸化剤ですね！もっとこんなことができませんか？」とのコメントをいただき，新たな用途開発と研究を進めるドライビングフォースになった．

SHC5を利用した酸化反応の一例としてアルコールのTEMPO酸化をあげると，一般的なジアソー水溶液では不可欠であったpH調整を必要とせず，反

成功へのカギ①

酸化剤として利用を目指し，大学や外部の先生方のご協力と若い研究者に自由な発想で検討させたことが，短時間でよい成果を生みだした原動力だった．

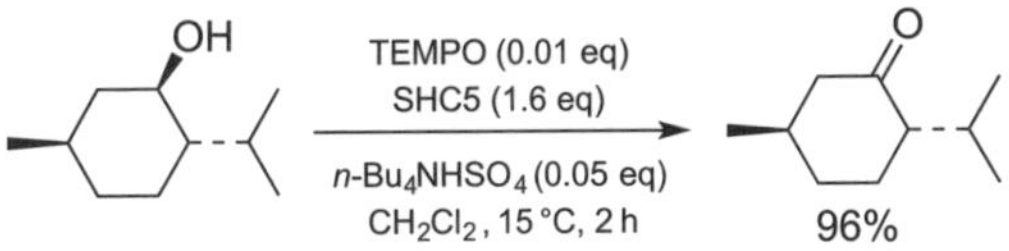

図1 嵩高い第二級アルコール（メントール）の酸化

応させるだけで短時間，高収率で酸化生成物が得られた．また，高機能性触媒 AZADO を使用しなくとも嵩高い第二級アルコールが酸化でき，SHC5 の優れた酸化力が示された(図1).

その後も検討を続け，さまざまな酸化反応に適応できることが明らかになってきた(図2)．たとえば，ジスルフィドやチオールからのスルホニルハライド合成，スルフィド類のスルホキシドやスルホンへの選択的酸化，グリコール開裂など，従来の酸化剤では得られなかった特性も明らかになった．また，SHC5 を利用することで選択性，収率および反応速度が向上するだけでなく，四酢酸鉛，高価なメタクロロ過安息香酸や超原子価ヨウ素試薬などの代替としてさまざまな酸化反応に利用できることもわかった．

◆◆◆

多くの研究者の方がたから，「新たな酸化反応が開発され，それに使える新規酸化剤が工業生産されることで，プロセス化学の応用幅が大きく広がる」との嬉しいお言葉をいただいた．今後も，SHC5 が新しい酸化プロセスへ寄与・貢献することを切望し，また，何年か先には SHC5 が工業的酸化剤のファーストチョイスになっていることを期待したい．

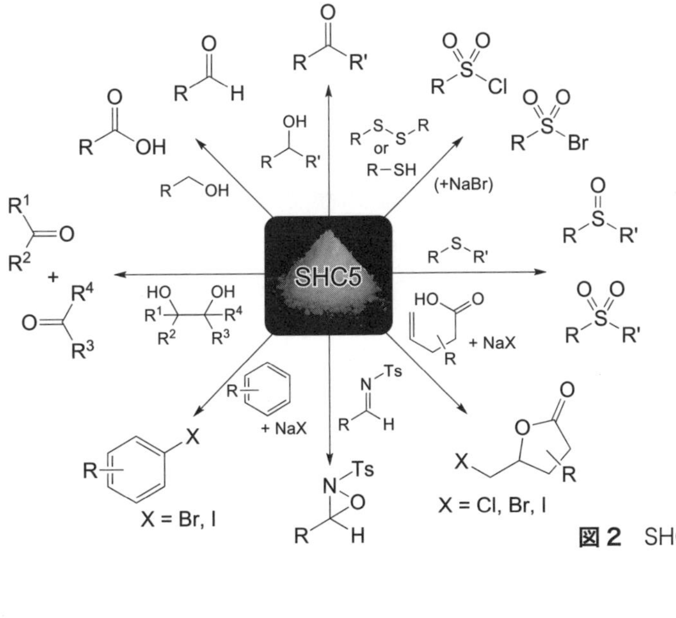

POINT

ジアゾ水溶液は強アルカリ性で pH 調整はかなり面倒な操作であった．SHC5 での反応でさまざまな相間移動触媒を検討していたことが，pH 調整なしで簡便かつ強力な酸化方法の発見につながった．

図2 SHC5 を利用した酸化反応例

開発部研究室へようこそ！

■ 研究分野	高機能性無機材料と有機スペシャリティーケミカル製品の開発.
■ スタッフの人数	十数名.
■ 研究員の概要	数名の開発チームによる少数精鋭体制で運営．研究員の大学での専門分野も多岐にわたり（有機化学，無機化学，化学工学，触媒など），学歴も博士〜修士〜学士とさまざま．チャンスがあれば，積極的に博士号の取得を奨励している．
■ 研究内容	顧客から必要とされる化合物を，競争力ある価格と品質で製造するラボ技術の確立から，実プラントへのスケールアップ（プロセス化学），顧客に届けるまでの安全対策など，さまざまな段階を生産や品質保証などの専門家と協力して手がける．また，安全性や環境に配慮したプロセス開発も重要な検討項目．
■ テーマの決め方・研究の進め方	顧客から必要とされているもの，将来マーケットで必要となるものをコア技術を利用して競争力ある新商品として迅速に開発．
■ ミーティングの内容, 回数	毎朝，短時間で前日までの概要と当日実施することを皆で共有．問題点は皆で討議して，早期に解決する．毎月初日は研究の方向性を確認し，月の中盤で営業を交えた開発方向性を全員参加で打ち合わせる．毎月セミナーを開催し，技術力の底上げをしている．
■ こんな人にお勧め	少数精鋭なので，基本的にスタッフ全員が専門職か管理職になっていく．数年後には日本軽金属の化学部門を背負ってやろう！というような人材を求めている．与えられたテーマをこなすだけではなく，失敗を恐れず，自ら考え行動して実証する人にお勧め．
■ 実験環境	実験室は各自にドラフトと分析装置が与えられ検討課題をこなしていく．時間に余裕があるときにはチームリーダーと相談し，15％程度の時間は新規の探索実験を推奨している．
■ 裏 話	当初SHC5は，結晶（固体）のまま酸化反応に利用することを前提としていたが，SHC5を水溶液にしても強力な酸化作用が発現する例が判明し，SHC5の用途が広がった．SHC5は簡単に水に溶かせるので，使用者自身で13〜30％のジアソー水溶液を調製して効率的な酸化反応に利用していただいている．
■ 興味のある方へのアドバイス	日本軽金属はアルミ中心の会社だが，金属精錬にも，新しい素材を開発するにも化学は必要不可欠．まず自分の専門を磨くこと．会社での仕事は大学の研究とは異なる．自分の専門性をもち，会社に入ってから勉強する新たな分野の技術を身につけて，マルチな分野で活躍できる開発者になることを期待している．

【有機合成化学協会】
有機合成化学工業に関係する軍・官・民の総合連絡機関として，1942年に発足．戦後は幅広い分野の専門家が参加する学術団体として，石油化学から医薬・農薬・電子材料，ファインケミカルまで，広範な有機合成化学工業の発展を支える．
〒101-0062 東京都千代田区神田駿河台1丁目5 化学会館5階
TEL：03-3292-7621　FAX：03-3292-7622
http://www.ssocj.jp

【日本プロセス化学会】
工業化に伴うさまざまな課題を解決するプロセス化学の科学技術の水準を向上させるために，研究者どうしの親睦と技術の切磋琢磨，成功，失敗事例の共有化をめざすユニークな学会．
〒501-1196 岐阜市大学西 1-25-4
岐阜薬科大学 創薬化学大講座 薬品化学研究室内
TEL&FAX：058-230-8109
http://www.jspc-home.com/index.html

企業研究者たちの感動の瞬間——ものづくりに賭けるケミストの夢と情熱

2017年3月30日　第1版　第1刷　発行	編　者　公益社団法人有機合成化学協会 　　　　　日本プロセス化学会
検印廃止	発　行　者　曽　根　良　介
	発　行　所　㈱化　学　同　人

〒600-8074　京都市下京区仏光寺通柳馬場西入ル
編集部　TEL 075-352-3711　FAX 075-352-0371
営業部　TEL 075-352-3373　FAX 075-351-8301
　　　　振　替　01010-7-5702
E-mail　webmaster@kagakudojin.co.jp
URL　http://www.kagakudojin.co.jp
印刷・製本　㈱シナノパブリッシングプレス

JCOPY 〈(社)出版者著作権管理機構委託出版物〉
本書の無断複写は著作権法上での例外を除き禁じられています．複写される場合は，そのつど事前に(社)出版者著作権管理機構（電話 03-3513-6969，FAX 03-3513-6979, e-mail: info@jcopy.or.jp）の許諾を得てください．

本書のコピー，スキャン，デジタル化などの無断複製は著作権法上での例外を除き禁じられています．本書を代行業者などの第三者に依頼してスキャンやデジタル化することは，たとえ個人や家庭内の利用でも著作権法違反です．

Printed in Japan　© The Society of Synthetic Organic Chemistry, Japan
The Japanese Society for Process Chemistry　2017
無断転載・複製を禁ず　　乱丁・落丁本は送料小社負担にてお取りかえいたします．
ISBN978-4-7598-1932-8